地理野外综合实习指导丛书

长三角沿江地区地理综合实习指导纲要

赵　媛　主　编

卢晓旭　田宏文　副主编

科学出版社

北京

内 容 简 介

长江三角洲是中国最大的河口三角洲,长三角沿江地区改革开放较早,经济发达,城镇发展各具特色,在全国具有示范引领作用。因此,无论是自然地理还是人文地理,长三角沿江地区实习内容都十分丰富,实习点众多且具有代表性。本书在全面分析长三角沿江地区地理综合实习背景的基础上,以实习目的与实习要求、实习线路与实习内容、背景资料与实习指导为主干构建体系框架,自然地理与人文地理相结合,既对每一实习区的实习线路和实习内容作精炼阐述,又通过相关背景材料帮助读者理解内容要点,并配有思考与作业题,以问题为引领,更加突出自主学习、研究性学习,更强调对实习的指导。重点突出、内容丰富、资料详实。

本书既可作为高等院校地理科学、资源环境与城乡规划管理、地理信息系统、环境科学、旅游管理及其他相关专业野外实习教学用书,也可作为中学教师开展第二课堂活动的参考用书,还可供修学旅游,科普旅游及对长三角沿江地区地理、历史、经济、文化等感兴趣的人士参考使用。

图书在版编目(CIP)数据

长三角沿江地区地理综合实习指导纲要/赵媛主编.
—北京:科学出版社,2013
地理野外综合实习指导丛书
ISBN 978-7-03-037230-7

Ⅰ.①长… Ⅱ.①赵… Ⅲ.①长江三角洲-水文地理学-教育实习-高等学校-教学参考资料 Ⅳ.①P344.25

中国版本图书馆 CIP 数据核字(2013)第 057249 号

责任编辑:许 健
责任印制:刘 学/封面设计:殷 靓

科 学 出 版 社 出版
北京东黄城根北街 16 号
邮政编码:100717
http://www.sciencep.com

南京展望文化发展有限公司排版
江苏省句容市排印厂印刷
科学出版社发行 各地新华书店经销

*

2013 年 4 月第 一 版 开本:B5(720×1000)
2013 年 4 月第一次印刷 印张:18 1/4
字数:340 000
定价:47.00 元

《地理野外综合实习指导丛书》编委会

主 编：赵 媛

编 委：（按姓氏笔画排序）

王 建 龙 毅 杨 山 沙 润

张茂恒 陆 林 赵志军 赵 媛

徐 敏 程先富

总　序

地理学是一门实践性很强的学科,野外实习是地理教学的重要环节。但是,受传统地理学课程体系课程分割的影响,地理野外实习的内容过于独立,特别是自然地理与人文地理内容的分割。随着学科的发展和地理学综合性在社会经济建设中的作用日益凸显,自然地理各要素之间的相互关系、自然地理要素与经济社会发展之间的相互关系越来越受到重视。

地理综合实习是以自然地理和人文地理等多方面要素的相互联系为主旨,将自然地理学与人文地理学的若干地理现象连贯起来,实现自然和人文的有机融合。以自然地理内容为基础,以人地关系为主线,把自然、经济、社会和生态等诸要素有机地结合起来进行综合分析,分析经济社会发展与地理环境的关系,以及人类活动对地理环境的影响,对培养学生的区域观点、综合观点和可持续发展意识具有非常重要的意义,是地理教育教学改革的重要方向与趋势。

长三角沿江地区、南京地区以及江苏沿海地区是开展地理综合实习的理想基地。长三角沿江地区包括南京、镇江、扬州、泰州、常州、无锡、苏州、南通、上海等城市,区域地势平坦,水网密布,发育了从震旦系到第四系一套完整的地层,其西部的宁镇山脉地质研究起步早,成果丰硕,被誉为"中国地质学的摇篮",东部的太湖平原、长江河口平原是研究第四纪构造运动、平原地区河流水文特性、泥沙沉积规律以及河口区河海相互作用的重要场所。长三角区位优越,早在原始社会就有人类定居,是著名的"鱼米之乡"和"丝绸之乡";近代工业发展早,基础设施齐全,交通发达,开放程度高。南京地区地貌典型丰富,地层发育齐全,构造现象清楚,并且研究程度高、资料完整;又是长三角经济区的重要城市,在江苏沿江、沿海、沿线开放战略中处于核心位置,无论从自然地理因素还是从人文地理环境来看,内容都十分丰富。江苏沿海拥有世界上独具特色的辐射沙脊,拥有我国面积最大的海岸滩涂,海岸类型比较齐全,长江、黄河和淮河三大河流交互影响该区,海陆交互作用也十分显著,具有典型代表性;处于我国沿海、沿江和陇海兰新铁路沿线三大生产力布局主轴线的交汇区域,经济社会发展适中并且具备一定梯度,江苏沿海开发战略已上升为国家战略。这些地区都具有较高的地理综合实习价值。庐山地区和黄山地区也一直是许多高校地理实习基地,具有丰富的自然和人文地理实习内容,且各有特色、各有侧重。

南京师范大学地理科学学院很早就开始重视地理综合实习,进行了大量的实践探索。《地理野外综合实习指导丛书》(以下简称《丛书》)就是在此基础上诞生的。《丛书》共分五册,即《长三角沿江地区地理综合实习指导纲要》、《江苏沿海地区地理综合实习指导纲要》、《南京地区地理综合实习指导纲要》、《庐山地区地理综合实习指导纲要》和《黄山地区地理综合实习指导纲要》,其中《黄山地区地理综合实习指导纲要》由安徽师范大学国土资源与旅游学院主编,其余四册由南京师范大学地理科学学院编写。

《丛书》突破以往的单一自然地理或者人文地理实习的模式,充分体现地理学的综合性特点,自然与人文相结合,对自然地理的实习落脚点也在引导学生探究自然地理环境对人类经济社会发展的影响,人文地理的实习则注重引导学生探究经济社会发展的自然与人文条件以及经济社会发展对自然环境的影响,帮助学生树立地理学的综合性、地域性观念;同时注重能力培养,更加突出学生的自主学习和研究性学习,并强化现代地理信息技术的应用。《丛书》力图为区域地理综合实习提供一套全新的参考资料,也期望能为推动我国地理教育教学向更高层次迈进作出一定的贡献。

赵 媛

2010 年 5 月于南京

前　言

　　大江大河流域自古以来都是世界区域开发的热点之一,流域经济尤其是大流域经济往往成为一个国家或地区的经济命脉,不少国家的发展史就是一部流域文明史。大江大河流域凭借独特的地理条件通常都成为经济发达、产业集聚的地带,如欧洲的莱茵河开发、美国的田纳西河开发、韩国的汉江开发等。

　　长江是中国,也是亚洲第一大河,自西向东,从青藏高原唐古拉山奔流而下,浩浩荡荡,注入东海,干流流经 11 个省级行政区。长江流域是人类居住时间最长的地区之一,和黄河一起并称为"母亲河"。长江三角洲是中国最大的河口三角洲,不仅在自然地理上有其独有的特色:平原、山丘、河流、湖泊有机地组成一体;发育了从震旦系到第四系一套完整的地层;其西部的宁镇山脉地质研究起步早,成果丰硕,被誉为"中国地质学的摇篮",东部的太湖平原、长江河口平原等是研究第四纪构造运动、平原地区河流水文特性、泥沙沉积规律以及河口区河海相互作用的重要场所。而且长三角沿江地区位于长江流域和沿海开放地带交汇处,区位条件优越,自古就是中国的"鱼米之乡",鸦片战争之后开始工业化发展;长三角沿江地区改革开放较早,经济发达,基础设施齐全,交通网络完善,创新能力强,城镇发展各具特色,区域综合发展位居全国前列,在全国具有示范带头作用。因此,无论是自然地理还是人文地理,长三角沿江地区实习内容都十分丰富,实习点众多并且具有代表性,是地理综合实习的天然课堂,也是地学野外科研科普的理想基地。

　　长三角沿江地区在经济社会快速发展的同时,也面临着人口过密、土地紧缺、能源匮乏、环境污染、生态破坏等人地矛盾问题,尤其是 2007 年的太湖蓝藻事件,更凸显了长三角沿江地区的人地发展问题。在长三角沿江地区实习,可以让学生在有限的时间内尽可能多地接触地理学实习的各个方面,将多要素紧密结合,综合分析问题、解决问题,探讨实现人地协调发展的途径,有利于学生实践能力和创新能力的训练和培养。

　　长三角沿江地区包括南京、镇江、扬州、泰州、常州、无锡、苏州、南通和上海等地级市。南京地区地貌典型丰富、地层发育齐全、构造现象清楚,并且研究程度高、资料完整,可单独作为一个实习区域,已出版《地理野外实习指导丛书》之《南京地区地理综合指导纲要》;南通兼有沿江与沿海特点,而且是江苏省沿海开发的重点区域,故南通实习区放在《地理野外实习指导丛书》之《江苏沿海地区地理综合实习指导纲要》中。因此,本书所述长三角沿江地区包括镇江、扬州、泰州、常州、无锡、苏州和上海,分为镇扬泰(镇江、扬州、泰州)实习区、苏锡常(苏州、无锡、常州)沿江地区实习区、太湖流域实习区和上海实习区等四大实习区,实习区的划分,不仅是依据行政区划,同时还考虑自然和人文地理特征的相似性。镇江、扬州隔江相望,自古就是"京口瓜洲一水间",两地商业贸易发达,人员往来密切,文化上也有诸多相似之处;泰州市是 1996 年从扬州分离出来新设立的,因此将镇扬泰划分为一个实习区。苏州、无锡、常州三市沿江地区,经济发达,联系密切,一体化特征明显,并且,苏、锡、常三市沿江地区还有众多相似的地理现象,如湿地公园、主题公园、跨江桥梁、沿江港口群、新农村建设等,因此将苏锡常沿江地区划分为一个实习区。太湖流域是一个完整的自然地理单元,流域的开发建设、流域环境问题及其治理等都具有整体性,因此将太湖流域作为一个实习区。上海位于长江和黄浦江入海汇合处,河网大多属黄浦江水系,是我国第一大城市,也是我国的经济、科技、工业、金融、贸易、会展和航运中心;上海的"海派文化"是在江南传统文化的基础上,与开埠后传入的对上海影响深远的欧美文化等融合而逐步形成,既古老又现代,既传统又时尚,区别于中国其他文化,具有开放而又自成一体的独特风格,因此将上海作为一个实习区。

　　本书的编写思路和提纲,是依据《地理野外综合实习指导丛书》(总主编赵媛)的编写要求,以实习目的与实习要求、实习线路与实习内容、背景资料与实习指导三大主干内容构建框架。对每一实习区既有总体的实习目的与实习要求,又分线路提出具体的实习内容及作业与思考要求,而且提供相关的背景材料与实习方法的指导,有利于培养学生独立思考、善于发现问题和解决问题的能力。

　　本书是集体智慧的成果。全书由赵媛拟定编写思路、提出框架体系;镇江市第一中学田宏文老师参加了第三章镇扬泰实习区的编写;第六章上海实习区由华东师范大学卢晓旭执笔;其余各章由南京师范大学赵媛和嵇昊威、杜志鹏、周晓波、刘文宇、陈远锋、陈平、吕旭江执笔。嵇昊威、杜志鹏在全书的编写中做了大量的资料收集和图件修改工作。全书最后由赵媛统稿。野外考察、调研和本书的出版得到南京师范大学地理科学国家实验教学示范中心的支持!

　　本书在"背景资料与实习指导"中,力求将各位专家学者对长三角沿江地区地理研究成果提供给学生，以帮助学生更好地了解相关研究前沿和研究动态。主要参考文献在每章末尽量全部列出，但其中难免有疏漏的，如果原作者发现应该标注而没有标注的文献，请与我们联系，我们一定在再版时给予标注。在此谨向所有参考文献的作者表示衷心的感谢！

　　限于编者的学识和经验，书中可能有遗漏、不当甚至错误之处，敬请专家和读者朋友指正。

作　者

2012 年 8 月于南京

目 录

第1章 长三角沿江地区地理综合实习意义与方法

第一节 长三角沿江地区地理综合实习意义

一、长江三角洲概念及特点

(一) 自然地理意义上的长江三角洲

自然地理意义上的长江三角洲(图1-1),是中国最大的河口三角洲,泛指镇江、扬州以东,由长江以及部分淮河、黄河来的泥沙冲积而成的平原,包括江苏省苏中、苏南大部,上海市及浙江省杭嘉湖平原地区。长江三角洲顶点在仪征市真州镇附近,以扬州、江都、泰州、姜堰、海安、栟茶一线为其北界,镇江、宁镇山脉、茅山东麓、天目山北麓至杭州湾北岸一线为西界和南界,东到海滨。长江三角洲还可以分为新三角洲和老三角洲两个部分:从泰兴经如皋到如东、北坎一线以南,江阴、福山、马桥、漕径一线以东部分称为新三角洲,其余称为老三角洲。

长江三角洲的自然特点主要有以下几点。

1. 形成时间短

长江三角洲是个年轻的三角洲。末次冰期以前,长江三角洲是河谷和两侧的古河间地。冰后期海平面上升,沉积开始。在7 000~7 500年前海侵最广时,形成了以镇江—扬州为顶点的巨大长江古河口湾。此后开始海退,加上长江泥沙含量不断增加,逐步在长江口淤积,形成了今天的长江三角洲。其开始形成距今也不过几千年历史。

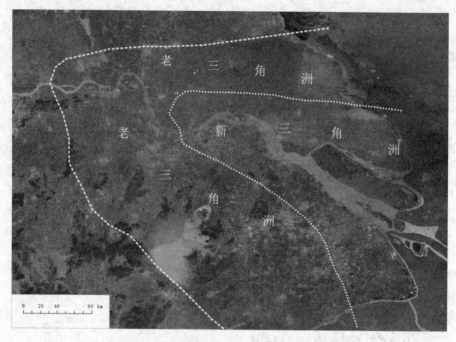

图 1-1　自然地理意义上的长江三角洲

2. 地势低平,水网密布

长江三角洲绝大多数地方地势低平,一般海拔在 10 m 以下。里下河平原南缘地势较高,一般 4～5 m,河口沙洲区和太湖平原地势更低。崇明岛地面高程 3.5～4 m(吴淞零点,下同);长兴、横沙岛地面高程一般 2.5～3.5 m。只有一些零散的丘陵,如惠山、天平山、虞山、狼山等,海拔在 200～300 m 左右,如苏州穹窿山 345 m,无锡惠山 336 m,常熟虞山 288 m。长江三角洲水系复杂,天然水系和人工开挖的沟、河相结合,有大小湖荡数百个,平均每 1 km 就有一条河流或者湖泊,是中国水网较为稠密的地区之一。

3. 广泛覆盖第四纪沉积物

长三角第四纪沉积物比较均匀地覆盖在整个长江三角洲。地层厚度由西向东逐步增大,在平原西部一般小于 20 m,到沿海一带可达 400 m。现代长江河口的崇明三岛区为一新的第四纪沉积中心,地层厚度最大可达 480 m 以上。此外,在上海西南一些基岩沉降构造小盆地中,第四纪沉积物也可达 200～300 m,表明自第四纪以来,长江三角洲的沉积中心有向南迁移趋势,并由单个沉积中心变为多个沉积中心。

(二) 人文地理上的长江三角洲

人文地理意义上的长江三角洲(图 1-2),指的是长江三角洲经济圈,简称"长三角",不同时期的定义和范围不同。改革开放以后,长江三角洲地区借助区位和政策优势,经济迅猛发展。为打破行政区划限制以及地方市场分割,推动和加强长江三角洲地区经济联合与协作,1992 年,由上海、南通、无锡、宁波、舟山、苏州、扬州、杭州、绍兴、南京、常州、湖州、嘉兴、镇江 14 个市经协委(办)发起、组织,成立了长江三角洲十四城市协作办(委)主任联席会,至 1996 年共召开了五次会议。1997年,上述 14 个城市的市政府和新加入的泰州共 15 个城市通过平等协商,自愿组成新的经济协调组织——长江三角洲城市经济协调会。协调会设常务主席方和执行主席方,常务主席方由上海市担任,执行主席方由除上海市外的其他成员市轮流担任。协调会每两年举行一次正式会议。协调会在常务主席方设联络处作为常设办事机构,负责日常工作,各成员市的协作办(委)作为协调会具体的联络、办事部门。2003 年 8 月,浙江省台州市成为第 16 个长三角城市经济协调会会员城市,长三角成为"15+1"模式。此后,苏北、浙西、皖东等地城市加入"长三角"的呼声愈加强烈,有人提出了长三角"15+n"模式。2007 年,经国务院批准,由三省市联合主办的"长江三角洲发展国际论坛"在上海举行。其间,各方就长三角新的地理空间范围达成共识,即由原"16 市"扩充为江苏省、浙江省、上海市"两省一市"。2008 年 9月 7 日,《国务院关于进一步推进长江三角洲地区改革开放和经济社会发展的指导意见》中,长三角区域范围扩至"两省一市"全境得以明确。

2010 年,《长江三角洲地区区域规划》(国函〔2010〕38 号《国务院关于长江三角洲地区区域规划的批复》)明确提出,长三角以上海市和江苏省的南京、苏州、无锡、常州、镇江、扬州、泰州、南通,浙江省的杭州、宁波、湖州、嘉兴、绍兴、舟山、台州 16个城市为核心区,统筹"两省一市"发展,辐射泛长三角地区(图 1-3)。"泛长三角地区"是在 2008 年初,胡锦涛总书记在视察安徽时,第一次明确提出的,之后不久国务院常务会议审议并原则上通过了《进一步推进长江三角洲地区改革开放和经济社会发展的指导意见》;同年 7 月底由苏浙沪相关方面主办的首届"泛长三角区域合作与发展论坛"在上海举办,论坛上众多专家学者表示长三角的范围还要进一步扩大,形成"泛长三角",将安徽、江西、福建乃至台湾纳入到"泛长三角"格局中,形成"6+1"格局。此后"泛长三角"的概念逐步推广并得到实施。2010 年 3 月,在浙江嘉兴召开的长三角城市经济协调会第十次市长联席会议宣布,协调会成员由此前 16 个增至 22 个,即长三角核心城市群扩容,不仅吸收盐城、淮安、金华和衢州4 个苏浙城市为新会员,而且让泛长三角区域内的合肥、马鞍山两个安徽省的城市也正式"加盟"。

(三) 长三角沿江地区

长三角沿江地区包括南京、镇江、扬州、泰州、常州、无锡、苏州、南通和上海等地级市,辖 58 个区,28 个县(县级市),面积为 54 862 万 km²,2009 年末拥有户籍

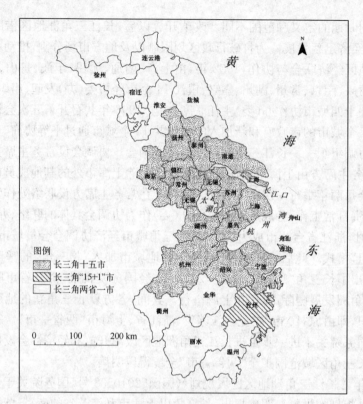

图 1-2 人文地理意义上的长江三角洲

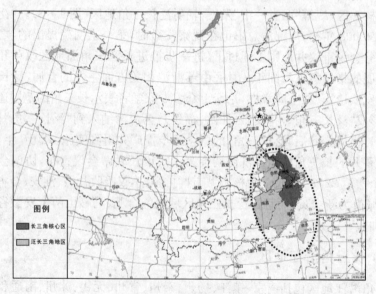

图 1-3 泛长三角地区

人口 5 484 万人,常住人口 6 630 万人(表 1-1)。该地区区位优越,历史悠久,基础设施齐全,交通发达,创新能力强,开放程度高,在全国具有模范带头作用。

表 1-1　长三角沿江地区行政区划、面积、人口(2009 年)

地级市	县(县级市)	区	面积 (km²)	户籍人口 (万人)	常住人口 (万人)
南京	溧水、高淳	玄武、鼓楼、白下、建邺、秦淮、下关、栖霞、雨花、江宁、浦口、六合	6 582	629.77	771.31
镇江	丹阳、句容、扬中	丹徒、京口、润州	3 847	269.88	306.94
扬州	宝应、高邮、江都、仪征	邗江、广陵、维扬	6 634	458.80	449.55
泰州	靖江、泰兴、姜堰、兴化	高港、海陵	5 797	503.98	466.61
常州	金坛、溧阳	武进、新北、天宁、钟楼、戚墅堰	4 385	359.82	445.18
无锡	江阴、宜兴	锡山、惠山、滨湖、崇安、南长、北塘、新区	4 788	465.65	619.57
苏州	张家港、常熟、太仓、昆山、吴江	吴中、相城、平江、沧浪、金闾、虎丘	8 488	633.29	936.95
南通	启东、海门、如皋、如东、海安	通州、崇川、港闸	8 001	762.66	713.37
上海	崇明	浦东新区、黄浦、卢湾、徐汇、长宁、静安、普陀、闸北、虹口、杨浦、闵行、宝山、嘉定、金山、松江、青浦、奉贤	6 340.50	1 400.70	1 921.32
合计			54 862.50	5 484.55	6 630.80

资料来源:江苏统计年鉴 2010,上海统计年鉴 2010

二、长三角沿江地区地理综合实习意义

(一)统一地理学与地理综合实习

　　统一地理学由来已久。从地理学的萌芽到近代地理学的创建乃至现代地理学发展的趋势来看,将自然现象与人文现象作为统一体进行综合研究即统一地理学,一直是地理学的传统和优势。德国地理学家洪堡认为,"地球是一个有机整体,而人是这个自然有机整体的一部分";认为地理学研究"各种自然与人文现象的地域结合"。李特尔也认为,"地理学要免被瓜分,就要坚持它的中心原则,这个原则就是各种自然现象和形态同人类的相关"。英国地理学家赫伯森则指出,"我们不可能将一个居住区及其居民分别考虑而不从整体中减去一个主要部分,将整体分割为人及其自然环境是一个凶杀的行动,这样分割之后,活的整体不再存在,而只是

某种死的和不完整的残部了"。

二战以后,在地理学理论和方法日益复杂化和多样化的同时,地理学自然与人文的二元化日益突出,出现分化倾向。统一地理学分化是地理学深入发展的一个过程和必然,但地理学真正二元论所主导的时间并不长。随着世界范围内环境、资源、人口压力的不断加剧,地球自然资源基础正在逐渐衰竭和贫化,生态问题日益严峻,统一地理学重新受到重视。地理学不仅要研究自然环境,更要研究人文环境,还要重视两者的统一与综合研究。地理环境,包括自然地理环境和人文地理环境,两者之间以及两者内部都是相互依赖、相互作用的,换句话说,现代地理环境都是自然和人文的有机统一体。地理学只研究纯自然的地球、纯自然的地理过程是不全面的,只研究人文活动、忽视与自然环境的关系也是片面的甚至是有害的。如人类在发展问题上忽视自然与社会经济相互联系,相互作用,有机统一的关系,片面强调社会经济发展的需要而忽视自然环境的承载力,带来了惨痛的教训。因此,地理学应当以人地关系为宗旨,把地理环境作为一个综合的自然-社会系统加以研究。而目前,可持续发展的提出,就是为了从整体上解决人类面临的一系列重大问题,这就需要进行自然、经济、人文的综合研究,这正是地理学的特点和优势所在,地理学又一次面临大展宏图的机会。

地理综合实习就是以自然地理和人文地理等多方面要素的相互联系为主旨,将自然地理学与人文地理学的若干地理现象连贯起来,实现自然和人文的有机融合。以自然地理内容为基础,以人地关系为主线,把自然、经济、社会和生态等诸要素有机地结合起来进行综合分析,分析经济社会发展与地理环境的关系,以及人类活动对地理环境的影响。具体来说,地理综合实习具有以下意义。

1. 通过实习,学习地理学观察世界的方法

地理学致力于研究地球表层系统的特征和组织发展,研究某一特定地域的自然与人文现象之间的互动方式;致力于产生地域特征的各种现象与过程之间的相互关系和从属性质的研究,与其他学科总体上不注重空间联系相比,地理学将时间和空间紧密结合,既研究时间上的变化,也研究空间上的分异。通过综合实习,有助于培养学生地理学观察世界的方法。

2. 通过实习,重视地理研究基础数据的获取

地理研究的主要实验室在野外。野外地理研究的前提是相关信息的获取和筛选。传统的地理教学实习多数缺乏区域视野下的综合,偏重于分支学科的单线深入,侧重于专题要素的提取,多要素的综合作用往往放在次要地位;目前多数地理实习又忽视野外考察布线和选点的科学训练,过于重视各种渠道来的海量数据(包括第二手资料),对获取这些数据的考察点的空间位置或渠道的科学性很少考虑,导致对影响这些数据真实性的地理格局未加考虑,影响了研究的准确性。当代地理综合实习迫切需要改善地理信息的系统获取方法,这是地理研究最基础的工作。

3. 通过实习,提升现代地理素养

现代地理素养的培养不是局限于书本中。地理综合实习是将自然地理学与人文地理学的若干地理现象连贯起来,实现自然和人文的有机融合。以自然地理内容为基础,以人地关系为主线,使实习内容更加全面、综合。每一个实习单元都可以有一些针对性强的研究课题,把各学科内容有机地结合起来进行综合分析,分析经济社会发展与地理环境的关系,以及人类活动对地理环境的影响,有的放矢地培养学生的区域观点、综合观点和可持续发展意识。这种实习模式不仅可以增加专业知识的负载量,同时又培养了学生观察和综合分析的能力以及辩证的系统思维。通过地理综合实习,在野外考察实情,提高动手操作能力,采集第一手的数据,将地理各方面如自然、人文等知识相互融合,提高地理理解力的同时也能提高解决问题的能力;身处于实际中,面对最新最迫切的问题,更要求我们带领学生运用系统的地理思维来解决最迫切的问题,追踪地理学的前沿,研究最新动态。

(二) 长三角沿江地区地理综合实习意义

1. 地理现象丰富典型,具有很高的综合实习价值

长三角沿江地区具有众多的具有代表意义的地理现象。长江三角洲平原、山丘、河流、湖泊有机地组成一体,发育了从震旦系到第四系一套完整的地层,其西部的宁镇山脉地质研究起步早,成果丰硕,被誉为“中国地质学的摇篮”,东部的太湖平原、长江河口平原等是研究第四纪构造运动、平原地区河流水文特性、泥沙沉积规律以及河口区河海相互作用的重要场所,也是研究防汛抗旱、防治水体污染的重要场所之一。长三角沿江地区位于长江流域和沿海开放地带交汇处,区位条件优越,原始社会就出现居民,封建时期逐步发展成为中国的“鱼米之乡”,鸦片战争之后开始工业化发展;长三角沿江地区改革开放较早,经济发达,基础设施齐全,交通网络完善,创新能力强,城镇发展各具特色,涌现了一批历史文化名城,发展了华西村、永联村、蒋巷村为代表的社会主义新农村,区域综合发展位居全国前列,在全国具有示范带头作用。因此,无论是自然地理还是人文地理,长三角沿江地区地理实习内容都很丰富,实习点众多并且具有代表性,是地理综合实习的天然课堂,也是地学野外科研科普的理想基地。

2. 人地矛盾突出,需要综合研究地理现象

长三角沿江地区在经济社会快速发展的同时,也面临着人口过密、土地紧缺、能源匮乏、环境污染、生态破坏等人地矛盾问题,尤其是 2007 年的太湖蓝藻事件,更彰显长三角沿江地区的人地发展问题,给长三角的发展敲响了警钟。因此,在地理实习中,观察、分析这些现象及问题时,不能仅仅考虑自然或者人文因素,需要将多要素紧密结合,综合分析问题、解决问题。

3. 一体化发展趋势,需要综合分析区域问题

长三角沿江地区地域相邻,文化相融,随着交通条件的不断改善,区域间人流、物流、资金流、信息流往来频繁,形成了多层次、宽领域的合作交流机制,正朝着同城化、一体化发展的方向迈进。众多的地理现象,无论是自然地理还是人文地理,已经突破行政区划界限,有机地融合在一起。这就要求我们在开展地理实习时,不能局限某个行政区甚至是某个实习点就事论事,而是要小到流域或经济区域,大到整个长三角地区,通盘地、全面地思考与分析。

第二节　长三角沿江地区地理综合实习方法

一、地理实习方法的转变

1. 从单科性实习向综合性实习转变

传统地理实习一般以二级学科为单位,分开实习,有时甚至以更细的学科开展实习。这样的实习容易导致学生形成一个个信息"孤岛",不利于地理知识和技能的有机融合。综合野外实习则以一个区域为背景,把各学科内容有机地结合起来进行综合分析,不仅增加了专业知识的负载量,而且有利于培养学生的区域观点、综合观点和可持续发展意识。

2. 从分散的认知性、验证性实习向区域固定的研究性、创新性实习转变

大多数传统的地理实习,只是去一些具有典型意义的实习点,将教师课堂上讲授的内容,在野外实地检验一下,以巩固和验证理论知识、扩大和丰富地理科学的知识范围为目的;而地理综合实习,是在一个固定的区域内,综合分析该区域的自然地理、人文地理要素,探究发展中存在的问题,并尝试寻找解决问题的途径,不仅能提高学生对野外实习的兴趣,对提高学生的各种能力,特别是独立思考、独立工作能力也有很大的促进作用。

3. 从灌输式实习向互动式实习转变

"灌输式"实习类似于"讲解—接受"教学模式。这种模式以教师为主导,野外实习中,根据实习目的和计划安排,每到一个实习点,就把学生召集起来,教师讲解,学生记笔记;回来后整理实习笔记,编写实习报告。

"互动式"实习与传统的"由因导果"的灌输式实习模式不同,是一种"由果溯因"的探究式学习,类似于"引导—发现"教学模式。这种实习不是以一般的知识掌握为目的,而是以问题解决为中心,注重创设问题情境,通过探索、研究获取知识,

培养创造思维能力和意志力。在地理野外实习中,教师要指导并引导学生多加观察,发现问题,促使学生摆脱思维定势,激发学生的求新意识,不仅使学生书本上学习的理论知识得到了进一步的认知与验证,而且也能激发学生创新意识,培养创新能力。

4. 从集中式实习向分组讨论式实习转变

集中式实习,往往因人多造成有些学生听不清教师讲解,看不清地理现象,集中式实习往往也是"灌输式"实习;分组讨论式实习,是在教师的辅导下,学生(实习小组)独立完成实习。通常有两种形式:一种是教师辅导学生熟悉了野外实习内容及方法后,布置研究性实习课题,组织学生以小组为单位按照实习内容的要求,独立完成实习任务;另一种是教师介绍实习地区情况,介绍实习的内容和研究思路与方法,学生独立观察、自己提出研究课题,完成实习任务。

二、地理综合实习内容与程序

(一) 地理综合实习内容

地理综合实习一般从以下 5 个方面内容入手:

1. 条件。指影响区域发展布局的主要条件,包括自然条件和自然资源、人口劳动力条件、历史发展基础、技术协作条件、交通运输条件等。

2. 结构。指区域的水热组合结构、土壤植被组合结构、产业结构等。

3. 特征。指区域分布、区域特色、区域发展水平及其在大区域中的地位、分工等。

4. 问题。指区域发展中存在的主要问题。

5. 方向。指区域可能的发展方向、发展对策与发展途径。

但是野外实习中,一方面,对区域的研究不可能面面俱到,另一方面,每个学生也只能选择某个或某几个具体的专题问题来进行科研训练,因此,通常可以根据区域的典型特征,设计一些专题进行研究实习。

(二) 地理综合实习程序

一般来说,地理综合实习分为实习前、中、后三个阶段。通常教师实习前的准备和学生在实习过程中的表现环节受到重视,但学生实习前的准备工作和师生实习后的总结往往被忽视。如果学生没有充分的准备,没有了解实习目的和意义,以及大致实习内容,在实习过程中很可能是盲目跟从,无法实现预定的实习目标。实习后的总结也很重要,综合实习阶段只是室外工作的结束,整理资料、处理数据以及撰写调查研究报告和论文,并进行总结,这样才是一个完整的综合地理实习(图 1 - 4)。

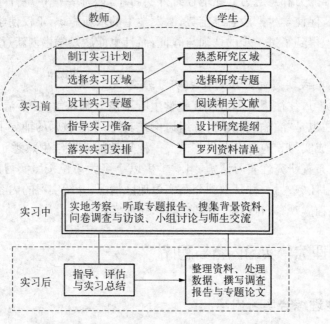

图 1-4　地理综合实习的一般程序

资料来源：史春云等，2009

三、长三角沿江地区地理综合实习区域划分

（一）区域划分依据

　　长三角沿江地区地理综合实习区域划分，不仅是依据行政区划，同时要考虑自然和人文地理特征的相似性。镇江、扬州隔江相望，自古就是"京口瓜洲一水间"，两地在漫长的封建社会时期，商业贸易发达，人员往来密切，文化上也有诸多相似之处。泰州市是 1996 年从扬州分离出来新设立的，因此将镇扬泰划分为一个实习区。苏州、无锡、常州三市沿江地区，经济发达，联系密切，一体化特征明显，并且，苏、锡、常三市沿江地区还有众多的相似地理现象，如湿地公园、主题公园、跨江桥梁、沿江港口群、新农村建设等，因此将苏锡常沿江地区划分为一个实习区。太湖流域是一个完整的自然地理单元，流域的开发建设、流域环境问题及其治理等都具有整体性，因此将太湖流域作为一个实习区。上海位于长江和黄浦江入海汇合处，河网大多属黄浦江水系，是我国第一大城市，也是我国的经济、科技、工业、金融、贸易、会展和航运中心；上海的"海派文化"是在江南传统文化的基础上，与开埠后传入的对上海影响深远的欧美文化等融合而逐步形成，既古老又现代，既传统又时

尚,区别于中国其他文化,具有开放而又自成一体的独特风格,因此将上海作为一个实习区。

南京实习区在《地理野外实习指导丛书》之《南京地区地理综合指导纲要》中单独阐述;南通兼有沿江与沿海特点,而且是江苏省沿海开发的重点区域,故南通实习区放在《地理野外实习指导丛书》之《江苏沿海地区地理综合实习指导纲要》中。

(二) 各区域不同特点和实习重点

1. 镇扬泰实习区

镇扬泰实习区包含镇江、扬州、泰州三市。宁镇山脉和茅山山脉,地层发育齐全典型,地质科研工作起步早,成就显著,是"中国地质学的摇篮"。茅山还是中国著名的道教圣地和革命纪念地,宁镇山脉中的宝华山则是著名的佛教圣地。镇扬泰位于长江和京杭运河的交汇处,自古就是重要的交通枢纽和商业中心,拥有超过 3 000 年的建城史。但是随着近代交通方式的转变,镇扬泰地区发展逐步落后于邻近地区。因此镇扬泰实习区侧重于地质地貌实习,古城保护和新城开发,交通条件变化对区域经济社会发展产生的影响和山地丘陵旅游资源综合开发方面。

2. 苏锡常沿江实习区

苏锡常沿江实习区指苏州、无锡、常州三市京杭大运河以北地区,整体位于泥沙淤积的长江三角洲上,水网密布,湖沼湿地众多。苏锡常沿江地区经济发达,已经形成沿长江和沿京沪铁路两条产业带,在中国经济中占有举足轻重的地位;苏锡常沿江地区拥有较为完善的城镇体系结构,大城市、小城镇、新农村建设同步进行,现代化交通网络初步形成。苏锡常沿江实习区以沿江港口开发、桥梁建设和沿江经济发展为实习重点,同时围绕主题公园建设规划、湿地开发与保护、新农村建设等专题进行调研、考察。

3. 太湖流域实习区

太湖流域实习区,是一个相对完整的自然地理单元。太湖流域水资源丰富,经济发达,但是污染严重,并且洪涝灾害问题突出。太湖流域实习区实习侧重于水文观测以及水污染治理和洪涝灾害的防治。

4. 上海实习区

上海位于长江入海口,长江河口区的自然环境,包括河流入海口地形、河口地貌、江海交汇处的生物资源等,是该实习区的自然地理实习重点;作为我国第一大都市,上海的城市建设和极具特色的中心商务区、浦东开发、崇明岛国家地质公园和生态岛建设以及"中西合璧,兼容并蓄"的海派文化构成上海实习区人文地理实习的特色。

主要参考文献

蔡运龙.1998.在深化可持续发展研究中发展地理学.地理研究,1：17-22

李孝坤.1991.论统一地理学之基础——地理环境.重庆师范学院学报(自然科学版),12：77-80

李旭旦.1984.中国大百科全书·地理学·人文地理学.上海：中国大百科全书出版社.

罗士培.1986.人文地理学的领域和宗旨.吴传钧译.人文地理,2：3-6

美国国家研究院地学环境与资源委员会地球科学与资源局.2002.重新发现地理学.北京：学苑出版社.

史春云,沈正平,孔令平.2009.高校区域地理的野外实践教学.实验室研究与探索,9：99-101

汤茂林,陆玭,刘茂松.2010.统一地理学发展之道——直面危机,加强对话,超越自然-人文二元化.热带地
　　理,2：101-107,120

杨效忠,陆林.2003.旅游资源野外实习课程建设研究.安徽师范大学学报(自然科学版),2：191-193

赵楚年,郭廷彬,吕克解,等.1997.自然地理学与人文地理学的交叉是现代地理学发展的趋势.地球科学进
　　展,1：79-81

赵媛,韩雪珍,诸嘉.2006.地理野外实践教学模式初探.实验室研究与探索,2：238-240

赵媛,沙润.2002.论地理实践教学中创新精神的培养.创新教育在课堂.南京：南京师范大学出版社.

赵媛,沙润.2002.新时期区域地理野外实践教学的改革.海南师院学报(自然科学版),3：132-134

赵媛,沙润.2003.地理实践教学改革与学生科研能力的培养.实验室研究与探索,4：15-17

R.迪金森.1980.近代地理学创建人.葛以德译.北京：商务印书馆

第2章 长三角沿江地区综合地理特征

第一节 区域地理位置

长三角沿江地区位于北纬 30°45′（苏州吴江）～33°25′（扬州宝应），东经 118°58′（镇江句容）～122°12′（上海奉贤）。东隔太平洋与日本相望，西接皖江城市带，南靠杭嘉湖地区，北依陇海铁路产业带。

长三角沿江地区地处长江下游平原，负山面水，丘陵、平原、河流、湖泊、湿地有机地组成一体。西侧为宁镇山脉、茅山山脉和宜溧山地，东侧为太湖平原和长江三角洲河口区域，北侧为江淮平原。长江自仪征自西向东横贯本区域，直至注入东海。太湖犹如璀璨的明珠，阳澄湖、淀山湖、滆湖、高邮湖、邵伯湖、溱潼湿地等湖泊镶嵌其中，京杭运河、太浦河、娄江、吴淞江、黄浦江、通扬运河、串场河等河流则串起了这些湖泊。

长三角沿江地区位于亚太地区太平洋西岸的中间地带，处于西太平洋航线要冲，具有成为亚太地区重要门户的优越条件。从国内来看，长三角沿江地区地处以东部沿海地区和长江流域形成的"T"字形国家级产业发展轴的交汇处，兼有沿江和沿海的双重地缘优势，拥有面向国际、连接南北、辐射中西部的密集立体交通网络和现代化港口群，经济腹地广阔，对长江流域乃至全国发展具有重要的带动作用。在华东地区，长三角沿江地区以上海为经济中心，逐步向西辐射，形成沿江、沿沪宁铁路两条经济发展轴线；长三角沿江地区的发展还拉动苏北、皖江、浙西经济，促进其产业转移。

第二节 区域自然地理

一、长江三角洲的发育

长江三角洲地区为燕山和喜马拉雅山期的裂谷盆地。地质地貌上的长江三角洲,既包括现代三角洲,即全新世海平面上升趋于稳定以来的6 000年左右形成的三角洲,又包括古代三角洲。古三角洲的形成和第四纪气候的变化息息相关。

(一) 长江三角洲发育条件

首先是地质运动。喜马拉雅运动使中国东部地区开始大幅度沉降,长江三角洲以及与之毗邻的华北平原、渤海、黄海、东海以及南海等,下降更甚,以致上述几个海盆渐次为海水所淹没最后成为海洋。自第四纪以来,长江三角洲除西部及西南部外,其他地区都以沉降运动为主,这为泥沙沉积以及长江三角洲的形成提供了先决条件。

其次是泥沙来源。长江三角洲泥沙来源主要是长江,全新世早期,长江含沙量并不高,随着人类活动的增强,上游植被被破坏加强,水土流失严重,长江来沙逐步增多,促进了长江三角洲发育。此外,长江三角洲泥沙来源还包括黄河,黄河1 128年夺淮,大量泥沙促使苏北平原向东扩张,也有部分南散,与长江来沙汇合。1855年黄河北徙后,苏北平原部分侵蚀泥沙随海流搬运至长江三角洲。

第三是河口水文动力条件。长江口波浪以风浪为主,波浪强度居中。长江口为中等强度的潮汐河口,在季风的影响下,口外冬季发育向南的沿岸流,夏季发育向北的沿岸流,使泥沙部分流向浙江和江苏海岸。但总的来说沿岸流不是太强,以致只有不到一半的泥沙被带走,利于沉积,塑造三角洲。

第四是大陆架。中国东部陆架是世界上最宽的陆架之一,是一个平缓微倾的台面,大陆架坡度基本不超过$0°02'$。长江水下三角洲前缘水深一般在30~50 m。总体上,平坦的海底地形有利于河流来沙堆积而形成三角洲。

(二) 长江三角洲发育过程

末次冰期以前,长江三角洲发育前的古地理背景是下切河谷和两侧的古河间地。冰后期海平面上升,河流近口门段发生回水和溯源堆积,当溯源堆积影响至现今长江三角洲地区时,下切河谷开始沉积。随着海平面上升河口逐渐向陆移动,河底相应发生堆积,在河流侵蚀面之上形成河床相沉积。海平面持续上升,海水沿下切河谷向陆侵进,河口向陆移动,约在7 000~7 500年前全新世海侵达到最大时,形成了以镇江—扬州为顶点的巨大长江古河口湾。镇江以西,江流受沿江两岸山丘岗地阶地约束,江面窄狭,呈喇叭形河口,古代记载广陵潮"状如奔马,声如雷鼓"。此后海平面上升速度与河流沉积物的沉积速率接近,沉积作用使岸线向海推进,开始海退。与此同时,伴随着人类活动的不断加剧,长江泥沙含量不断增加,逐步在长江口淤积,形成了今天的长江三角洲。

长江三角洲的发育过程具有明显的阶段性。最大海侵以来,共经历了六个主要的发育阶段,相应地形成了六个完整的三角洲体,称为亚三角洲,分别命名为红桥期、黄桥期、金沙期、海门期、崇明期和长兴期。红桥期距今6 000~7 500年,当时长江口位于镇江、扬州附近,呈喇叭状。黄桥期距今 4 000～6 500 年,亚三角洲主体位于泰州黄桥一带。金沙期距今 2 000～4 500 年,亚三角洲的中心位置在南通平潮、金沙一带。海门期距今 1 200～2 500 年,亚三角洲的主体由金沙期南叉道河口砂坝进一步发育而成。崇明期距今 200～1 700 年,崇明期海岸线的变化比较复杂,苏北沿海基本维持在宋代相继修建的范公堤、沈公堤的位置上(图 2-1)。长江口的岸线随着海门期北叉道的淤塞,南移至海门、启东一带。宋元之际,海岸线开始坍塌,海门期河口砂坝部分沦为沧海,海岸退至狼山和吕四一线。江南海岸线则稳定在宋代修建的海堤里护塘附近。清初,海岸开始大幅度淤涨,形成了宽广的侧翼边滩。长兴期的河口砂坝,由长兴岛、横沙岛和铜沙浅滩组成,首尾相接,长约 72 km,宽 9 km,平均厚度为 14 m。

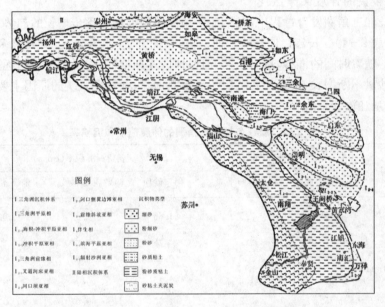

图 2-1　崇明期长江三角洲岩相地理图

资料来源:王靖泰等,1981

(三) 长江三角洲发育特征

1. 河口砂坝为主体的发育模式

长江各期亚三角洲的发育皆以河口砂坝为主体。砂坝的出现,迫使河流分叉,形成南、北叉道。在科氏力的作用下,涨潮主流偏北,落潮主流偏南,致使长江各期亚三角洲的北叉道日渐衰退,其河口砂坝规模小,寿命短,随着北叉道的废弃而并于北岸。而南叉道则日益强盛,成为主要泄水、输沙河道。河口砂坝发展快,规模大,往往成为下一期亚三角洲的主体,致使河流再次分叉,形成新的南、北叉道。新的叉道又孕育着新的河口砂坝,将产生更新的亚三角洲。

2. 独特的伴生体系

长江河口的定向南移,改变了三角洲南、北两侧的水动力条件,形成了独特的伴生沉积体系。在北侧,叉道的废弃形成海湾,从江口北上的近岸流与自苏北南下的近岸流在海湾内相遇,致使潮差增大,水位抬高,水体向海扩散,形成以海湾为顶点的辐射沙洲体系,呈辐射状向海展布,其组成物质为细砂,沙洲间为砂质粉砂。自此向陆、向海颗粒变细,分别过渡到淤泥质潮间浅滩和大陆架沉积。生物群以正常浅海相为主,夹有少量河口地区常见的属种。在南侧海岸,长江入海的泥沙在波浪作用下形成了平行岸线,断续分布的滨海砂堤随着三角洲阶段性地向海伸展,相应地产生了六列滨海砂堤,代表着不同时期的古海岸线位置,分别与长江六期亚三角洲的发育时期相当。

3. 较快的伸展沉降速度

在长江三角洲发育过程中,各期亚三角洲伸展速度有逐步增长的趋势,平均为40 m/a(表 2-1)。长江口原是一个河口湾,水面开阔,水深较大,需要更多的沉积物充填。随着时间的推移,越向后期,河口地区逐渐变浅,需要的沉积物逐渐减少,但是来沙量不断增长,于是伸展沉积速度不断增长,金沙期减缓的原因主要是气候干冷,流量和输沙量减少。

表 2-1　长江各期亚三角洲的伸展速度和沉积率

发育时期	三角洲伸展速度(m/a)		三角洲沉积率(cm/a)		
	三角洲平原	江南滨海平原	河口砂坝	前缘斜坡	前三角洲-浅海
红桥期	45	2.5	1.66	0.84	0.40
黄桥期	47	3.0	1.20	0.36	0.22
金沙期	37	5.0	0.72	0.30	0.16
海门期	90	11.2	1.15	0.65	0.42
崇明期	75	20.2	1.00	0.57	0.37

资料来源:王靖泰等,1981

二、长三角沿江地区地质构造

长三角沿江地区是扬子古陆(也称扬子钱塘准地槽或扬子准地台)的最东端,形成于上元古代,以轻变质岩系为基底,自震旦纪到中生代三叠纪一直处于沉降状态,沉降幅度较大,是我国从震旦纪至三叠纪各期地层发育最完整的地区。

近年来的研究表明,受海安—江都断裂和崇明—无锡—宜兴断裂(也称江南断裂)的控制,本区域又分为三个次一级的构造单元:海安—江都断裂以北为苏北坳陷带,崇明—无锡—宜兴断裂以南为太湖—钱塘褶皱带,两断裂之间是下扬子台褶带。

（一）苏北坳陷

苏北坳陷是在震旦系到中生界三叠系海相、陆相交替沉积的基础上，发生于燕山运动的断坳，一直延续到现代。自第四纪以来处于持续强烈的沉降区，加之全球性气候冷暖交替，引起数次海侵海退，在海侵海退过程中，曾经发育成典型的古潟湖，后经河流带来丰富泥沙不断淤积，使得里下河地区最终演化为平原。在漫长的地质时期里，坳陷从西向东缓慢发展，直达南黄海，沉陷幅度自西向东逐步加大。同时，由于近现代河流搬运、沉积作用，形成较厚的泥沙沉积层。

（二）下扬子台褶带

台褶带顾名思义是地台内的褶皱带，是地台内部的次一级地质构造单元。台褶带早期接受了巨厚的沉积，后期发生过比较强烈的构造变形，形成过渡性的褶皱。下扬子台褶带以元古代浅变质岩系为基底，沉积了一整套从震旦系到三叠系海、陆相交替沉积层。三叠系的灰岩层沉积后，经中生代侏罗、白垩系的燕山运动，全区出现强烈的褶皱和断裂活动，并伴生较强烈的岩浆活动，形成现代地貌的轮廓，宁镇、茅山山地初步形成，随后第三系的茅山运动使该分区形成了复杂的逆掩断层和褶皱。同时，几次地壳运动形成了一系列金属矿床，是重要的金属成矿带。

（三）太湖—钱塘褶皱带

太湖—钱塘褶皱带是以元古代轻变质岩系为基底形成的下古生代地槽系，在加里东运动中隆起，形成宜溧山地和向斜盆地，太湖一带则为沉降地区。燕山运动、岩浆活动广泛并发生褶皱断裂。第三纪的地壳运动，莫干山地区断裂上升形成断块山，太湖平原形成沉降凹陷。由于崇明—东山间存在一个断裂带，其北侧在燕山运动时发生褶皱，是太湖中的东洞庭山、西洞庭山、马迹山以及无锡、苏州、常熟一带低山丘陵的基础；其南侧发生沉陷，几乎全部被第四纪沉积层掩覆，只有少数孤丘分布，在构造上多为天目山的余脉。

三、长三角沿江地区地貌特征

（一）主要地貌类型

1. 平原

长三角沿江地区地势平坦，平原广袤，大部分平原属于堆积平原，形成历史较短。中生代以来，长江三角洲大部分地区长期以沉降运动为主，到第四纪最后一次海侵时，黄海和东海的海水曾浸淹到江苏东北部、北部和西南部低山丘陵的山前。

当时,淮河和长江入海口分别在今淮安、镇江。在这之后,由于受到长江、淮河以及1194 年以后的黄河夺淮携带着大量泥沙(其中一部分经过海流再搬运)的填积,逐步形成今日的长江三角洲平原。

2. 低山丘陵和岗地

低山丘陵和岗地主要集中在西部的宁镇、茅山和宜溧山地。组成物质以变质岩、石英砂岩、砂页岩、石灰岩及火成岩为主,岩性复杂,岭谷相连,海拔大都在100～400 m 左右,绵延数 10 km 乃至 100 多 km。山前坡麓处表面都覆盖着厚层下蜀系黄土,属于黄土岗地。

此外,在太湖中及其东岸尚有一系列低山丘陵,如太湖中的东洞庭山、西洞庭山,太湖沿岸的马迹山、锡惠山、渔洋山、光福诸山、穹窿山、灵岩山、天平山、南阳山等,为天目山的余脉。

(二) 主要地貌分区

1. 宁镇、茅山丘陵区

宁镇山体西宽东窄,成“山”形分布,海拔介于 200～400 m,出露地层从震旦系到新近系均有,此较完整。各山体主峰大多数是由泥盆系砂岩组成,山顶陡峻、高耸,石灰岩构成之地区地表崎岖。新构造表现不太强烈,阶地发育并不明显,仅有三级,但是河谷发育良好,大多呈东西向排列,且多成“U”形谷地。茅山山体大致呈“S”形,一般高度为 200～300 m,整个山体南北两部分较高,中间较低,地层出露比较完整。山顶呈尖凸形,后期由于玄武岩的喷发盖于沉积岩上,长期剥蚀形成方山地形。

2. 宜溧山地

宜溧山地以宜兴南部张诸盆地为中心,由于受第三纪以来强烈构造运动的影响,断裂作用甚为显著,山体破碎,沿东北东—西南西方向分布,是典型的断块山地。南部受江南古陆轴部带动上异量大,北部较小。沿断层线发育许多次成谷地,因不断上升,谷地深切可达 200～300 m,形成岭谷相间地形。在石英岩山岭盆地内部,残留下古生代、中生代的石灰岩,经过第四纪中期湿热化时期以及近代气候下喀斯特作用,石芽溶沟及喀斯特溶洞得到一定发育,宜兴善卷、庚桑(张公)两洞即是。第四纪以来新构造运动及侵蚀基面变化,红土阶地得到特别良好的发育,同时山麓冲积—洪积扇也得到广泛分布。

3. 太湖平原

太湖平原实质是一个巨大的碟形洼地,洼地周边海拔多在 46 m,吴江、青浦一带海拔仅为 23 m 左右,而太湖水位在 3.3 m 左右。这个大型碟状洼地形成后,由于堆积过程中堆积量的地区差异,洼地发生地貌分化,分割成几个小的碟形洼地,形成了几个相对较大的汇水湖群,如淀泖湖、阳澄湖、洮滆湖等。由于注入太湖的荆溪、苕溪流域面积小,坡降大,植被覆盖率高,含沙量小,因此太湖的地貌作用以波浪为主导因素。波浪促使沿湖岸发生泥沙流,泥沙流对于那些不规则的湖汊形成堆积地貌,这种地貌逐步连接形成圆湖特征的湖盆;受东北部残余山丘及西南山地的影响,形成湖蚀崖和湖蚀台,例如宜兴长兴父子岭、无锡鼋头渚以及湖中的洞庭山等。

4. 里下河平原

和太湖平原一样,里下河平原也是一个以碟型洼地为中心的平原,以里运河为界,又分为西部上河区和东部里下河地区两部分。

(1) 上河区

上河区地势相对稍高,洪泽湖东侧海拔 10～11 m,为盱眙—仪征—六合丘陵低山之尾端。西侧为低山丘陵区,东部一些洼地积水成湖,形成现在的白马、宝应、高邮、邵伯诸湖,统称上河湖区。地表径流以白马、宝应、高邮、邵伯诸湖为尾闾,这些湖泊的湖底高程一般为 3～5 m,洪水期湖面高程可达 9 m 左右,对滨湖平原和下河地区构成威胁。

(2) 里下河地区

里下河地区地势更低,在地质历史时期长期沉陷,由泥沙搬运堆积在原先的浅水海湾处形成岸外沙堤,封闭而成潟湖,又继续接受长江、淮河和泛滥的黄河携带的大量泥沙沉积,逐渐形成现今周高内低的低洼平原。同时,低平原的形成也与人类活动密不可分。例如,唐宋时期在东沙堤上修建用以防御海水侵袭的捍海堰就加速了潟湖的淡化过程、河湖的沉积过程以及土壤的脱盐过程;宋代以后陆续在里运河两侧修筑人工堤岸,控制了上河区来水侵袭里下河,也有助于里下河平原的形成和发展。

里下河平原的底部为射阳湖、大纵湖及其周边的湖滩地,地面高程不足 2 m,射阳湖底最低处仅 1.1 m。兴化洼地、建湖洼地、溱潼洼地海拔约在 1.5～2.5 m,俗称"锅底洼",每逢汛期易遭内涝。大约在宋元以后,平原中部的民众为避免洪涝灾害,选择湖滩地或湖荡周边的局部高地就地取土,逐年培高,形成四周环水的小型人工高田,这种人工地貌称为垛田,一般高出四周水面 3～5 m,面积大小不一,是旱涝保收的高产稳产田。

5. 长江河床

本区域的长江河床虽然多弯道,但是属于顺直微弯型河床。河床中分布着 60 余个沙洲,每个沙洲都有其沙洲核。沙洲核的高度,江阴以下 4 m 左右,南京附近 6 m 左右,反映水位向下游降低,同时也是沙洲出水后的围垦高度。在沙洲核的周围,具有物质较粗的鬃岗,其高度与平均洪水位相适应,与岛核高差 1 m 左右。在河流弯曲的地方,往往出现由鬃岗系组成的迂回扇现象,鬃岗间还存在牛轭湖。由于在沙洲发育过程中江流的摆动,各个沙洲侵蚀和堆积的条件不同,向旁和向下移动速度不同,使得沙洲在移动过程中常常发生并洲的现象,例如扬中就是几个大的沙洲合并而成的。

此外,长三角沿江地区还存在许多人工地貌,如古代圩堤,因为湖沼、海洋的进退,而成为岗地;为发展桑蚕业,在地势较低的地方堆积成丘田等。

四、长三角沿江地区气候、植被与土壤

(一) 气候特征

长江三角洲地区属我国东部北亚热带季风气候。夏季受来自海洋的夏季风控制,盛行东南风,天气炎热多雨;冬季受大陆盛行的冬季风控制,大多吹偏北风,寒冷干燥;春、秋是冬、夏季风交替时期,春季天气多变,秋季则秋高气爽。长江三角洲年平均气温15~16℃,最冷月平均气温大于0℃,最热月平均气温27~28℃,年≥10℃积温在4 000℃以上,年降水量在1 000~1 400 mm,并且雨热同期,十分适合农作物生长。

本区气温分布特点为南高北低,降水量分布特征是南部大于北部,西部丘陵地带大于东部平原地带。有3个明显的雨季,3~5月为春雨,特点是雨日多;6~7月为梅雨期,梅雨雨量较大,但梅雨天数和雨量年际变化较大,如1958年的梅雨期仅为3天,降水量48 mm,而1954年梅雨期达59天,雨量400 mm,是1958年的9.6倍。梅雨期降水总量大、历时长、范围广;8~10月为台风雨和局地雷阵雨,台风雨降水强度较大,但历时较短;局地雷阵雨历时很短,但是不易预测,强度也很大,往往造成城市内涝和农田渍涝。

由于季风的不稳定性,导致长三角地区各种气象要素年际变化大,容易形成气象灾害,主要有涝灾、旱灾、寒潮、雪灾、冰雹、雷电、台风、龙卷风等。

此外,随着区域经济发展、人口增加及城市化进程的加速,近年来长三角地区气候有明显变化。一是平均气温呈上升趋势,大部分地区年极端最高气温呈明显上升趋势,尤其是长江沿岸与沿海地区,长江三角洲地区呈现为一个由上海、南京、无锡、常熟等小热岛联合而成的区域性热岛,且热岛强度的长期变化与该地区的经济发展有明显的正相关。二是绝大部分区域近40年来年降水量有所增加,增加最显著的区域位于南部,四季的降水变化,秋季倾向率为负值,春、夏和冬季均为正值,其中以夏季降水增加贡献最大,这表明长三角地区降水时间分配不均匀的趋势更加突出,暴雨发生的概率逐步增大。三是绝大多数地区相对湿度在降低,以上海、南通、高邮、溧阳、常州最为明显,风速也有降低的趋势。四是总云量有所减少,其中西部减少趋势显著。五是日照时数减少,在其西部,以苏南溧阳、东山为典型,日照时数减少较多。

(二) 植被特点

长三角地区植被主要为常绿阔叶树与落叶阔叶树形成的混交林。人为影响下,马尾松与栎类混交林分布较广,杉类树种亦分布较广。宜溧山地则多竹类植被。沿海地区的盐土在雨水淋洗下逐步脱盐,起初土壤属生盐土,生长盐蒿、羊角

菜等耐盐植物群落,脱盐成中盐土时,植被演替为白茅草、獐毛草群落,继续脱盐为轻盐土时,植被被白茅草、芦苇群落代替。在沿海某些地域能清楚地看见三类盐土对应的三层植被带。盐土脱盐成中盐土时就可种庄稼,起初可种棉花,以后则可种油菜、蚕豆、豌豆和麦类等。

(三) 土壤类型

1. 黄棕壤

长三角沿江地区主要土壤是黄棕壤。黄棕壤是棕壤和红黄壤之间的过渡类型,肥力较高,有机质含量高,酸性较弱。黄棕壤的成土母质有两种,一是砂岩、花岗岩等酸性岩石的风化残积物与坡积物,表土层厚度为 15~20 cm,有机质含量在 2~2.5 之间,心土呈黄棕色至红棕色,质地黏重,呈酸性反应,pH 为 5.0~6.0;二是石灰岩系风化残积物与坡积物和下蜀黄土物质,表土层厚度为 18~28 cm,有机质含量在2.5~3.7 之间,心土呈黄褐色,呈微酸性反应,pH 为 5.5~6.5,土壤肥力较高。

2. 黄壤、红黄壤

宜溧山地土壤主要为黄壤、红黄壤。这里气温较高,降水较多,地貌形态有利于阻滞冬季寒潮的侵袭,自然带常绿阔叶林保存比较好,成土母质主要是石英砂岩风化物,土体呈棕黄色,酸碱度为 5.0~6.0,肥力中等,剖面上淋溶作用和淀积作用表现较为明显。

3. 滨海盐土

滨海盐土是海相沉积物在海潮或高浓度地下水作用下形成的全剖面含盐的土壤,其特点一是盐分组成单一,氯化物占绝对优势;二是通剖面含盐,盐分表聚尚差。土壤含盐量为 1%~4%,有机质成分偏低。主要分布在南通、上海沿海一带。

4. 耕作土

长三角沿江地区农业历史悠久,在人类活动影响下,大部分原生的黄棕壤被开垦成耕作土壤,主要有水稻土和潮土两类。

(1) 水稻土

水稻土经长期栽种水稻和一系列的改造熟化过程而形成。土壤剖面呈排列有序的发生层次,即耕作层、型底层、淀积层和潜育层。耕作层深厚,养分含量丰富,质地适中,耕性良好,通气透水性能良好。在地带性土壤基础上发育的水稻土肥力较高,分布在低山丘陵坡麓一带,通常是稻、麦、油菜轮作的农田。沼泽土上发育的水稻土,由于有腐泥层而潜在肥力较高,但要加强排水,改善土壤的氧化与还原状况。由滨海平原盐土上发育的水稻土,熟化过程中的主要问题是防止次生盐渍化或返盐现象,要加强排水洗盐,增施有机肥。起源于冲积平原草甸土上的水稻土,广泛分布于太湖平原和沿江平原等地,水分条件好,肥力高,只要注意耕作施肥就可以发育成为水旱两宜的高产水稻土。

（2）潮土

潮土是近代河流冲积、沉积物发育、经过长期旱耕熟化而形成的土壤。潮土具有土壤氧化还原特点和旱耕熟化特点。本区域潮土拥有灰潮土、盐化潮土、碱化潮土和脱盐潮土四个亚类。灰潮土是长江冲积物形成的潮土；盐化潮土和碱化潮土一般由黄潮土在排水不良和耕作粗放的情况下演变而来；脱盐潮土多由滨海盐土演变而来。

第三节　区域资源与环境

一、水资源与水环境

（一）水资源与水环境特点

1. 河网密布，本地水资源欠丰，但过境水量丰富

长三角沿江地区是中国乃至世界著名的"水乡"，河网密布，平均每 1 km 就有一条河流。虽然长江过境水资源在 7 000～9 000 亿 m^3 之间，但是本地水资源并不是很丰富（表 2-2）。

表 2-2　2009 年长三角沿江地区水资源量（亿 m^3）

地　区	地表水资源量	地下水资源量	重复计算量	水资源总量
镇　江	21.83	4.39	1.54	24.68
扬　州	17.33	4.92	0.10	22.15
泰　州	16.02	5.43	0.45	21.00
常　州	25.63	3.83	0.25	29.22
无　锡	27.12	5.24	1.89	30.47
苏　州	39.91	7.95	1.63	46.23
上　海	34.60	9.92		

资料来源：江苏省水利厅.江苏省 2009 年水资源公报.上海市水务局.上海市 2009 年水资源公报

2. 水资源时空分布不均

长三角沿江地区水资源补给主要是大气降水。由于季风的不稳定性，降水年际变化大，造成水资源时空分布不均，常常出现水旱灾害。例如太湖流域，1951 年以来降雨量大体呈周期性变化，1960～1970 年后期降水减少，1978 年降雨量达到最低值，全年降雨量仅为 682.7 mm；1980 年以后，进入降雨偏多时期，特别是 20 世纪 90 年代以来，最大 15 天和最大 30 天降雨均屡破记录（图 2-2）。淮河流域也有类似情况。

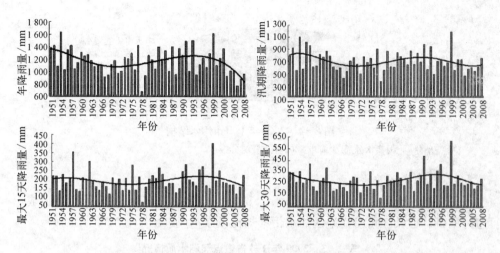

图 2-2　太湖流域降水量变化（图中折线代表趋势线）

资料来源：勾鸿量等，2010

3. 水资源消耗量大，用水结构差异较大

长三角地区经济发达，人口众多，水资源需求量巨大。2009 年苏南地区（包括南京）用水量为 229.6 亿 m³，占江苏省用水量的 41.8%；苏中三市为 128.7 亿 m³，占 23.4%。上海市用水量为 125.20 亿 m³，相当于苏中三市的用水量。苏南以及上海，工业用水占总用水量的比例超过 40%，尤其上海，仅火电用水占用水总量比例就高达 58.6%，而苏中三市农业用水比例超过 50%（图 2-3、图2-4）。

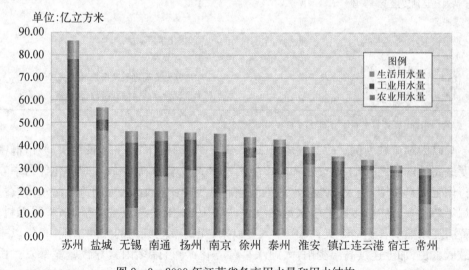

单位：亿立方米

图 2-3　2009 年江苏省各市用水量和用水结构

资料来源：江苏省水利厅. 江苏省 2009 年水资源公报

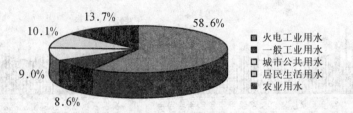

图 2-4 2009 年上海市用水结构

资料来源：上海市水务局.上海市 2009 年水资源公报

4. 水污染严重

长江来水量巨大,自净能力强,水质多在Ⅱ、Ⅲ类之间,部分城市附近会形成岸边污染带。但长三角沿江地区的水污染却比较严重(表 2-3)。

表 2-3 2009 年江苏省重点河湖水质情况

河 湖 名 称	水 质	超 标 项 目
苏南运河镇江段	Ⅲ—Ⅳ	氨氮
苏南运河常州以南	Ⅴ—劣Ⅴ	氨氮、高锰酸盐指数、化学需氧量等
太浦河	Ⅲ—Ⅳ	化学需氧量
苏北运河扬州段	Ⅱ—Ⅲ,个别为Ⅳ	氨氮
泰州引江河	Ⅱ	
新通扬运河江都段	Ⅱ	
新通扬运河泰州段	Ⅱ—Ⅲ	氨氮
新通扬运河姜堰至海安段	Ⅳ—Ⅴ	氨氮
泰东河	Ⅲ	
通榆河	Ⅲ—Ⅳ,个别为Ⅴ	氨氮、化学需氧量
太湖	Ⅳ	轻度富营养
滆湖	Ⅴ	中度富营养高锰酸盐指数、化学需氧量
洮湖	Ⅴ	中度富营养高锰酸盐指数、化学需氧量

资料来源：江苏省水利厅.江苏省 2009 年水资源公报

以太湖流域为例。改革开放以来,太湖流域成为我国经济增长最快、城市群密度最高的区域之一,工业废水和城市生活污水大量增加,加上农业规模化经营中农药化肥大量使用,使太湖地区水污染问题非常突出。据估算,太湖流域污水排放量每年超过 50 亿吨,多次发生水污染事件。如 1992 年太湖流域大旱,据监测资料,黄浦江水黑臭长达 268 天;2007 年入夏以来,无锡市区域内的太湖出现 50 年以来最低水位,加上连续高温少雨,太湖水富营养化严重,诸多因素导致蓝藻暴发。由于地表水严重污染,地下水水质也受到影响,太湖流域潜水已不能饮用,深层地下水第Ⅰ类含水组与潜水有一定的水体交换,水质也在Ⅲ类以下。苏中地区水环境状况也不容乐观。

（二）地表水资源分布

长三角沿江地区河流湖泊分属长江、淮河两大流域下游。通扬运河及仪六丘陵山区以南属长江流域，以北属淮河流域。长江流域又分为长江和太湖两个水系，长江南岸沿江高地以南、茅山山脉以东、宜溧山地以北为太湖水系。但是，由于长三角河网密布，水流流向不稳定，除了茅山、宜溧山地以外，其余分水线不是很明显，再加上人工调蓄频繁，水系间水体交换频繁。

1. 长江干流及苏北沿江水系

（1）长江干流

长江自三江口流入，至南通市东南流经崇明岛分为南北两支，北支在启东市连兴港、南支在上海市浦东新区南汇嘴之间注入东海。三江口至江阴市鹅鼻嘴原称镇澄河段，长 161 km，后改称镇扬河段和扬中河段两段，镇扬河段从三江口至镇江玉峰山，长 73.3 km，扬中河段从镇江玉峰山至江阴鹅鼻嘴，长 87.7 km；鹅鼻嘴至长江口原称河口段，长 186.4 km，江面逐渐展宽，最宽处达到了 14 km，后改为澄通河段和河口段两段，澄通河段从江阴鹅鼻嘴至常熟徐六泾，长 88.2 km，河口段从常熟徐六泾至启东寅阳嘴，长 98.2 km。

长江下游属相对稳定的分叉河型，河床被江心洲分割成并列二支、三支分流。由于河道弯曲，主流线摆动，各分叉河道的主从地位常常交替变化，江岸崩塌，航道变迁，河口淤积时有发生。江苏省境内易于发生崩塌的江岸长度有 400 多 km。长江具有江面宽、水量大、比降小、沙洲多、受海潮影响大、江岸不稳定等特点。海潮上溯达安徽大通附近，江阴多年平均潮差 1.63 m（吴淞零点，下同），河口多在 3 m以上。江中岛屿沙洲多，较大的有扬中、八卦洲、世业洲等。

（2）苏北沿江水系

苏北沿江水系位于通扬运河及仪六丘陵山区以南，分为通扬水系和通启水系。通扬水系位于淮河入江水道以东，海安至如皋以西，面积为 4 640 km²。其沿江部分为圩区，众多港汊直接向长江引排；其余大部分为通南高沙土地区。主要入江河道有白塔河、红旗河、南官河、古马干河、如泰运河西段（又称过船港）、天星港、焦土港、靖泰界河、姜黄河、夏仕港、焦港、长甸引河、如海运河等。调度河道还有通扬运河、周山河、南干河、宣堡港、栟茶运河西段、两泰官河等。淮河入江水道以西地区，面积为 1 189 km²，主要河道有胥浦河、龙河、仪扬河、古运河。通启水系面积为 4 316 km²，主要河道有通扬运河、九圩港、海门河、通启运河、通吕运河、团结河、遥望港、新江海河、圩角港、青龙港、三余竖河、三和港、头兴港等。

2. 太湖水系

太湖水系河道总长约 12 万 km，河道密度达 3.25 km/km²，河流纵横交错，湖泊星罗棋布,是全国河道密度最大的地区,也是我国著名的水网地区。主要水源分别来自茅山山地、宜溧山地和浙江省天目山地。太湖出水由北、东两面70多条大小河港下泄长江。因此以太湖为中心,分上游水系和下游水系两部分。上游主要为西部山丘区独立水系,有苕溪水系、南河水系及洮滆水系等;下游主要为平原河网水系,主要有以黄浦江为主干的黄浦江水系(包括吴淞江)、苏南沿江水系和沿杭州湾水系。京杭运河穿越流域腹地及下游诸水系,全长312 km,起着水量调节和承转作用,也是流域的重要航道。

(1) 苕溪水系

苕溪水系是太湖水系内最有代表性的山区性河流,分为东、西两支,分别发源于天目山南麓和北麓,两支在湖州汇合,由小梅口、新港口、大钱口等注入太湖。东苕溪流域面积为2 306 km²,西苕溪流域面积为2 273 km²,东、西苕溪长分别为150 km和143 km。苕溪水系是太湖上游最大水系,地处流域内的暴雨区,入湖水量约占总水量的50%。

(2) 南河(荆溪)水系

南河水系发源于茅山山区,沿途纳宜溧山区诸溪,串联东氿、西氿和团氿3个小型湖泊。南河水系的主要河道有胥河(原称胥溪河)、南河、南溪河。胥河西通固城湖,连接太湖水系与水阳江水系,全长30 km。南河旧称胥溪,民国期间又称宜溧运河,建国后称南河,西起淳溧交界至宜溧交界渡济桥,全长45.5 km。南溪河全长42 km,先后有屺溪河、桃溪河、中河、蠡河等汇入。建国后,在大溪河、戴埠河、屺溪河上游兴建4座大、中型水库。大溪河上承大溪水库(库容1.71亿m³)、前宋水库(库容1 596万m³);戴埠河上承沙河水库(库容1.09亿m³);屺溪河上承横山水库(库容1.02亿m³)。南河水系入湖水量约占太湖上游来水总量的25%。

(3) 洮滆水系

洮滆水系位于江南运河与南河、南溪河之间,是由山区河道和平原河道组成的河网。以洮、滆湖为中心,西承茅山东麓来水,由宜兴百渎港、直湖港等入太湖;同时又以越渎河、丹金溧漕河、扁担河、武宜运河等多条南北向河道与沿江水系相通,形成东西逢源、南北交汇的网络状水系。洮湖又名长荡湖,跨金坛、溧阳两市,面积90 km²,湖容积1亿m³。滆湖跨武进、宜兴两市,面积164 km²,湖容积2.1亿m³。洮滆水系入湖水量约占太湖上游来水总量的20%。

(4) 黄浦江水系

黄浦江水系是太湖流域的主要水系,北起京杭运河和沪宁铁路线,与沿江水系交错,东南与沿杭州湾水系相连,西通太湖,面积约14 000 km²。太湖下游的入江入海通道,古有吴淞江、东江、娄江,统称太湖三江,分别向东、南、北三面排水。8世纪前后,东江、娄江相继湮灭。从11世纪开始,吴淞江也很快淤浅缩狭,上游来水汇入太湖以后,经湖东洼地弥漫盈溢分流各港浦注入长江。明永乐元年(1403年),在上海县东开范家浜,上接黄浦江,下通长江。不到半个世纪,黄浦江冲成深广大河,成为太湖下游排水的主要出路,吴淞江淤塞为黄浦江支流。1958年,开挖太浦河,上接太湖,下接黄浦江。

黄浦江水系以黄浦江为主干,其上游分为三支,即北支斜塘、中支园泄泾和南支大泖港,于竖潦泾汇合,以下称黄浦江。黄浦江是流域重要的排水通道,也是全流域目前唯一敞口的入江河流。黄浦江水系是太湖流域最具代表性的平原河网水系,湖荡棋布,河网纵横。

(5) 苏南沿江水系

苏南沿江水系主要由太湖流域北部沿长江河道组成,以江南运河为主干河道,大都呈南北向,主要河道有九曲河、新孟河、德胜河、澡港、新沟河、夏港、锡澄运河、白屈港、十一圩港、张家港、望虞河、常浒河、杨林塘、七浦塘、白茆塘和浏河等,为流域沿江引排通道,入江口门现已全部建闸控制。锡澄运河长 39 km;新沟河长 27 km,张家港自江阴北向西,过张家港市入江,是北部高地主要排水河道;十一圩港南起江阴北,北流入江,长 27 km;望虞河南起太湖边沙墩口,穿江南运河与沪宁铁路,向东北穿漕湖,至耿泾口入江,长 60.2 km。

(6) 沿杭州湾水系

沿杭州湾水系包括浦东沿长江口和杭嘉湖平原南部的入杭州湾河道,自北向南有浦东的川杨河、大治河和金汇港等河道,以及杭嘉湖平原的长山河、海盐塘、盐官下河和上塘河等河道。杭嘉湖平原入杭州湾河道为流域南排主要通道。

3. 淮河水系

淮河源于河南省桐柏山,流经豫、皖、苏三省。古淮河"东会于泗沂,东入于海"。黄河夺淮以后,由于河身淤高,加之人工"蓄清刷黄",沂沭泗诸河逐渐与淮河分离,淮河在淮阴以西壅塞潴积成洪泽湖。1128 年黄河于河南滑县夺淮,淮阴以下淮河河床被黄河侵占,一度黄淮合流,于今江苏响水云梯关入海。淮河下游河道受黄河泥沙沉积而淤高,逐渐失去入海通道,其上、中游来水就在盱眙以东的一些小型湖泊中潴水,使湖面逐渐相互连通,扩大为洪泽湖。洪泽湖形成后,淮河上中游来水在这里流速顿时减慢,输沙能力更弱,大量泥沙沉于湖底,使湖底日益升高,湖周居民只得不断加高加固大堤以防洪水。现今洪泽湖的大堤已经加高到了16 m 的高度,湖底高度也在海拔 10.5 m 左右,超过了湖周围东部平均海拔小于9 m 的里下河平原,成为"悬湖"。

(三) 地下水资源分布

长三角地区以平原为主,地下水主要赋存在第四系松散层中,按赋存空隙划分，松散岩类孔隙水、基岩裂隙水、碳酸盐岩类裂隙岩溶水均有分布，以孔隙地下水为主。

区内的地下水资源主要赋存于第四纪砂体孔隙介质中，按时代、成因及水动力特征，大致可划分为四个含水组、四至七个含水层（表2-4）。地下水资源区域富集的基本规律是江北优于江南，江南地区的滨海平原优越于内陆的湖沼平原。地下水补给区主要分布在仪征－扬中的沿江地带。

表2-4   长三角地区地下水分布

类	组	层	埋藏深度(m)
孔隙水	全新统潜水含水组	潜水含水层	0.5～3.0
		微承压含水层(中、东部地区)	15～20
	上更新统承压含水组	第一承压含水层(东部地区)	25～35
		第二承压含水层	65～95
	中更新统承压含水组	第三承压含水层	105～145
	下更新统承压含水组	第四承压含水层	170～240
		第五承压含水层	250～300

注：部分地区每个含水层又可划分为二至三个含水段

资料来源：沈新国. 2001. 长江三角洲地区环境地质问题. 火山地质与矿产，22(2)：87—94

二、矿产资源与开发保护

(一) 矿产资源特点

1. 矿产资源品种多，但储量不大

长三角沿江地区拥有各类金属、非金属矿产资源40余种，并有太湖石、陶瓷土等特色矿产资源。但是这些矿产资源大多属中小型矿床，品位低、埋深大、开采条件差，仅有铌钽矿、泥灰岩、陶瓷土等在全国具有优势地位。

2. 支柱性矿产资源少

长三角沿江地区缺乏对国民经济起支柱作用的矿产资源，例如能源矿产、部分经济价值高的急缺矿产，尤其是能源矿产。支柱性矿产资源与经济发展不匹配，需要从外地大量调入所需资源。

3. 矿产资源分布地域性特征明显

长三角沿江地区矿产资源分布主要集中在宁镇山脉、宜溧山地和苏州地区。主要矿产地大都分布在中心城市及城镇周边，交通便利，经济基础较好，十分有利于矿产资源开发。

(二) 主要矿产资源及其分布

1. 能源矿产

唐代长三角一带就已使用煤炭,宋代已开采煤炭用来冶铁。清同治七年(1868年),德国人李希霍芬来南京、镇江等地考察地质,记述了龙潭一带的含煤岩系。民国 6~8 年(1917~1919 年),刘季辰、赵汝钧在徐州贾汪、宁镇、宜兴、苏州西山等煤田作了地质调查,并在《江苏地质志》中指出,江苏煤田有"南系、北系之分"。长三角沿江地区属华南型煤田,分布在南京、镇江、江阴、常州、无锡、苏州一带,以及沿江的南通、扬州地区,又称苏南煤田。主要含煤地层为二叠系上统龙潭组,次为三叠系上统范家塘组、侏罗系中下统象山群。但一般煤层分布变化大,煤层薄,煤质差,储量小,经济价值不大。

长三角沿江地区已探明的油气田为新生界第三系油气田,分布在苏北新生代盆地的东台坳陷的高邮、溱潼、海安凹陷等地区。第三系原油属石蜡基原油,含蜡量普遍偏高,质量密度介于 0.82~0.91 者居多,属于轻质原油,少部分为重油。苏北地区的天然气大部分为石油中的溶解气,少部分为油田水中的溶解气,为小型气藏。此外,长江、淮河两大水系的三角洲地区及其上的沉积和淤泥平原区形成的海陆交互相地层,是江苏省浅层天然气的目的层系。浅层天然气埋藏深度 6~70 m,含气层数 1~3 层,启东、海门可达 7~8 层,气层厚度几厘米至几米,最厚 10 m,95% 以上属于甲烷类型的气体。

2. 金属矿产

长三角沿江地区金属矿产种类较多,有铁、铜、铅、锌、锡、金、银、钼、铌(钽)、锆等,主要分布于宁镇、宜溧山地地区。

铁矿主要分布在丹徒和苏州西部等地。主要为磁铁矿,其次是少量的赤铁矿和磁铁矿、赤铁矿混合矿,贫矿多,富矿少。以丹徒韦岗中型铁矿床和苏州谈家桥中型铁矿床为代表。

铜矿主要分布在宁镇、苏州、宜溧、上海金山张堰等地,为硫化物型铜矿,选矿冶炼较易,但多数矿床铜品位低。矿床类型以接触交代型铜矿床为主,如宁镇交界处的中型安基山铜矿和小型伏牛山铜矿。

铅、锌矿常共生在一起。主要分布在宁镇中段及苏州西部地区,苏州小茅山吴宅铜铅锌矿、潭山硫铁矿铅锌矿、伏牛山铜铅矿、安基山铜铅锌矿等矿区比较典型。

金矿主要分布于宁镇地区;银矿为各类铅锌铜矿的伴生银,以苏州迁里铅锌银矿为代表。银矿与铅锌铜矿密切共生,银的独立矿物极少,仅在方铅矿晶体中或边部见共生银矿物。

3. 其他非金属矿产

长三角沿江地区其他非金属矿产种类也较多,有陶土、瓷土、耐火黏土、高岭土、石灰岩、白云岩、萤石、重晶石、明矾石、红柱石等。其中,以陶土、瓷土和建材矿物最为著名。

（1）陶土（陶瓷黏土）

分布于宜兴、无锡、宁镇等地区,以宜兴丁蜀镇北黄龙山中型陶土矿床为代表。宜兴白泥山、黄龙山的陶土矿开采历史悠久,所产陶器闻名国内外,宜兴又有"陶都"之称。矿床类型为沉积型。宜兴陶土形成时为滨海湖泊环境,是个广阔的坳陷区,气候炎热,氧化作用很强,在湖盆里沉积了质地细腻的黏土泥岩和粉砂质泥岩,夹杂在砂岩、砂页岩和煤系地层中。后期中生代的印支和燕山运动,使厚厚的沉积地层褶曲隆起,成为今天的丘陵山地。宜兴陶土矿的主要矿物有：高岭石、水云母、叶蜡石,有时还含少量绿泥石、白云母等矿物。粉砂矿物主要是石英,有时还有白云母、褐铁矿等矿物。陶土矿中三氧化二铝含量普遍较高,多数在 20% 以上,有人认为这可能是宜兴陶器产品质优的内在因素之一。陶土矿三氧化二铝的含量与瓷土矿接近,但陶土矿中三氧化二铁含量明显较高,这是陶土矿与瓷土矿的重要区别之一。

（2）瓷石（瓷土）

分布于吴县、宜兴等地,以苏州城隍山大型瓷石矿床为代表。矿区位于木渎向斜西北翼,分布有花岗斑岩,断裂构造发育,蚀变强烈,矿体由硅化、高岭土化、绢云母化花岗斑岩组成。位于宜兴张渚镇南茗岭的瓷土矿,产于燕山期花岗斑岩和茅山组接触带,由花岗斑岩经热液蚀变及风化成矿,属蚀变—风化型矿床。

（3）高岭土

分布于苏州阳山、观山、西白龙寺,溧阳县团山等地。高岭土用途广泛,主要用于陶瓷工业以及造纸、橡胶、塑料、纺织品等的填涂料,还有制造航天器玻璃纤维保护壳等。苏州阳山高岭土闻名国内外。高岭土矿床类型有热液蚀变型和沉积型。热液蚀变型高岭土矿床,以位于苏州通安桥东观山大型高岭土矿床为代表。溧阳团山高岭土矿点为大王山组中的凝灰岩、安山岩,经热液蚀变作用形成。句容金条山一带的高岭土是五通组、高骊山组中页岩受热液蚀变形成。矿体呈脉状、囊状及各种不规则状,规模都很小,但矿石质量尚好,可作陶瓷原料。

（4）石灰岩

石灰岩矿产分布广泛,主要在宁镇、宜溧、苏锡等地区。矿床类型为沉积型,主要含矿层为黄龙组、船山组、栖霞组,其次为上、下青龙组,周冲村组,组成大中型石灰岩矿床。如丹徒船山大型冶金熔剂用石灰岩矿床,句容矽锅顶,金坛大小石包山,宜兴老虎山,苏州西山、文化山等大、中型水泥用石灰岩矿床。黄龙组、船山组均为质纯的灰岩,往往与栖霞组下部灰岩组成厚达 150~300 m 的大中型优质石灰岩矿床。下青龙组上部、上青龙组以及部分周冲村组灰岩组成厚度较大的大中型石灰岩矿床,一般矿层厚度达 200~400 m。

（5）叶蜡石

分布于溧阳周城、社渚等地。赋矿层位以龙王山组下段凝灰岩、角砾凝灰岩为主。可作耐火材料、陶瓷原料，还可作水泥配料。

（6）大理岩

分布于宜兴、镇江等地，是接触变质型大理岩矿床，为灰岩、白云质灰岩、白云岩等碳酸盐岩与中酸性侵入岩体接触大理岩化变质作用形成。以宜兴善卷乡白云洞大型大理石矿床为代表。矿区位于张渚向斜核部东翼，矿层赋存于下青龙组上部，岩性为灰白色、白色、粉红色厚层灰岩，局部夹薄层灰岩。灰岩普遍大理岩化，局部形成大理岩，用于生产优质装饰建材。

（7）花岗岩、混合岩化片麻岩

花岗岩主要分布于苏州灵岩山、天平山一带，为中粗粒花岗岩、斑状花岗岩、细粒状花岗岩，次见于宁镇地区的花岗闪长岩，如石马花岗闪长岩及溧阳庙西花岗岩等。花岗闪长岩等不仅作为建筑石材，而且是很好的装饰板材，另外还可以做石桌、石凳、石磨、石碾等。

（8）岩盐

主要分布于金坛直溪桥和丹徒荣炳。矿床类型为沉积型。直溪桥含盐岩系为第三系阜宁组四段岩层，盐岩赋存于岩层上部。岩性为深灰色泥岩、膏质泥岩、石盐岩、钙芒硝和硬石膏。1991 年在丹徒荣炳地区孔深 932 m 至 1 068 m 处勘探到厚度为 103 m 的岩盐矿，估计储量达 11 亿吨以上。此外丹阳也发现了岩盐资源。

（三）矿产资源开发与保护

长三角沿江地区矿产资源开发的原则是："环保优先、合理利用、统筹兼顾、协调发展、政府引导、市场运作"。总体目标是：矿产资源勘查开发的宏观调控能力进一步提高，分区管理更加严格规范；矿山布局更趋合理，矿业结构进一步调整优化，矿石开采总量得到有效控制；矿山地质环境保护与治理得到加强，矿山地质环境明显改善；矿业循环经济形成规模，生态矿业建设取得重大进展。

1. 矿产资源勘查评价

鼓励勘查煤、铜、铅、锌、金、银、铁、金刚石、磷矿、硫铁矿等国家和省内紧缺、急需矿产；有重点地勘查地热、金红石、铌钽、锶、石盐、芒硝、石膏、水泥用灰岩、高岭土、膨润土、凹凸棒石黏土、二氧化碳气等省内特色、优势、潜力矿产。开展宁镇地区铁铜矿远景调查评价和宁芜北段金属矿产综合地质调查评价，综合运用地质物探、化探、遥感等新技术、新方法，全面总结成矿地质条件，建立综合勘查找矿模式，开展成矿区及其深部矿产远景预测工作。

2. 矿业区域布局与矿业结构调整

在沪宁沿线优化开发区域，加大限制开山采石力度，禁采区内严禁开山采石；

科学布局规划开采区或集中开采区,压缩露采范围,减少露采矿山数量,控制开采规模。

划定镇江—常州金坛盐盆岩盐重点开采区、溧阳周城—平桥水泥用灰岩重点开采区、溧阳上黄水泥用灰岩重点开采区和宜兴新芳水泥用灰岩重点开采区等重点开采区。在金坛盐盆盐化工矿业经济区,科学利用矿产资源和地下空间资源,发展盐化工产业,建设油气储备基地。支持国家储气储油工程建设。在溧阳、宜兴水泥矿业经济区,采用先进生产工艺和现代化管理手段,建设全国一流的水泥生产基地。

利用长江沿岸的有利条件,加快建设煤炭、铁矿石等省内紧缺和短缺资源的贸易市场和贸易基地。在宜溧地区,培育以建材矿产品为主的交易市场。

在矿山结构上,按照集约高效的原则整合各类矿山,鼓励和引导矿山企业规模化开采,提高大中型矿山企业的比重,压缩矿山数量。

在矿产品结构上,鼓励发展精深加工业,严格控制新上水泥生产线和扩大水泥生产能力,控制发展低强度等级水泥,积极发展高强度等级水泥和特种水泥产品;严格控制砖瓦用黏土开采量,鼓励以非黏土资源或以工、矿固体废弃物为主要原料生产新墙材产品;形成合理的"铁矿石采选冶→炼钢→钢材"产业链,获取更大的经济效益。

在矿山生产技术结构上,鼓励矿山企业通过科技攻关、技术改造,淘汰落后生产能力、工艺,降低能耗,减轻对环境的污染或破坏。发展环保和资源综合利用的建筑材料生产技术,鼓励和扶持节能、环保型建筑材料的生产。推广矿山无尾矿生产技术,促进矿业循环经济的规模化发展。

在矿山企业组织结构上,鼓励发展大型矿业集团,构建和完善以大企业为主导、大中小企业专业化分工、产业化协作的产业组织体系。促进矿产资源开发利用向生态矿业发展,增强矿业可持续发展能力。

3. 矿山地质环境保护与治理重点工程

(1) 环太湖风景区矿山地质环境治理工程。实施时间:2008～2015 年。治理面积 1 405 hm²。整治修复苏州、无锡、常州境内环太湖风景区的关闭露采矿山,消除高边坡失稳的隐患,防止水土流失、山体滑坡、崩塌、泥石流等地质灾害发生,实行绿化工程,应景改造或客土复绿风景区周边废弃矿山。

(2) 茅山风景区矿山地质环境治理工程。实施时间:2008～2010 年。治理面积 72 hm²。对关闭茅山风景区内的采石场,复绿、恢复生态景观,降坡卸载。风景区可视范围采石场采用客土喷播复绿,修建排水设施,坑面场地与台阶植树复绿。

(3) 溧阳"中华曙猿"保护区矿山地质环境治理工程。实施时间:2008～2015 年。治理面积 70 hm²。对关停露采矿山进行降坡消险,实行绿化工程,植树造林,恢复生态环境;建立"中华曙猿"保护区,为申报省级地质公园提供基础条件。

(4) 宁镇山脉地区矿山地质环境治理工程。实施时间:2008～2015年。治理面积1 100 hm²。整治修复沪宁高速公路、铁路及312国道南京—镇江段两侧的露采矿坑,削平陡立宕口、消除高边坡失稳的隐患,防止水土流失、山体滑坡、崩塌、泥石流等地质灾害发生,实行绿化工程,恢复南京东大门的自然景观和生态环境,营造南京—镇江景观带。

(5) 砖瓦用黏土采矿废弃地复垦工程。重点进行苏州、南通、镇江、泰州等地砖瓦用黏土采矿废弃地的土地复垦项目。到2010年,复垦治理面积890 hm²;到2015年,复垦治理面积501 hm²。

4. 生态矿业建设

即以生态文明理念为指导、以政策为引导、以现代先进技术为依托,转变矿产资源利用方式,以发展矿业循环经济为核心,着力建设重点开采区和矿业经济区的矿业循环经济,鼓励与清洁生产和循环经济有关的高新技术和适用技术的应用,提高资源的综合利用水平,建设资源节约型、经济增长型和环境友好型的生态矿业。

建设以句容京阳、金坛盘固水泥灰岩开采矿山为典型的生态矿业示范工程,实现开发利用方案设计、采场开采、矿石运输、废石综合利用和环境绿化全过程精细化综合管理。建设以镇江船山灰岩开采为典型的边开采边治理示范工程,实施尾矿综合利用、矿区环境绿化等工程,改善矿区生态环境。

三、旅游资源与旅游开发

长三角沿江地区以发达的经济社会环境为基础,以独有的江南特色、兼具现代化都市风貌和传统历史文化底蕴的丰富旅游资源为依托,拥有完善的旅游接待服务设施和十分便捷的旅游交通条件,成为我国最具吸引力和发展潜力的旅游区域。

(一) 旅游资源基本特征

1. 旅游资源丰富,文化内涵突出,知名度较高

长三角沿江地区自然风光和人文资源并重,历史文化与现代文明相结合,山水景色与古典园林共媲美,古运河、高速公路、高速铁路交错穿行,高楼大厦毗邻水乡古镇等,旅游资源丰富多彩。以苏、锡、常为中心的吴文化,以宁、镇为中心的金陵文化,以扬州为中心的维扬文化以及上海的海派文化旅游资源,知名度较高,具有较高的历史文化价值和观赏价值(表2-5)。

表 2-5　长三角沿江地区重要旅游资源概况

地区/类型	5A级旅游景点	4A级旅游景点	我国优秀旅游城市	世界遗产	国家级风景名胜区	国家历史文化名城	国家级森林公园	全国重点文物保护单位	国家级自然保护区
长三角沿江地区	12	77	9	2	4	7	14	121	2
苏浙沪地区	22	191	56	4	23	18	54	268	15
全国	130	1 115	339	41	208	118	710	2 351	363
长三角沿江地区占苏浙沪比重	54.55%	40.31%	16.07%	50.00%	17.39%	38.89%	25.93%	45.15%	13.33%
长三角沿江地区占全国比重	9.23%	6.91%	2.65%	4.88%	1.92%	5.93%	1.97%	5.15%	0.55%

注：根据国家公布的相关名录和文件整理

2. 城市旅游特色鲜明，代表性强

长三角沿江地区各城市旅游资源特色鲜明，体现了各自地区历史文化传承的烙印(表 2-6)。上海作为长三角地区旅游发展的龙头城市，兼具历史文化名城和国际化现代化大都市特色，其现代化的城市风貌和繁华发达的商业、古朴静雅的豫园等古迹、近年新开发的东方明珠塔、上海新天地等，都是吸引人的旅游亮点；苏州最具代表性的是古典园林和古城、古镇；扬州是重要的历史文化名城，古人云"烟花三月下扬州"，现在则是任何时间都适宜旅游；无锡近邻太湖，拥有灵山大佛和三国城等景点，太湖风光、宗教佛文化以及影视基地是其显著特色；常州则是以恐龙主题公园和道教文化为主，现代与传统交融；镇江则以自然山水风光见长；泰州的特色在于名人文化与革命文化，近年来倾力打造的溱河风景名胜区、引江河国家水利风景区、泰兴古银杏群落森林公园等休闲旅游景点，都将保护自然生态环境与休闲度假旅游很好地结合在一起，受到游客欢迎。由此可见，长三角沿江地区城市旅游资源各有特色，极具代表性。

表 2-6　长三角沿江地区城市旅游资源特色

城　市	旅游资源特色	城　市	旅游资源特色
上　海	国际化和现代化大都市	镇　江	自然山水风光、历史文化名城
苏　州	江南园林、古城、古镇	扬　州	历史文化名城、江南园林、古朴小镇
无　锡	太湖风光、宗教佛文化、影视基地	泰　州	名人文化、革命文化
常　州	主题公园、道教文化		

注：根据相关文献资料整理

3. 区域传统文化亲缘同根,旅游资源互补性强

长三角沿江地区作为一个整体区域,其区域传统文化亲缘同根,旅游资源互补性强。长三角沿江地区拥有很多传统文化,如海派文化、苏浙文化、吴越文化等,虽然名称不同但其实属于同一个文化圈,具有亲缘同根的特性。另一方面,长三角沿江地区在文化同源背景下的旅游资源存在着较强的互补性和协调性。例如,上海文化中蕴含着兼收并蓄、勇于创新的底质,显示了开放、善纳、领先、前卫的现代气息,在此文化背景下的上海,拥有世界著名的城市旅游资源,如东方明珠、外滩等标志性现代化国际化旅游景点;而地处上海周边的长三角沿江地区其他城市则比较多地显现出江南水乡城市婀娜多姿的个性化文化,透露着传统文化的脉络与气息,与上海的现代化特色交相辉映,互补协调。

4. 大型活动衍生出新兴旅游产品

长三角沿江地区区位优势明显,交通方便,经济发达,因而经常举办各类面向国内外的会展、体育赛事、文艺演出等大型活动。大型活动不仅带来了丰富的客源,推动了旅游业的发展,而且衍生出修学旅游、保健旅游、养老旅游、旅游保险、旅游金融等新兴旅游产品。

(二) 旅游资源开发现状及问题

近年来,长三角沿江地区各城市结合本区域的文化特色,推出了各种旅游产品,旅游资源开发取得了骄人的成绩(表 2 - 7),特别是在区域旅游合作和区域协调框架建立方面获得了较为成熟的发展。

表 2 - 7　江苏省沿江地区各城市旅游发展情况

城　市	时　间	国内旅游人数 (万人次)	接待海外游客数 (人次)	国内旅游收入 (亿元)	旅游外汇收入 (万美元)
苏州市	1995 年	821.06	245 700	44.42	7 060
	2000 年	1 496.05	566 672	125.22	20 136
	2005 年	3 656.87	1 185 892	380.28	63 905
	2010 年	7 004.88	2 075 299	917.76	125 059
无锡市	1995 年	841.08	150 553	48.85	5 211
	2000 年	1 127.77	283 739	101.75	9 787
	2005 年	2 637.5	616 786	280.07	26 323
	2010 年	5 067.27	791 592	703.92	48 146
常州市	1995 年	331.3	19 474	22.12	1 042
	2000 年	428.33	33 067	36.1	2 412
	2005 年	1 282.78	181 966	114.42	14 364
	2010 年	2 802.43	359 067	320.75	34 707

城　市	时　间	国内旅游人数（万人次）	接待海外游客数（人次）	国内旅游收入（亿元）	旅游外汇收入（万美元）
镇江市	1995 年	259.67	37 522	11.04	761
	2000 年	442.75	104 906	41.93	4 988
	2005 年	1 166.97	306 482	103.48	17 988
	2010 年	2 607.45	613 277	285.59	46 966
扬州市	1995 年	301.2	38 177	19.14	1 024
	2000 年	436.66	85 477	37.26	3 935
	2005 年	1 113.05	238 649	92.36	15 177
	2010 年	2 647.22	560 113	271.84	45 988
泰州市	1995 年	—	—	—	—
	2000 年	286.02	9 082	20.46	676
	2005 年	488.28	29 249	41.01	2 899
	2010 年	1 072.83	79 016	113.34	7 931

注：1995 年扬州数据包含现泰州；数据根据历年江苏统计年鉴整理

　　1992 年，江、浙、沪联合召开第一次旅游会议并启动了"江浙沪旅游年"活动，标志着长三角区域旅游一体化开发的实质性运作；1997 年，长三角城市第一次经济协调会召开，并就区域旅游合作问题达成共识；2003 年，江浙沪三省市又以"江浙沪旅游年"活动为契机，在资源配置、人才培养、市场开拓和信息共享等方面，大大地向前迈了一步；同年 7 月，首届长三角旅游城市"15＋1"高峰论坛在杭州举行，提出联手建立"长三角无障碍旅游区"；2005 年，长三角旅游城市高峰论坛在无锡市发表了《无锡倡议》，共同承诺深化长三角区域旅游合作，打造我国区域旅游合作典范；2006 年，长三角旅游城市高峰论坛在浙江省金华市通过了《金华纲要》，达成了深化长三角旅游城市合作机制的共识。上述长三角地区的旅游开发合作也同样为长三角沿江地区的旅游开发打下了坚实的理论合作基础。

　　但是，长三角沿江地区的旅游资源开发也存在一些问题，主要体现在：

　　1. 旅游产品创新性不足且单一，产品结构不尽合理

　　长三角沿江地区拥有丰富的山水与人文旅游资源，多年来已形成自己独特的观光旅游线路和旅游产品，并且在该地区旅游市场占有较大比重，旅游产品相对单一。近年来虽然其他类型的旅游线路和旅游产品得到一定程度的开发，如江苏省开辟了"水乡古镇农家乐"、"采茶专项之旅"、"陶都陶艺之旅"、"海上迪斯科"、"健康保健之旅"等，但受地域及宣传等因素的影响，这些旅游线路和旅游产品大多服务于本地及附近游客。总体来看，长三角沿江地区的旅游产品及路线还是缺乏一定的创新性和吸引力，旅游产品结构不合理，各类参与型、创新型旅游产品较为短缺。

2. 旅游项目同构现象和重复建设较为突出,旅游市场竞争激烈

长三角沿江地区各地旅游资源禀赋有一定的相似之处,若各地区不能很好地遵循整体大区域旅游产业一盘棋和统筹分工的发展思路,很容易造成功能性、结构性的重复投资与建设。如"水乡古镇农家乐"这一旅游项目,长三角沿江地区就开发了周庄、同里、角直、金泽镇、朱家角镇、练塘镇、千灯古镇、枫泾古镇等,和相邻的浙江西塘、乌镇、南浔等十几个古镇"交相辉映",相互之间的距离一般都在 30～40 km 左右,导致古镇游项目密度过大和内容雷同,容易产生相互之间争夺客源与旅游市场的激烈竞争,不利于整体旅游业的可持续发展。

3. 协调机制逐步形成,但协调能力不强,深层次的旅游合作并未真正形成

目前长三角沿江地区旅游协调机制已经形成,如长三角城市经济协调会、每年一次的苏浙沪经济合作与发展座谈会以及江浙沪旅游联席会议等。但是目前长三角沿江地区的旅游合作还只是集中在局部地区,如环太湖旅游圈、南京旅游经济圈等,主要的形式也只是联合促销和一些黄金旅游线路开发,其中有些旅游区域合作还只是一种形式上的合作,并没有形成优质旅游产品的组合和区域旅游产业协同发展的机制,对区域旅游形象的整体定位、区域旅游统一规划、区域旅游经济部门与旅游企业之间的合作等深层次的协调与整合还未真正发挥作用。

(三) 旅游资源开发策略与建议

1. 加强与区外统筹协调,打造大长三角地区整体旅游特色

长三角沿江地区要敢于打破行政界限,加强与区域外的统筹协调,充分利用江浙沪三地文化形态上的亲缘性、体制改革上的互补性、制度创新上的多样性,打造长三角区域旅游的特色品牌。例如,以大视野重新审视长三角地区的整体旅游资源,重点突出"江南山水,林城古镇"文化,发展以上海现代都市文化、江苏历史园林文化、浙江自然山水文化为一体的大长三角区域旅游综合圈带。有关学者就曾指出大长三角区域旅游可以具体整合为"五圈七带",即:

"五圈"——上海核心旅游圈、南京旅游圈、杭州旅游圈、环太湖旅游圈、宁波旅游圈

"七带"——沿长江旅游带、沿海特色旅游带、沿运河旅游带、环太湖旅游带、沪宁旅游带、沪杭旅游带、杭宁旅游带与杭甬旅游带

2. 聚焦小区域,实现小区域旅游资源整合

既要关注大整体,又要聚焦小区域。长三角沿江地区既要站在大长三角之上,又注意聚焦小区域,创新营销战略,实现小区域旅游资源整合。例如,长三角地区城市乡镇数量繁多,且有共同的传统文化背景和历史底蕴联系,在具有共同文化旅游资源的城市之间进行整合开发,组织度小,合作资源基础好,可以在规划、开发、促销等各个方面进行交流和协作。例如可以以"吴越文化"为主题,联合无锡与绍

兴推出"新吴越情"旅游开发线路,苏州和杭州借"上有天堂,下有苏杭"来共同打造新时期"天堂之旅"。利用传统文化来创新营销战略,能够实现小区域旅游资源整合,从而推进小区域旅游业的快速发展。

3. 创新旅游产品,推进旅游产品结构的不断完善

除做大做强传统特色的观光旅游产品外,长三角沿江地区还应发挥经济、社会、科技、文化发达等区域优势,不断创新旅游产品,推进旅游产品结构的丰富与完善。仅以科技旅游和体育旅游为例。

科技旅游指将科技和旅游有机结合为一体的一种高层次的文化旅游类型。长三角沿江地区高等院校众多,居民受教育程度高,发展科技旅游拥有得天独厚的优势(表2-8)。如2007年上海市旅游委联合市科委推出了两条上海科普场馆旅游示范线路:一条以上海科技馆、孙桥农业开发区、上海海洋水族馆为主要景点,另一条以上海天文博物馆、上海地震科普馆、佘山国家森林公园为主要景点。目前上海市的20家专题性科普旅游示范基地,年接待人次超过了450万。并且上海对长三角范围内旅行社组团参加科普旅游示范线路进行资助,规范经营的旅行社,凡年度内输送客源5万人次以上,均可申请获得资助。

表2-8　长三角沿江地区科技旅游资源分布

类别	景类	景点
自然	地质	崇明岛国家地质公园,苏州太湖西山国家地质公园等
	水文	崇明九段沙湿地自然保护区,京杭大运河等
	生物	崇明东滩鸟类国家自然保护区,上海东平国家森林公园,上海植物园等
人文	科技园	上海张江高科,苏州高新区等
	工业园	宝山钢铁,大众汽车等
	农业园	上海孙桥农业科技示范园,苏州西山国家现代农业示范园区等
	科研院所	中国科学院上海微系统与信息技术研究所,中国科学院上海技术与物理研究所,中科院上海光机所等
	高等院校	复旦大学,同济大学,上海交通大学,上海师范大学,苏州大学,江南大学,扬州大学等
	科技观测场馆	上海天文台,上海地展科普馆,上海浦东气象科普馆等
	专题场馆	上海城市规划展示馆,上海昆虫博物馆,上海大自然野生昆虫馆,常州中华恐龙园等
	科技馆	上海科技馆,上海风电科普馆,上海隧道科技馆,上海地质科普馆等
	其他	东方明珠电视塔、上海影视拍摄基地、外滩、苏州乐园、无锡太湖中视影视基地等

资料来源:刘小红,2008

体育旅游资源从狭义上讲指体育旅游的客体,即体育旅游的吸引物和景点景区;从广义上讲是在自然界或人类社会中凡能对体育旅游者产生经济、社会、生态效益的各种事物与因素的总和。长三角地区既有丰富的自然体育旅游资源,也有

现代化的人文体育旅游资源。自然体育旅游资源包括山地体育旅游资源和水体旅游资源,如西部的宁镇、宜溧山地,是开发各类山地体育旅游的好场所;相比于山体体育旅游资源,长三角沿江地区水体体育旅游资源更加丰富,密布的水网是开展各类水上运动的好场所,也是开发各类水上体育旅游的好场所。人文体育旅游资源方面,长三角沿江地区既有举行各类国内国际体育赛事的体育场馆,也有专门的体育公园,例如上海的东方绿舟、淀山湖水上运动场、闵行体育公园、F1 赛车场、室内滑雪场等。目前,长三角沿江地区体育旅游还处于开发的初级阶段,产品单一,大型体育赛事策划宣传力度不够,区域间合作开发较少,但是从长远看,长三角沿江地区体育旅游市场十分巨大。

4. 以合作共赢为前提,深化旅游资源整合开发协调机制

长三角沿江地区旅游资源的开发尽管有一定程度的自发协调和整合,但仍处于各自为政的阶段,区域整体利益协调机制仍处于非制度化阶段,协调能力不强,深层次的旅游合作并未真正形成。因此,要以合作共赢为前提,真正实现长三角沿江地区旅游资源的整合发展,就必须深化与建立长三角沿江地区旅游资源整合开发协调机制,如可以协调各方共同编制长三角沿江地区旅游发展的总体规划,避免由于行政区划的分割而造成各地旅游市场及管理体制上的分割;可以重点强化地方政府、旅游企业和非政府旅游组织之间的互动与交流,发挥各自的功能和主动性,在政策环境、产业发展和服务等各个环节创造有利于长三角沿江地区旅游资源整合的完善环境,拓展旅游资源整合的广度和深度。

5. 扩大宣传力度,搭建旅游信息共享平台

要实现旅游的大发展、大繁荣,宣传工作是必不可少的环节。为此,要结合长三角沿江地区旅游资源的特色,加大宣传力度;同时要创新宣传模式,可以进行现场宣传、跨区域宣传、动态宣传、引入宣传企业机制等措施提升整体合力,形成规模宣传效应,进而提升长三角沿江地区旅游的国内外知名度和影响力。另一方面,要着力搭建长三角沿江地区旅游信息共享平台,实现长三角旅游区域信息一体化,这样既能促进区内资源与信息互动,又能通过现代传媒形式向外发布区内旅游信息,有效推动旅游业的发展。

四、生态环境问题

长三角沿江地区生态环境总体良好,但是,在经济社会发展的同时,也存在一些环境污染和生态破坏问题。

(一) 大气污染

长三角沿江地区大气污染主要表现在总悬浮颗粒物和酸雨两个方面。大多数

城市空气污染首要污染物为总悬浮颗粒物，SO_2 和 NO_2 的污染也比较严重。长三角沿江地区是酸雨发生的重灾区，尤其是苏南和上海，并且，随着机动车数量的快速增长，酸雨类型正由硫酸型向硫酸硝酸复合型转变(表 2-9)。

表 2-9　2010 年长三角沿江各市大气污染状况

	SO_2 浓度年均值 (mg/m^3)	NO_2 浓度年均值 (mg/m^3)	可吸入颗粒物浓度年均值 (mg/m^3)	酸雨发生频率(%)	酸雨 pH 均值
镇　江	0.024~0.037	0.016~0.036	0.068~0.092	13.20	4.88~7.55
常　州	0.033	0.029	0.087	62.10	4.62
无　锡	0.048	0.035~0.055	0.078~0.092	49.50	未公布
苏　州	0.027~0.045	0.028~0.045	0.063~0.080	58.56	4.72
扬　州	0.021~0.033	0.015~0.034	0.058~0.096	32.90	4.69
泰　州	未公布	未公布	未公布	32.70	5.55~6.71
南　通	0.033	0.029	0.098	40.60	4.65
上　海	0.029	0.050	0.079	73.90	4.66

资料来源：长三角各市 2010 年环境状况公报

(二) 水污染

长三角沿江地区工业废水排放量占全国的 20％以上，其中超过 80％直接排入江河水库。另外，水的跨界污染问题也非常突出。京杭运河长三角地区段、太湖、长江下游段等水资源都受到不同程度的污染。2007 年太湖蓝藻事件更是造成严重影响。2010 年，太湖湖体高锰酸盐指数和总磷分别达到Ⅲ类、Ⅳ类标准限值要求，受总氮指标影响，全湖总体水质仍劣于Ⅴ类标准。长江镇江外江段污染相对较重，其次为泰州段，扬州段和南通段水质相对较好。主要入江支流水质总体处于轻度污染。值得注意的是，一些高新技术产业产生的水污染也相当严重，这些产业排除的污水多含重金属和持久性有机污染物，即有机毒物，在自然环境下难以降解，并存在着生物富集性、致癌、致畸、致突变等特点，危害极大。

(三) 地表沉降

长三角沿江地区地表沉降问题十分突出，主要是长期超量开采地下水，致使地下水水位下降。目前，江苏地下水开采利用程度较高的城市大多产生了不同程度的地面沉降，尤以苏锡常地区为甚。并且由于地面沉降的不均一性，在局部地区产生新的灾变，如地裂缝、地面塌陷等。

地面沉降造成的危害是多方面的，主要表现为：一些城镇的地面逐渐低于河湖水位，洪涝加剧，农田涝渍，甚至沼泽化；水利设施的标准降低或失效，桥梁净空减少，码头下沉；铁路、公路、工矿企业等与地面高程有关的工程设施均需不断维护修理、翻建；地面建筑物与地下管线的破坏；沿海地区海水倒灌，土壤盐碱化等。

（四）咸潮

咸潮（又称咸潮上溯、盐水入侵），本来是一种天然水文现象。当淡水河流量不足，令海水倒灌，咸淡水混合造成上游河道水体变咸，即形成咸潮。长三角河口地带，由于冬季来水较少，常常出现咸潮，造成河口淡水变咸，影响供水。但随着全球气候变化，一些年份的夏季，由于干旱，也出现了咸潮。2011 年 5 月，受长江中下游 50 年来最严重旱情影响，长江来水量严重不足。据上海市供水调度监测中心监测，平时长江来水是 3 万 m^3/s，而当时仅为 1.6～1.7 万 m^3/s。长江水量不足引起海水倒灌，使上海在 5 月份出现原本在冬季才会出现的罕见严重咸潮。上海陈行水库，取水口氯化物最高达 1 058 mg/L，给原水供应造成较大风险。为抵御咸潮和水污染，上海在崇明岛的青草沙建设大型江心水库，作为上海市优良水源地和城市供水的战略储备基地。

（五）生物多样性减少

长三角地区主要自然生态系统天然林和天然湿地，由于人类活动的影响大为减少，动植物种类和分布受到巨大影响。由于过度采伐、乱捕滥猎、过度垦殖、采矿、环境污染等各种因素，原来分布的一些动植物种类不断减少，物种的丰富度、特有性减弱，生物多样性受损。

先秦时期，长江三角洲地区除以今苏州为中心的有限范围得到一定开发外，其余基本是蛮荒之地，虎、麋、鹿等繁多。在六朝、晚唐五代两个人口骤增时期，珍贵的麋、鹤于三角洲相继绝迹。珍稀的虎于 18 世纪到 20 世纪初在三角洲地区也相继绝迹。目前，白鳍、松江鲈鱼等鱼类，穿山甲、大灵猫、水獭、苍鹰、白枕鹤、白鹳等也已很少见到，鸳鸯、河麂等种群数量锐减。

第四节　区域经济与社会

一、经济社会发展特点

（一）经济发展迅速，经济实力雄厚

长三角沿江地区自然条件优越，经济发展迅速，人口、产业、城镇高度密集，经济实力雄厚，不仅是江苏省经济发展的核心，而且是长三角经济区的重要组成部

分,是我国经济发展最为迅速的地区之一。改革开放之初的 1978 年,长三角沿江地区地区生产总值为 115.16 亿元,到 2010 年,地区生产总值已达 24 332.95 亿元,与 1978 年相比增长了 210 倍,年均增长 18.21%,比全国经济平均增长速度快2.42 个百分点(图 2-5)。2010 年,该区以占全国 0.35%的土地、2.51%人口实现了 6.11%的国内生产总值、5.33%的国家地方一般预算收入、4.54%全国社会消费品零售总额和 12.87%的全国外贸进出口总额(表 2-10)。

改革开放以来,长三角沿江地区经济发展历程,大体分为三个阶段。

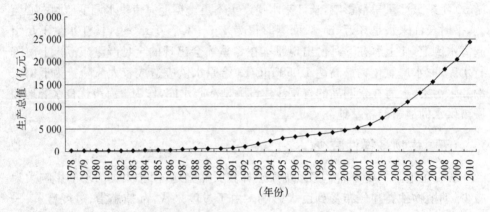

图 2-5　1978~2010 年长三角沿江地区生产总值变化

资料来源:江苏省统计局,国家统计局江苏调查总队. 数据见证辉煌——江苏 60 年. 中国统计出版社,2009.

表 2-10　2010 年长三角沿江地区主要经济指标

经济指标	长三角沿江地区总量	占江苏省比重(%)	占长三角比重(%)	占全国比重(%)
土地面积	33 712 km²	32.84	15.99	0.35
人口总量	3 363 万人	42.75	21.54	2.51
地区生产总值	24 332.95 亿元	58.74	28.45	6.11
地方一般预算收入	2 170 亿元	53.19	22.69	5.33
社会消费品零售总额	7 128 亿元	52.39	23.82	4.54
外贸进出口总额	3 826 亿美元	82.13	35.16	12.87

资料来源:江苏省统计局,国家统计局江苏调查总队. 江苏统计年鉴 2011. 中国统计出版社,2011.

1. 经济快速崛起,实现高水平温饱

改革开放以后,长三角沿江地区大胆改革经济体制,积极探索发展路径。首先,农村实行的家庭联产承包责任制,把集体经济的优势与农民家庭经营的积极性有机结合。农业生产由单纯追求粮食,转向扩大经济效益好的农副产品,放开并提高了农副产品价格。农民收入由实物为主转为货币为主。其次，企业扩权让利改革，在扩大经营自主权的同时，利益分配向企业、职工倾斜。与人民生活密切相关、市场销路好的轻工产品生产迅速扩大，企业效益大幅提高，职工奖金占个人所得已举足轻重。其三，随着国家投入的政策调整，长三角沿江地区获得了大量国家投入，进而有力推动了经济的快速崛起。到 1985 年，长三角沿江区域地区生产总值达到 330.71 亿元，年均增长率为 16.27%，人均地区生产总值也达1 398 元，城乡居民收入水平和消费水平均有较大提高，已完全摆脱贫困，实现高水平温饱。

2. 进一步深化改革开放，实现较高水平的小康

1987 年，党的十三大正式确定：到 20 世纪末实现国民生产总值翻两番，人民生活达到小康水平的发展目标。20 世纪 80 年代中后期，长三角沿江地区抓住国家扶持社队企业发展的机遇，乡镇工业产值迅速超过农业产值。城市改革围绕增强企业活力，完善经营机制，重点提高经济效益和出口创汇，工业经济高速增长。这一阶段，长三角沿江地区不仅打破了单一的公有制和计划经济体制，形成了国有、集体、个体私营、三资等多种所有制相互竞争与促进的市场主体新格局，而且在推进开放型经济和发展科教事业方面也取得了相当的成就。1989年，长三角沿江地区提前 11 年实现了地区生产总值比 1980 年翻两番的目标，到2000 年，地区生产总值比 1980 年翻了接近五番，城乡居民生活水平进一步提高。教育、医疗、卫生、体育和环保事业也得到了较快发展，达到了较高水平的小康。

3. 践行科学发展，积极建设全面小康

进入 21 世纪后，长三角沿江地区积极以建设全面小康为导向，以富民优先为核心，紧紧依靠广大民众，大力推进全面小康建设。经过近十年的开拓创新、真抓实干，全面小康建设已取得了重大成果。2010 年，地区生产总值达到 24 332.95 亿元，人均达到 72 346 元，城乡恩格尔系数均降至 40% 以下，住房、科教、卫生、社会保障和生态环保等方面也均取得了巨大成就。

（二）产业结构不断优化，产业集群发展迅速

1. 产业结构不断优化

改革开放以来，长三角沿江地区第二、第三产业发展迅速，第一产业比重大幅下降，三次产业结构快速优化升级，已由以二、一产业为主的初级工业化阶段，发展为以二、三产业为主的高级工业化阶段（图 2-6）。2010 年，长三角沿江地区苏州、无锡、常州、镇江、扬州、泰州 6 市的三次产业结构比例达到了 3：56：41，与 1978年相比，第一产业下降了 25.45 个百分点，第二产业上升了 0.19 个百分点，第三产业上升了 25.26 个百分点。

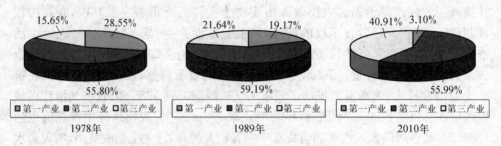

图 2-6 长三角沿江地区三次产业结构变化

注：1978 年与 1989 年为三次产业增加值所占比重，2010 年为三次产业产值比重。

资料来源：江苏省统计局，国家统计局江苏调查总队. 数据见证辉煌——江苏 60 年. 中国统计出版社，2009；江苏省统计局，国家统计局江苏调查总队. 江苏统计年鉴 2011. 中国统计出版社，2011.

长三角沿江地区产业结构的演变历程大致分为两个阶段。

第一阶段（1978～1988 年）：由初级工业化向中级工业化过渡阶段

1978 年，我国正式实行改革开放。改革首先从农村开始，实行了家庭联产承包责任制，大大解放了农村生产力，促使第一产业获得极大发展，在总产值中的比重有所上升。1984 年，我国改革重点由农村转入城市，长三角沿江地区在扩大企业自主权、实施两步利改税的基础上，重点抓了"三改一联"，即改革企业经营机制、改革企业领导机制、改革企业内部分配制度、发展横向经济联合，由此工业获得极大发展，在总产值中的比重进一步上升。改革的初期成效主要体现在农业和工业上，第三产业发展相对缓慢。

第二阶段（1989 年以来）：由中级工业化向高级工业化过渡阶段

针对 1988 年下半年出现的全国性抢购风潮和经济过热，国家作出了治理整顿经济环境、整顿经济秩序、全面深化改革的决定。1989 年，金融业的高速发展使三产比重上升到 21.64%，首次超过了农业。1992 年邓小平同志南巡讲话后，长三角沿江地区形成了大改革、大开放、大发展的热潮。1993 年国家又陆续出台了一系列宏观调控措施，江苏经济成功实现"软着陆"。到 1996 年，第一产业虽有较大发展，但比重却持续下降至 9.97%；第二产业发展很快，比重进一步增至 56.48%；第三产业获得了极大发展，比重大幅上升至 33.56%。2003 年党的十六届三中全会提出了以人为本、全面、协调、可持续的科学发展观，提出了五个统筹的要求。在持续扩大内需、深化改革开放、推进结构调整的努力中，江苏经济进入了新一轮快速发展时期。到 2010 年，第一产业比重大幅下降至 3.10%，第二产业在高位上稳定，略有下降，第三产业比重进一步提升至 40.91%。

2. 产业布局集中化明显，产业集群发展迅速

改革开放以来，长三角沿江地区，特别是苏南地区依靠自身优越的区位条件和优惠的经济政策，积极发展乡镇企业，促进开发区建设，大力吸引外资发展外向型

经济,促使其产业规模不断扩大,产业布局日益集中化、专业化,形成了一大批产业集群。

　　该区产业集群的发展具有两大特点:首先,集群形成与发展模式呈现多样化,主要有三种典型模式:一是以民资为主体的产业群,如吴江市羊毛衫产业集群;二是以外资为主体的产业群,如苏州的 IT 产业群;三是以传统工业基地为基础的产业群,如常州的工程机械产业集群。其次是高新技术产业集群发展尤为迅速。如沿沪宁高速公路的苏州、无锡、常州、镇江、南京五城市所形成的以 IT 产业为主的信息产业带,目前已成为我国 IT 产业最密集的地区之一。另外,如沿江南京、镇江、常州以及江阴、张家港、常熟等苏南县级市所形成的以新材料和重化工产业为核心的高新技术产业群,也已成为国内新材料、重化工产业最密集的地区之一。

(三) 城市化水平不断提高,城市群加速形成

　　长三角沿江地区城镇历史悠久,古代、近代都是我国城镇最密集的地区之一。进入现代,该区城镇发展更为迅速,尤其是改革开放以来,长三角沿江地区积极发展乡镇企业,促进开发区建设,大力吸引外资,发展外向型经济,这些都大大促进了工业化的发展,进而带动了城市化的发展。加之,随着户籍管理制度的改革,农民极大地参与到了城市化进程之中,进一步提高了城市化发展速度。到 2010 年,长三角沿江地区镇江、扬州、泰州、常州、无锡、苏州 6 市城镇化率已达到 65%,苏州、无锡甚至达到 70% 以上。各级城镇规模不断壮大,城镇体系结构完整,城市群发展迅速。目前已出现苏锡常和南京(镇江、扬州)两大城市群。

　　苏锡常城市群东临上海,西连南京,北靠长江,南依太湖,包括苏州、无锡、常州三个省辖市及其所辖九个县级市,以苏州、无锡、常州 3 个特大城市为中心,以沪宁交通走廊为主轴,是长三角大城市群的重要组成部分。苏锡常地区城镇历史悠久,明清时期已经成为我国城镇最密集,商品经济最发达的地区,进入近现代,仍是我国城镇发展最快的地区,沪宁铁路沿线也成为我国城镇分布最密集的地区。目前,苏锡常城市群已成为我国经济发展阶段最高,人均收入最高的地区之一,城市群综合实力位居全国前列(表 2-11)。

表 2-11　2010 年苏锡常城市群主要经济指标

经 济 指 标	苏州市	无锡市	常州市	苏锡常城市群	占江苏省比重(%)
土地面积(km²)	8 488	4 627	4 372	17 487	17.03
人口总量(万人)	1 046.85	637.56	459.33	2 143.74	24.24
地区生产总值(亿元)	9 228.91	5 793.30	3 044.89	18 067.10	43.61
第一产业产值(亿元)	155.79	104.94	99.78	360.51	14.19

续　表

经 济 指 标	苏州市	无锡市	常州市	苏锡常城市群	占江苏省比重(%)
第二产业产值(亿元)	5 253.81	3 208.79	1 683.68	10 146.28	46.64
第三产业产值(亿元)	3 819.31	2 479.57	1 261.43	7 560.31	44.13
人均地区产值(元)	93 043	92 167	67 327	87 166	/
城镇化率(%)	70.6	71.0	63.9	69.3	/
财政总收入(亿元)	2 759.67	1 579.85	841.67	5 181.19	44.12
专利申请授权量(件)	46 109	26 448	9 093	81 648	59.01
社会消费品零售总额(亿元)	2 402.02	1 825.79	1 054.39	5 282.20	38.82
外贸进出口总额(亿美元)	2 740.76	612.23	222.78	3 575.77	76.77
实际外商直接投资(亿美元)	85.35	33.00	24.43	142.78	50.10

资料来源：江苏省统计局,国家统计局江苏调查总队.江苏统计年鉴 2011.中国统计出版社,2011.

(四) 城乡居民收入持续增长,生活水平不断提高

改革开放以来,长三角沿江地区城乡居民收入持续大幅提高。2010 年,长三角沿江地区人均地区生产总值达到 72 346 元,比全国平均水平高 42 640 元,是全国平均水平的 2.44 倍。随着城乡居民收入水平的提高,城乡居民的收入来源也日益多样化。城镇居民的收入来源不再是单一的工薪收入,经营收入、财产性收入和转移性收入等在收入来源中比重不断扩大;农村居民也因乡镇企业发展及外出打工,使工资性收入成为农村居民最主要来源。

随着城乡居民收入水平的提高,城乡居民的消费结构也发生了重大变化,改变了基本以"吃"为主的居民消费结构,穿、住、用、行在居民消费结构中所占的比重持续上升。到 2010 年,长三角沿江 6 市城乡居民恩格尔系数均在 40% 以下,均已达到相对富裕水平。在居住条件方面,2010 年长三角沿江 6 市城镇居民人均住房建筑面积均接近或超过了 35 m^2,农村居民人均住房面积更是超过 40 m^2,苏州更是达到了 68 m^2。城乡居民的消费开始由以中低档耐用消费品为主向以中高档耐用消费品为主过渡。

(五) 对外开放位居全国前列,经济国际化程度大幅跃升

长三角沿江地区是近代我国对外经济最活跃的地区之一。改革开放以来,长三角沿江地区抓住发达国家向发展中国家产业转移的契机,不仅实现了外贸事业的快速发展,而且实现了外商直接投资的大幅增长,对外开放水平在全国位居前列

（表 2 - 12）。

表 2 - 12　2010 年长三角沿江地区主要对外开放指标

地　区	外贸进出口总额 （亿美元）	出口总额 （亿美元）	出口依存度 （％）	实际外商直接投资 （亿美元）	资本依存度 （％）
苏　州	2 740.76	1 531.08	112.31	85.35	7.6
无　锡	612.23	362.72	42.38	33.00	10.5
常　州	222.78	155.58	34.61	24.43	5.3
镇　江	81.54	47.51	16.18	16.15	5.0
扬　州	82.40	60.55	18.38	20.56	3.7
泰　州	85.86	58.77	19.42	13.63	1.8

注：① 美元与人民币汇率按 2010 年平均汇率 1∶6.769 5 换算
② 出口依存度：出口总额占地区生产总值的比重
③ 资本依存度：固定资产投资中利用外资的比重
资料来源：江苏省统计局，国家统计局江苏调查总队. 江苏统计年鉴 2011. 中国统计出版社，2011.

长三角沿江地区实现了经济国际化程度大幅跃升，对外开放由封闭半封闭状态到全方位、多层次、宽领域格局的重大转变。

首先，对外贸易规模不断扩大。改革开放后，对外开放的广度和深度不断拓展，开放型经济呈现加速发展态势，国际竞争力显著增强。到 2010 年，苏州、无锡、常州、镇江、扬州、泰州 6 市进出口总额达到 3 825.57 亿美元，占江苏全省的82.13％，占整个长三角经济区的 35.16％，占全国总量的 12.87％；出口总额达到2 216.21 亿美元，占江苏全省的 81.91％，占整个长三角经济区的 35.08％，占全国总量的 14.05％。出口商品结构不断优化，机电产品、高新技术产品出口额占出口总额中所占比重大，而且还在不断上升；对外贸易伙伴不断增多，逐步形成了以欧盟、美国、日本、香港、韩国、东盟为主要市场，以周边国家（地区）以及非洲、拉丁美洲等为新兴市场的贸易市场格局。

其次，利用外资的质量和水平不断提高。改革开放之前，长三角沿江地区实际利用外资几乎为零，20 世纪 90 年代实现了历史性突破（图 2 - 7）。到 2010 年，苏州、无锡、常州、镇江、扬州、泰州 6 市实际外商直接投资达到193.12 亿美元，占江苏全省的 67.77％。长三角沿江地区不仅吸引了大量世界 500 强企业在此投资，而且还实现了外商投资结构改善，逐步从一般性加工工业为主向装备制造业、服务行业、基础设施和高新技术产业等资金技术密集型产业扩展。另外，"走出去"步伐也在加快，在对外承包工程、劳务合作、设计咨询及境外投资等方面均取得了一定成就。

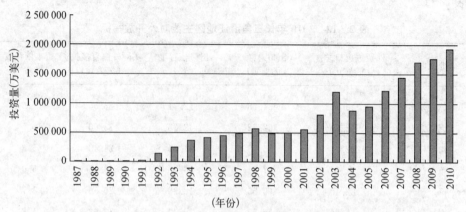

图 2-7 1987~2010 年长三角沿江地区实际外商直接投资变化

资料来源：江苏省统计局，国家统计局江苏调查总队. 数据见证辉煌——江苏 60 年. 中国统计出版社，2009；江苏省统计局，国家统计局江苏调查总队. 江苏统计年鉴(2010—2011). 中国统计出版社.

二、主要经济部门

(一) 装备制造业

1. 机械工业

机械工业作为长三角沿江地区的支柱产业，对带动整个区域的经济发展起了巨大的作用。改革开放以来，长三角沿江地区的机械工业通过自力更生和引进外资技术，实现了机械工业水平极大提高，增强了国内竞争力和国际竞争力，现已发展成为我国最重要的机械工业基地之一。长三角沿江地区机械工业门类较为齐全，主要包括工程机械、动力机械、电气机械、农业机械及机床制造等，另外还包括纺织、轻工等专用机械制造业。

在 2010 年全国机械工业百强企业中，长三角沿江地区占有 11 席，分别为无锡威孚高科技股份有限公司、常林工程机械集团、远东控股集团有限公司、大全集团有限公司、江苏上上电缆集团、江苏林海动力机械集团、江苏华朋集团有限公司、江苏通润机电集团有限公司、常柴股份有限公司、无锡华光锅炉股份有限公司和江苏扬力集团有限公司。

2. 电子信息产业

随着经济全球化的推进、跨国公司的产业转移，电子信息产业在苏州、无锡、常州、镇江等地高度聚集，形成了东起苏州周庄，西至南京浦口，沿沪宁高速公路为主干，两侧向外延伸 50 km 左右，总长约 300 km 的国内最长的一条电子信息产业带。该产业带不但包括了苏州高新区、苏州工业园区、无锡高新区、昆山开发区、吴江开发区等江苏省电子信息产业基地,而且还聚集了一大批国内外知名的电子信息企业,如飞利浦、富士通、华硕等。由于该区域电子信息产业发展迅速,产值在地区生产总值中的比重不断提高,现已成为长三角沿江地区的第一大支柱产业。部分产品不仅在国内市场占有很大比重,而且在国外市场也占有较大份额。例如苏州已经成为全球重要的电子信息产业制造基地,其笔记本电脑产量占全国的40%,全球的1/4,显示器产量更是占到了全国的1/2,占全球的1/4。无锡希捷国际科技、锡园科技等公司的硬磁盘驱动器产品也达到了国际领先水平,产品出口率达到95%,在全球占有1/3的市场份额,已成为亚太地区最重要的电脑硬盘生产基地。产业带内还集中了大批信息技术研究开发机构及电子信息品经销商和供应商,形成了产供销、科工贸、产学研为一体的生产、贸易及技术支撑体系,为产业带的进一步发展打下了坚实的基础。

3. 船舶产业

长三角沿江地区地处长江下游,黄海、东海之滨,是发展船舶产业的理想之地。改革开放以后船舶产业发展迅速,现已成为全国重要的船舶制造、修理、配套基地。船舶制造产业主要分布在泰州、扬州等沿江地区,以泰州最为出名,泰州已经成为江苏船舶制造业集中度最高、配套能力最强的地区之一。主要造船企业包括江苏新世纪造船公司、江苏东方造船公司、江苏扬子江船厂公司、泰州口岸船舶有限公司、扬州大洋造船公司等。船舶配套产业主要分布在泰州、无锡和镇江等地,种类繁多,涉及动力装置、甲板机械、舱室设备、船用舾装件、船舶通信导航、自动化系统等,产品销往全国各大造船企业。其中螺旋桨、泵系列产品、油水分离器、船用救生设备、舾装件、船用锅炉等均达到全国领先水平;中速柴油机、克令吊和船用锚链的生产在国内市场或国际市场占有重要地位。镇江的主要船舶配套企业是镇江锚链厂,该厂不仅是我国最大、最现代化的电焊锚链制造企业,也是国家机电产品出口基地之一,产品国内市场占有率为34%,在全国同行业中位居第一。泰州主要配套企业有江苏省扬子机械厂、泰兴市贝斯特船舶配件有限责任公司等,主要生产仪器仪表、船用消音器、粉尘回收设备等。

(二) 化工产业

长三角沿江化工产业带不仅是江苏三大化工产业集聚区之一,也是我国重要的化工生产基地。长三角沿江地区具有发展化工产业的优良条件:位于长江水道两侧,连接内陆和沿海,不仅交通便利,而且市场广阔;沿江地区虽然原油等化工原料缺乏,但原油管线和港口码头数量众多,为发展化工产业提供了原料条件;区内经济发达,科技先进,产业基础雄厚,有利于该区化工产业进一步发展壮大,扩大国际市场影响。

　　长三角沿江地区已形成一批各具特色、优势互补的产业基地。扬州是我国重要的石油化工城市,有着较好的石油化工发展基础。依托仪征化纤、大连化工、扬农集团、优士化学、建邦石化、群发化工等知名化工企业及江苏油田,发展了炼油、石化、聚酯纤维、化学肥料、农药等十几类化工产品,与毗邻南京化工企业经济联系密切;镇江充分发挥港口优势,以索普集团和奇美、国亨等企业为依托,醋酸、皮革化工、合成树脂、钛白粉等产品在国内市场已形成较强优势,初步形成以醋酸及其衍生物及精细化学品为特色的基础化工产业基地;苏锡常泰地区以染料中间体、医药中间体、感光材料和氟化工为发展重点,吸引了阿托、阿克苏、阿莫科、罗纳、柯达、拜耳、丸红、大金等众多跨国公司在此投资建厂,已形成产品门类比较齐全、上下游产业基本配套的精细化工生产基地。长三角沿江地区还拥有扬州沿江化工区、我国精细化工(泰兴)开发区、常州滨江工业区、宜兴国际环保科技园、江阴新材料工业园、张家港扬子江国际化学工业园、太仓石化工业园、我国氟化学(常熟)工业园等8家国家和省级开发区(表2-13),目前已形成一定经济规模,同时围绕化工产业也建成了一批规模大、配套齐全的化工液体原料罐区和储运码头。

表 2-13　江苏沿江地区主要化工园区发展概况

园 区 名 称	成立时间	级别	利用岸线长度(km)	规划面积(km²)	港口码头数量(个)	基础设施投入(亿元)	污水处理能力(万 t/d)	仓储能力(万 t/a)
常州滨江化学工业园	2000	国家级	17	114	5	9	8	20
我国精细化工(泰州)开发园区	1991	省级	16	14	5	5	3	20
太仓港港口开发区石化工业园	1993	省级	39	13	7	13	1	500
镇江国际化学工业园	1998	省级	3	20	5	19	12	20
江阴澄星工业园	2000	省级	11	2	4	15	1	30
常熟国际化学工业园	2001	省级	26	8	4	2	2	20
江苏扬子江国际化学工业园	2001	省级	27	20	9	11	2	150
扬州经济开发区化学工业园	2002	省级	24	1	2	3	/	/

　　注:本书所述江苏沿江地区均不含南京
　　资料来源:江苏省沿江化工产业发展调研课题组,2004

(三) 医药产业

　　医药产业主要分布在长江两岸,其中以泰州和苏锡常地区最为集中,分别形成了泰州中国医药城和苏锡常外资药企及原料药生产聚集区,产生和引进了一大批国内外知名医药企业,如扬子江药业、江山制药、江苏苏中药业、阿斯利康制药、苏州诺华制药、葛兰素史克制药(苏州)等(表2-14)。

表 2 - 14　长三角沿江地区主要医药生产基地

医药生产基地	发展重点	基地特色	区内及周边主要医药企业
泰州 中国 医药城	药品的 生产制造	高标准规划 加州模式	扬子江药业集团 江苏济川医药集团 江苏苏中药业集团股份有限公司 江山制药有限公司
苏锡常 外资药企 及原料药 生产基地	药品的 生产制造 以及 化学原料药的生产制造	外资药企 及原料药 中小企业 集聚	阿斯利康制药有限公司 葛兰素史克制药(苏州)有限公司 华瑞制药有限公司 苏州惠氏制药有限公司 东瑞制药(控股)有限公司 江苏吴中医药集团 药明康德 江苏省苏州礼安医药有限公司 江苏省无锡汇华医药有限公司 江苏省常州药业股份有限公司 江苏省常州市武进药业有限公司 无锡山禾集团医药物流股份有限公司

资料来源：孙长青，2009

　　外资企业迅速发展是苏锡常地区医药产业的显著特色。葛兰素史克、礼来、卫材、百特、康宝莱、强生等多家外资医药企业已在苏州工业园区投资建厂。在离苏州工业园不远的吴中区也聚集了东瑞制药、惠氏制药等多家外资企业，多家外资企业还把研发机构放在了苏州。无锡市通过招商引资促成 10 家外资和国内制药企业在该市投资，形成了新区医药工业园、马山生物医药工业园和惠山生命科技园 3 个制药企业密集区。此外，常州的武进、金坛等地制药企业也分布较为集中，企业类型以中小型为主，产品多为新药，销售以出口为主，已成为国外定制生产商供应链的组成部分，与国际市场联系较为紧密。

（四）新材料产业

　　长三角沿江地区作为我国重要的制造业基地，不但产业基础雄厚，而且科技较为发达，为新材料产业的发展提供了有利条件。进入 21 世纪以来，新材料产业发展迅猛，集群化趋势明显，逐步形成了长三角沿江新材料产业带。区内不仅拥有众多新材料产业基地，如江阴新材料成果产业化基地、常熟高分子新材料产业基地、锡山新材料产业基地、丹阳新材料产业基地、宜兴非金属材料产业基地、武进特种材料产业基地等，还聚集了一大批科技领先、实力雄厚的新材料企业，如江苏法尔胜股份有限公司、江苏永鼎股份有限公司等。

　　长三角沿江地区新材料产业基地，在发展过程中逐渐形成了自己的特色。如江阴新材料成果产业化基地,重点是培育光电子通信材料、特种金属材料、有机高分子复合材料、精细化工材料和纺织新材料5大新材料产业集群和出口基地;武进特种材料产业基地,有重点的发展了纺织新材料、精细化工新材料、新型复合材料、新型金属材料和纳米材料五大领域;常熟高分子新材料产业基地,则逐渐形成了以氟化工材料、功能性橡塑材料及制品、特种纺织材料、特种高分子涂层材料为重点发展的高分子材料基地。

三、社会文化

(一) 水乡古镇文化

长三角沿江地区地处长江两岸,地势平坦,河湖众多,物产丰富,水陆交通便利,形成了许多水乡古镇,其中以江南水乡古镇最为著名。长三角沿江地区拥有我国六大水乡古镇中的三个,分别是周庄、同里和甪直,其中周庄更是有"我国第一水乡"的美誉。

江南水乡古镇是在相同的自然环境条件和同一的文化背景下,通过密切的经济活动所形成的一种介于乡村和城市之间的人类聚居地和经济网络空间,在我国文化发展史和经济发展史上具有重要的地位和价值。其"小桥、流水、人家"的规划格局和建筑艺术在世界上独树一帜,形成了独特的地域文化现象。江南水乡古镇主要形成发展于公元13~16世纪(江南地区经济和文化鼎盛的时期),具有经济、居住和生产等多种功能。它们格局独特、风貌完好、文化深厚、民风淳朴,成为江南水乡众多城镇的典范和代表。江南水乡古镇具有以下共同特点:

1. 植根于"水"环境的自然景观和生活特征

水是江南水乡环境的母体,江南水乡因水而生,因水而发展。江南地处长江三角洲太湖流域的湖积平原,不仅有许多零星的湖泊沼泽,而且还陆续开凿许多运河,形成五里、七里一纵浦,七里、十里一横塘的完整的以太湖为中心的水网体系。江南水乡城镇大多位于江河或太湖的重要交通咽喉区,地理位置优越。在以舟楫为重要交通工具的年代里,水乡古镇商业便随着交通的方便而得到发展,四乡的物资到这里集散,使得这里人丁兴旺、商贾四集,形成了繁荣的街市。古镇被河道分割,由几十座风格各异的石桥连为一体,镇区内传统建筑鳞次栉比,街巷逶迤,家家临水,户户通舟,形成江南水乡古镇独特的"小桥、流水、人家"的自然景观和生活特征。

2. 多种文化和特殊地理环境造就的独特地方文化

随着吴国(春秋时期)的建立,中原文化传播并渗透到江南地区,与当地文化交流、融合,加速了长江下游地区早期文化的发展,逐步形成了在我国文化史上有重要地位的吴文化,而江南水乡古镇位于吴文化的中心。吴文化体系中具有突出特点的发达的稻作文化、科技文化、手工艺文化、园林文化成为江南水乡地区文化的基础。南宋时期,江南地区经济、社会和文化逐步发展成熟,江南水乡古镇迅速发展。发达的经济支撑起兴盛的文化,钟灵毓秀的江南地区一直崇文重教、稻米莲歌、耕桑读律、科名相继、吟咏成风,甚至还出现私人藏书文化。江南特殊的地理环境、经济因素和人文因素形成了独具一格的水乡生活文化。人们的衣、食、住、行具有浓郁的水乡特色。水乡妇女"包头巾、束腰兜、绣花鞋",年终岁时有"摇灯船"、"烧田蚕"、"鱼戏"等民俗活动,春节吃年糕、元宵吃汤团、清明吃青团、端午吃粽子、中秋吃月饼以及日常以水产、蔬菜为主的饮食特色,和家家临水、户户通舟的生活和交通方式等都是非常具有水乡独特的风情。

　　3. "天人合一"思想塑造的理想居住环境

　　江南水乡城镇建筑布局和风格是我国传统的"天人合一"思想和经济作用的完美结合。布局随意精练,造型轻巧简洁,色彩淡雅宜人,轮廓柔和优美。在经济因素作用下,建筑尽量占据沿河沿街面,形成了"下店上宅"、"前店后宅"、"前店后坊"的集商业、居住、生产为一体的建筑形式。建筑一般尺度不高,天井、长窗形成了室内室外空间相通,建筑刻意亲水,前街后河,临水构屋,有水墙门、水埠头、水廊棚、水阁、水榭楼台,甚至水巷穿宅而过,形成了人与自然和谐的居住环境。与我国其他地域的城镇相比,江南水乡城镇的形成与发展更多地受到了经济因素的作用,并在其独特的地理环境中创造了以"水"为中心的独特的生活环境和生活方式,充分体现了水乡先民勤劳智慧的美德,在我国发展史上具有重要积极的意义。

(二) 园林艺术文化

　　长三角沿江地区园林历史悠久,其中以江南园林最为著名。江南园林不仅是我国传统园林文化艺术的瑰宝,也是世界园林文化艺术的稀世珍品。江南园林不仅有独特的地理适应性,还有自身独特的审美意境和文化内涵。

　　江南园林起源于帝王苑囿,最早可以追溯到西周时期。春秋时期,吴王阖闾在苏州建造了姑苏台;三国时期,孙吴建造了方林苑和落星苑。这些皇家苑囿的兴建,对后来江南园林的兴起,产生了积极影响。东晋时期的辟疆园是有史记载的最早江南私家园林,其"林泉池馆之胜",号称"吴中第一"。六朝时期,北方连年战乱,江南社会较为安定,经济日渐发达,世族贵人纷纷南迁至此,江南园林逐渐兴起。而此时我国山水诗画的发展,儒家经学精神统治的解体,老庄哲学的流行,致使隐逸之风大兴,社会上形成一股欣赏自然山水之趣,这种审美风尚和文化态势,进一步促进了园林艺术的发展。东晋陶渊明有感于社会政治黑暗,不为五斗米折腰,于是退出官场,隐居南山中,过着悠然自在的田间生活,"采菊东篱下,悠然见南山"正是这种生活的体现。在陶渊明这种隐逸思想的感染下,南北朝时期文人大夫隐逸之风盛行。园内不仅可以游玩休息,还可以举行多种宴会活动。隋唐时期,江南社会较为安定,京杭大运河的开通,更是促进了江南经济的发展,江南一带呈现出一派繁华景象,为文学艺术的发展奠定了基础。隋唐时期山水诗画、散文的发展成熟极大促进了造园艺术理论的发展和成熟。山水诗画追求意境、情趣的提炼,重视构图布局理论,这些都为江南园林艺术提供了丰富的思想手法。此时的江南园林不仅仅是客观的利用自然山水之美,而是通过有意识的对大自然进行美的提炼和凝聚。这个时期,许多世族豪门、巨贾富商、文人志士纷纷置地建园,形成了江南园林艺术发展的新高峰。此时的江南园林是宅与园相结合的住宅园林,这种结合成为唐代以后江南私家园林的显著标志。宋元时期,江南古典园林艺术趋于鼎盛,不仅数量众多,而且质量精湛,尤其是苏州,有"上有天堂,下有苏杭"的美誉。两宋时期,经济的繁荣也促进了文化、艺术及科技的进步,这些都为园林艺术的进一步发展创造了条件。这个时期的江南私家园林私人特性更加明显,园主往往借助构筑诗情画意的园林景色,来寄托自己的感情和抱负,抒发自己的情怀,同时满足生活享乐的需要。

明清时期,江南园林继续发展,达到了一个全盛时期。这一时期,江南地区经济发达、文化繁荣,文人荟萃,为园林继续发展奠定了良好的经济基础和文化基础。加之,文人画家也常参与造园的设计和建设,其实践和理论,也大大促进了江南园林艺术的发展,使得江南一带的造园活动达到了一个新的高潮,其数量与质量都达到了空前的地步。这一时期,造园活动的主流主要集中于苏州和扬州两地。在苏州,从明嘉靖年间至清乾隆年间,大小官僚地主争相造园,成为一时风尚,为时达三百年之久。自明迄今,据记载有七十多处园林,较著名的如沧浪亭、拙政园、狮子林、留园、网师园和环秀山庄等。在文化古城扬州,园林从明代开始复兴,至清朝康熙、乾隆年间,扬州园林出现了鼎盛的局面,大小园林已有百余处,为此,有"扬州以园事胜"的说法。这个时期的扬州园林,依其分布区域大致可分为两类,即湖上园林与城市山林。湖上园林主要集中在保障河一带(今瘦西湖一带),由一座座名园相连,景色各异。城市山林,多散布于市民众屋之间,且又藏于宅内,著名的有个园、寄啸山庄、片石山房、小盘谷等。

在长三角沿江地区,江南园林主要分布于苏州、扬州、无锡、常州等地,其中,苏州和扬州的园林,至今保存仍较为完整。苏州主要有拙政园、沧浪亭、留园、网师园、狮子林、艺圃、环秀山庄、耦园等;扬州主要有瘦西湖园林、个园、小盘谷、何园、逸圃等;无锡主要有寄畅园、蠡园等;常州主要有约园、近园、意园、未园等。

(三) 人类口述和非物质文化遗产

昆曲起源于苏州的昆山地区,是中华民族传统艺术中的瑰宝,被誉为"百戏之祖",2001 年联合国教科文组织将其列入首批"人类口述和非物质文化遗产代表作"。

昆曲起源何时,历来无确切定论,但从演出形式和音乐特点来看,可能承续南戏和北杂剧的艺术。相传在元朝后期,南戏流入昆山一带,经当地戏曲家顾坚等人在演唱上予以加工,至明初,昆曲已形成。明代的魏良辅在原有昆曲的基础上,吸收了江南的民间音乐,加以糅合发展,形成清婉细腻的"水磨腔"。约在明隆庆末年,梁辰鱼在魏良辅的基础上进一步发展,编写了第一部昆曲传奇剧本《浣纱记》,使昆曲由清唱类进入舞台演出,成为戏与曲结合,面貌焕然一新。后又不少文人学士,争相编撰传奇,至明万历末年,昆曲已普遍流传。明末清初,昆曲进入宫廷,并一度繁荣。在艺术上更加完整、细致,在内容上却趋向贵族化、宫廷化。从16世纪中叶到18世纪乾隆后期,昆曲繁荣昌盛,成为我国第一个全国性戏曲剧种。18世纪后期,昆曲在艺术上像一顶皇冠似的近乎完美,同时也在逐渐僵化。乾隆以后,昆曲日渐衰落,到建国前已濒临垂危。

建国后,在20世纪50年代戏剧改革政策和"百花齐放,推陈出新"的戏曲方针指导下,昆曲开始复苏,内容和形式上主要表现为传统剧目和传统艺术的初步恢复,但影响范围基本限于昆曲界。直到1956年,在政府力量的推动下,在昆曲艺人和知识分子的共同努力下,昆曲《十五贯》上演,轰动社会,产生强烈反响。"文化大革命"结束后,昆曲随着戏曲事业的发展,迎来了第一次复兴。20世纪70、80年代,国家陆续恢复了昆曲院团的建制,其中江苏省苏昆剧团于1982年恢复原名,成为昆曲传承和发展的重要力量。从20世纪80年代开始,国家有关部门对昆曲制订了相关政策,并成立专门的昆曲发展机构,以确保昆曲的有效发展。在国家相关昆曲文化政策的引导下,江苏省苏昆剧团开始恢复、集成、整理、改编、移植一批传统戏,创作一批新编历史剧。整理改编的传统戏有《朱买臣休妻》、《玉簪记》、《焚香记》、《窦娥冤》、《桃花扇》、《绣襦记》和《看钱奴》,其中80年代的整理改编传统戏在内容上主要是去除芜杂的情节,重在表现主要人物和事件,主题上注重提升剧目的现实主义意义;90年代的整理改编传统戏,力图从多重角度切入,对原著人物进行新的解读,赋予剧作全新的现代意义,创作的新编历史戏主要有《关汉卿》、《西施》,90年代的新编历史戏,主题更加多元化,不再拘泥于传统道德评判标准,重在表达现代人个性化、现代化的心灵追求。

21世纪以来,昆曲以入选"人类口头和非物质遗产代表作"为契机,获得了长足发展。主要表现在:一是国家进行了大力的财政投入,在2005年实施了《国家昆曲艺术抢救、保护和扶持工程》,这一工程以"抢救、保护、扶持"字眼定位,说明是根据昆曲艺术的文化遗产特性来制定的方案。二是各大昆曲院团开始整理改编传统戏、抢救失传的折子戏和新编剧目。在四届我国昆剧艺术节上,以第三届昆剧节上新编剧目所占比例较多,但鉴于专家、学者的呼声,第四届昆剧艺术节明显地是以传承传统剧目、挖掘失传剧目为主。三是昆曲界的理论研究者,或者开始重新思考昆曲的内涵,或者更加明确昆曲的文化遗产属性,研究昆曲的视野扩大,不再局限于声腔剧种层面上的研究,逐步向更广层面的文化研究拓展。

主要参考文献

卞显红.2006.长江三角洲城市旅游资源空间一体化分析.江南大学学报(人文社会科学版),5:76-84

陈春ады,史军.2008.长江三角洲地区人类活动与气候环境变化.干旱气象,1:28-34

陈吉余,沈焕庭,虞子英.1989.长江口的动力和地貌过程.上海:上海科技出版社.

陈永文.1983.长江三角洲自然地理概貌.社会科学,5:35-37

成新,黄卫良,江溢.2003.太湖流域地下水问题与对策.水资源保护,4:14,61

勾鸿量,吴浩云,刘曙光.2010.太湖流域自然灾害初探.中国防汛抗旱,1:55-57,67

宦艳玲,骆高远,井波.2011.长三角区域旅游合作研究.农村经济与科技,22:11-13

黄建康,蒋伏心.2009.基于产业集群视角的苏南竞争力提升路径研究.南京审计学院学报,2:1-4

江苏省地方志编纂委员会.2001.江苏省地方志·水利志.南京:江苏古籍出版社.

江苏省地质矿产局.1984.江苏省及上海市区域地质志.北京:地质出版社.

江苏省统计局,国家统计局江苏调查总队.2009.数据见证辉煌——江苏60年.北京:中国统计出版社.

江苏省沿江化工产业发展调研课题组.2004.江苏省沿江化工产业发展现状与前景.江苏化工,1:1-5

姜鹏,贺富强,方磊,等.2006.里下河古潟湖相软土基本工程特性与形成机制的关系.工程地质学报,6:769-775

金燕虹.2005.苏南产业集群发展的路径选择.生产力研究,1:102-146

连波.1993.论昆曲.我国音乐,1:13-14

凌申.2001.全新世以来里下河地区古地理演变.地理科学,21:474-479

刘小红.2008.我国长三角地区科技旅游客源市场特征分析与开发研究.硕士学位论文.南京:南京师范大学.

卢亮,陶卓民.2005.长江三角洲区域旅游形象设计研究.南京师大学报(自然科学版),3:115-120

卢锐.2006.江苏沿江工业园产业特征研究.上海企业,3:50-52

潘敖大,王珂清,曾燕等.2011.长江三角洲近46a气温和降水的变化趋势.大气科学学报,2:180-188

潘凤英.1980.全新世以来长江三角洲的形成与演变.中学地理教学参考,Z1:13-14

庞蓉.2011.昆曲何以成为我国"第一个"世界人类非物质文化遗产.北方音乐,8:127-128

钱克金,李取勉.2008.从珍稀动物渐次灭绝看长三角地区环境的演变——以虎、麋鹿、鹤为例.社会科学战线,8:123-128

阮仪三,邵甬,林林.2002.江南水乡城镇的特色、价值及保护.城市规划汇刊,1:1-79

施芳芳,常德胜.2009.长三角地区体育旅游资源的整合系统开发研究.西安体育学院学报,4:410-412

史军,崔林丽,周伟东.2008.1959~2005年长江三角洲气候要素变化趋势分析.资源科学,12:1803-1810

宋金平,杜红亮.2005.大长江三角洲旅游区域协作研究.地域研究与开发,5:67-70

宋言奇,黄益军.2007.长三角文化旅游资源的整合开发.南通大学学报(社会科学版),23:28-32

孙长青.2009.长江三角洲制药产业集群协同创新研究.博士毕业论文.上海:华东师范大学.138-139

陶拯,钱钢.2007.全球价值链视角下地方电子信息产业升级研究——以苏南为例.工业技术经济,1:76-78

王靖春,郭蓄民,许世远,等.1981.全新世长江三角洲的发育.地质学报,1:67-81

王珏.2008.从江南园林到现代景观——江南园林营建手法在现代城市景观设计中的运用.硕士毕业论文.无锡:江南大学.

翁臻培. 1959. 茅山地区第四纪沉积与新构造运动表观的初步观察. 上海师范大学学报(哲学社会科学版),4:
　　22 - 33

吴品晶,陈仙波. 1999. 江南水乡名镇的比较研究. 商业经济与管理,3:50 - 53

谢志清,杜银,曾燕,等. 2007. 长江三角洲城市带扩展对区域温度变化的影响. 地理学报,7:717 - 727

徐琪. 2007. 长三角区域旅游合作的创新体系研究. 南京晓庄学院学报,1:48 - 51

轩蕾蕾. 2010. 新时期昆曲学术史论. 博士毕业论文. 北京:中国艺术研究院. 8 - 9

杨青. 2007. 长三角船舶产业集群研究. 硕士毕业论文. 上海:上海海事大学. 38 - 39

俞晓. 2010. 产业集聚与地区经济增长关系的实证研究——以江苏沿江化工产业集聚为例. 硕士毕业论文. 扬
　　州:扬州大学.

臧冠荣,张春林. 2004. 长三角城市旅游业发展情况及其对比分析. 中国城市经济,11:25 - 29

张颢瀚,鲍磊. 2010. 长三角区域的生态特征与生态治理保护的一体化推进措施. 科学发展,2:57 - 67

张可辉. 2011. 论昆曲发展及其知识产权保护. 湖南科技大学学报(社会科学版),1:40 - 44

赵庆英,杨世伦,刘守棋. 2002. 长江三角洲的形成和演变. 上海地质,4:25 - 30

朱春艳. 2006. 巴蜀园林与江南园林之比较. 硕士毕业论文. 南京:南京林业大学. 8 - 9

朱英明. 2006. 江苏沿江化工产业带产业集群可持续成长研究——扬州(仪征)化学工业园为例. 工业技术经
　　济,8:42 - 44

第**3**章 镇扬泰实习区

第一节 实习目的与实习要求

一、实习区概况

镇扬泰实习区包含镇江、扬州、泰州三市,面积 16 278 km²,人口 1 200 万人(图 3-1)。长江从镇扬泰实习区中部横穿,大运河纵贯南北;宁镇山脉、茅山山脉,呈"山"型屹立在实习区西南;众多河湖湿地,则星罗棋布在实习区东部。宁镇山脉和茅山山脉,地层发育齐全典型,自 20 世纪初就有众多的地质科学家在此开展科研工作,被誉为"中国地质学的摇篮"。宁镇山脉矿产资源丰富,拥有铜、铁、白云石、石灰石、沸石等重要的矿产。此外,茅山还是中国著名的道教圣地和革命纪念地,茅山苍术是特有植被。宁镇山脉中的宝华山则是著名的佛教圣地。

镇扬泰位于长江和京杭运河的交汇处,区位优势极佳,舟车来往,商贾云集,自古就是重要的交通枢纽和商业中心,拥有超过 3 000 年的建城史。3 000 多年前,周康王(前 1026 至前 1001)分封"夨"为宜侯,如今的镇江一带即为"宜"地;春秋时期,扬州就设城为"邗城"。尤其是扬州,曾多次成为历史同期中国乃至世界上发展名列前茅的大城市。镇扬泰也是人才辈出之地。但是随着近代交通方式的转变,镇扬泰地区发展逐步落后于邻近地区。因此,如何继承发扬悠久的历史文化传统,利用长江和京杭运河交汇的区位优势,发展特色产业,提升镇扬泰综合竞争力,是今后该地区的重要任务之一。随着长三角高速铁路网、高速公路网的逐步形成,加上水运的优势,镇扬泰地区今后将形成现代化的综合性交通网络,经济发展也会随之加快。

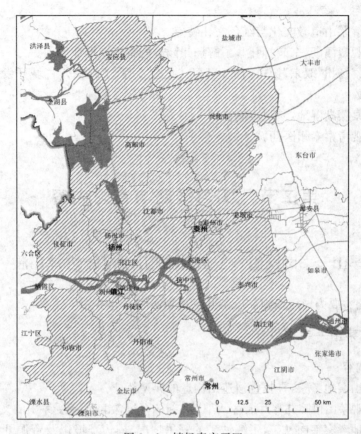

图 3-1 镇扬泰实习区

二、实习目的

以地质地貌实习、旅游开发规划和古城开发保护为重点,了解宁镇山脉镇江段地质地貌大势及其对沿江地区的影响;了解镇扬泰自古成为重要交通枢纽和商业中心的原因,分析交通条件变化对区域经济社会发展的影响;开展古城开发与保护考察,思考在"古城热"的浪潮中,保护与开发之间如何寻找结合点,使古城开发保护走上科学发展之路。

三、主要实习要求

1. 考察镇江长江沿岸,特别是西津古渡、润扬大桥桥址附近地质地貌特点。

2. 考察"京口三山",了解主要景点分布与自然环境的关系,分析其旅游开发问题与对策。

3. 了解茅山道教文化与红色文化特点。

4. 参观瘦西湖、个园、何园，了解扬州园林的特点及形成原因。

5. 考察扬州"双东"历史街区、运河文化公园等，了解扬州古城开发与保护的举措和成效。

6. 考察溱湖湿地，参观溱潼古镇。

7. 参观考察泰州医药城。

第二节　实习线路与实习内容

一、茅山—韦岗铁矿—金山、北固山、焦山—西津古渡

此线路主要为地质地貌和旅游开发规划实习。

(一) 茅山—韦岗铁矿

实习内容：

1. 茅山实地考察，寻找叠覆造山构造的典型特征。

2. 参观茅山道院九霄万福宫、华阳洞、新四军纪念馆等，感受茅山的文化特色。

3. 实地考察韦岗铁矿，了解铁矿的开采情况、周边环境以及资源开发与保护的关系。

(二) 金山、北固山、焦山

实习内容：

参观"京口三山"，了解各景区旅游资源特色及其开发情况。

(三) 西津古渡

实习内容：

1. 考察古渡口，分析影响渡口变迁的地理因素。

2. 考察西津渡街，感受古街的文化沉淀与特色。

思考与作业：

1. 茅山旅游开发中存在哪些问题？如何解决？旅游开发中如何打好"文化"这张牌？

2. 结合镇江地质地貌特点，分析镇江是江苏省矿产资源较为丰富地区的原因。

3. "京口三山"旅游资源开发存在的问题和整合开发的思考。

4. 讨论西津古渡在区域交通中地位的变化及其对区域经济社会发展的影响。

二、润扬大桥—瓜洲古渡—瘦西湖、个园、何园—"双东"历史街区—江都水利枢纽

此线路主要为水利交通和城市地理实习。

(一)润扬大桥—瓜洲古渡

实习内容:

1. 考察润扬大桥桥址附近地质地貌特点。

2. 考察瓜洲古渡区位条件、地质地貌特点,分析其在大运河交通中的地位。

(二)瘦西湖、个园、何园—"双东"历史街区

实习内容:

1. 参观 1~2 处园林,体会与总结扬州园林的主要特色。

2. 考察"双东"历史街区,了解扬州古城开发与保护的举措。

(三)江都水利枢纽

实习内容:

参观江都水利枢纽。

思考与作业:

1. 扬州园林有哪些主要特色? 从地理位置、自然环境条件及文化背景等方面分析其特色形成的主要原因。

2. 扬州古城开发与保护的意义何在? 谈谈古城保护与城市建设之间的关系。

3. 分析镇扬一体化发展的优势条件,提出发展的思路与对策。

4. 分析江都水利枢纽在淮河治理与南水北调中的作用。

三、溱湖湿地—泰州中国医药城

此线路主要为旅游地理和经济地理实习。

实习内容:

1. 考察溱湖湿地生态环境和旅游开发。

2. 考察泰州城市建设与人文旅游资源。

3. 参观泰州中国医药城。

思考与作业:

1. 分析民俗文化在溱湖湿地公园特色与品牌形成中的作用。
2. 分析泰州中国医药城建设对泰州经济社会发展的影响。

第三节 背景资料与实习指导

一、宁镇山脉镇江段

宁镇山脉是江苏省主要山脉之一,位于南京—镇江的长江南岸,呈东西向并向北突出。西段隆升幅度较大,山势较高,山峰海拔多在 300～400 m;东段隆升度较小,山势较低,山峰一般只在 300 m 左右。南京东郊的钟山(又名紫金山),主峰海拔 448 m,为宁镇山脉第一高峰;高骊山最高海拔 425 m,其余脉过镇江市折向东南。

宁镇山脉主要由五个较大的背斜褶曲和两个较大的向斜褶曲组成。分别为:汤(山)—仑(山)背斜(图 3-2)、华(墅)—亭(子)向斜、宝华山背斜、范家场向斜和龙(潭)—仑(头)背斜(图 3-3)、粮山—横山复式背斜(图 3-4)和纪庄—后朱巷复式背斜(图 3-5)。

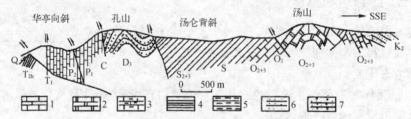

1 石灰岩;2 白云岩;3 泥灰岩及泥质灰岩;4 页岩;5 泥岩;6 沙岩;7 含砾沙岩

图 3-2 汤—仑背斜地质剖面示意图

资料来源:王建等,2006

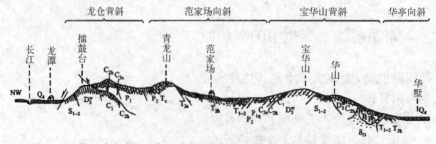

图 3-3 华—亭向斜、宝华山背斜、范家场向斜、龙—仑背斜地质剖面示意图

资料来源:王建等,2006

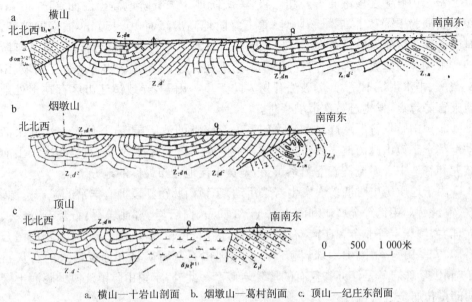

a. 横山—十岩山剖面　b. 烟墩山—葛村剖面　c. 顶山—纪庄东剖面

图 3-4　粮山—横山复式背斜地质剖面示意图

资料来源：江苏省地质矿产局,1989

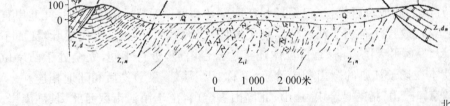

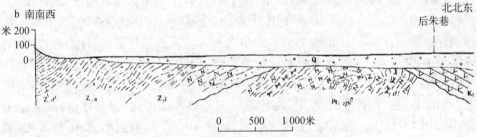

a 章村—十亩山剖面　b 九灵观—周家村剖面

图 3-5　纪庄—后朱巷复式背斜地质剖面示意图

资料来源：江苏省地质矿产局,1989

　　宁镇山脉镇江段散布着长江二级、三级阶地。二级阶地高出江面 25～30 m，组成物质为下蜀黄土，属堆积阶地；第三级阶地高出江面 40～50 m，被侵蚀破坏，基岩上覆盖数米厚的下蜀黄土，下部与不同时期的基岩是不整合接触，属基座阶地。下蜀黄土垂直节理发育，孔隙较大，透水性良好，易崩塌。再加上人工切坡、山头盖房、排水系统不完善、爆破法开挖人防工事等因素，导致镇江市区存在多处地质灾害隐患点，发生过数次滑坡事件。

　　宁镇山脉发育了从震旦系到第四系一套完整的地层层序，并伴有多次岩浆活动。整个宁镇山脉山体主要由古生界和中生界三叠系灰岩、砂岩、页岩组成。山前坡麓和谷地中普遍掩覆着下蜀系黄土，是黄土岗地分布最广的地方。

　　由于地质历史时期多次发生岩浆活动，宁镇山脉镇江段拥有丰富的矿产资源。铁、铜、铅锌、钼钨等金属矿和耐火黏土、红柱石、白云岩、富钾岩石、石灰石、沸石、大理岩、珍珠岩等非金属矿产，有韦岗铁矿，船山石灰石矿，仑山、青龙山、粮山白云石矿，安基山铜矿，圌山珍珠岩矿等。其中船山石灰石矿是江苏省最大的石灰石矿，圌山珍珠岩矿是江苏省仅有的珍珠岩矿产。此外，宁镇山脉镇江段的膨润土探明储量位居全省首位。

二、"京口三山"旅游资源整合开发

　　镇江，古称京口，位于长江三角洲起点，宁镇山脉东段。岗地是其分布最广的地形，岗地地面高度在 10～60 m 之间，多为黄土质。随着长江泥沙不断淤积，形成大片滨江低地。唐代，京口至扬州江面阔达 20km，瓜洲为江心一洲，江北岸直抵扬子桥，故长江有扬子江之称。到了宋代，江面缩为 9 km。明代中叶，江面不足 3 km。太平天国以前，京口江岸还直达云台山麓，近百年间，完全处于凸岸位置，使本在扬子江心的金山和中泠泉（又称"天下第一泉"）先后和陆地相连。

　　"京口三山"指的是金山、焦山、北固山。金山，位于镇江市区西北、长江南岸。古名泽心山、氐父山、获符山、伏牛山、龙游山、金鳌岭。传唐代裴头陀开山得金，后遂通称为金山。原屹立江中，为兵家必争之地。后因江流迁徙，泥沙淤涨，清末与南岸相连，海拔 44 m，为我国著名游览地。金山寺（正名江天禅寺），创建于东晋，与山浑然一体，故有"金山寺裹山"之称。焦山，位于镇江市区东北长江中，与南岸象山隔江相望。古名樵山、谯山，相传东汉末年焦光隐于此，因名焦山，又名浮玉山、狮子山、双峰山。有二峰，主峰居东北，海拔 70 m。多悬崖峭壁，山势雄伟，素有"中流砥柱"之称，自古为江防重地，唐、宋称之为"海门"。寺庙楼阁藏于林木深处，有"焦山山裹寺"之称。定慧寺，为著名的"十方丛林"。焦山碑林即位于此，仅次于古都西安碑林，为江南第一大碑林。其中被称为"碑中之王"的《瘗鹤铭》碑为稀世珍宝；焦山多禅寺精舍亭台楼阁，比较有名的有定慧寺、别峰庵等十多个庵寺。

北固山,位于镇江市区北,以北临大江,形势险固得名,素号"京口第一山"、"天下第一江山"。旧以可眺望江北,又名北顾山。南北走向,由前、中、后三峰组成,后峰(又名北峰)最高,海拔 53 m。后峰(主峰)更是直插江中,形似半岛,峭壁如刀劈斧斫,形势极为险峻。名胜古迹较多。峰顶甘露寺,与三国刘备招亲传说有关;多景楼,有"天下江山第一楼"之誉。前峰为孙吴铁瓮城遗址所在。唐代王湾的《次北固山下》广为传颂(表 3-1)。

表 3-1　"京口三山"风景区开发现状及特色分析

景区	级别	开发现状		特色分析	
		资源开发类型	主题形象	文化内核	景观特色
金山	AAAA 级	名寺、名物、名泉、神话传说	寺裹山、佛教圣地、神话山	佛教禅宗、人文风物传说	"秀"——山寺景观
焦山	AAAA 级	名寺、名人、名物、名碑	山裹寺、佛教圣地、文化山	佛教密宗、石刻文化、碑林文化	"雅"——寺庙园林景观
北固山	国家重点风景名胜区	名塔、名人、名物、历史故事	寺冠山、天下第一江山、三国古地	三国文化	"雄"——山水古迹交融

资料来源:汤长新等,2007

(一)"京口三山"旅游资源开发存在的问题

1. 旅游资源开发类型、形象主题趋同,旅游资源的深度开发和整合不够

三山开发的旅游产品偏重于宗教、历史人文资源,自然资源很少开发,且基本上都是把名山、名寺、名人、名物、流传甚广的历史人文风物传说作为宣传的主要内容,很大程度上出现旅游资源开发类型、旅游产品与形象主题的趋同。三山风景区的各个景区没有实行统一管理,有些还是"一山多主"的多头管理模式,造成重复建设,管理机构重叠,人力物力资源浪费,互相牵制,极大地制约了各景区分散的旅游资源整合和深度开发。

2. 各景区开发建设不平衡

金山景区建设速度较快,在三山风景区的龙头地位突出;焦山景区东片开发明显不足;而北固山极其丰富的东吴文化旅游资源未能很好开发。这导致辐射范围较小,客源以本省为主,外地游客将镇江作为过路站,往往是看过金山就走了。

3. 风景区内交通不畅达

连接三山风景区的陆上交通尚未形成高标准的路网,滨江旅游专线尚未开通,各景区都缺少设施完备的大型停车场。水上游览线尚属初始阶段,豪华游船客源不足,小型快艇管理不规范,码头基础设施陈旧。

4. 旅游生态环境问题较多

首先,三山风景区周边用地复杂,景区周边与工业、居民、公共设施、市政设施

等各类用地交错分布、界线模糊、情况复杂,极大地破坏了风景区的视觉景观效果。

其次,三山风景区周围污染较为严重,长江内江水域泥沙严重淤积,枯水期大片沙滩出露,影响了三山的山水景观质量,也影响北湖水质和水上旅游项目的开发。

再次,"京口三山"以及象山等山体受断裂构造影响,山体岩石破碎,节理断层发育,极易发生地质灾害。

(二)"京口三山"旅游资源整合开发对策

整合"京口三山"旅游资源,打造城市滨江亲水旅游带,是镇江旅游规划与发展的一项重要任务。三山旅游资源同中有异,虽同为镇江市区的宗教、历史文化名山,但各有特色,有助于差异化开发,为整合奠定了基础;三山区域环境相同,为整合的实施在行政、区位、利益等方面大大降低了阻力;三山地缘相近,可捆绑开发,打造互补的旅游产品群,并进行整体销售,实现客源市场共享,增加游客的停留时间和消费额。具体来看,三山风景名胜区整合重点包括旅游资源整合、旅游企业整合、旅游支持环境整合三方面。

1. 旅游资源整合

首先是主题整合。三山风景区的主题形象为:游天下第一江山,阅江南三大圣地,观大江风貌,品三山文化。

其次是产品整合。金山景区紧扣"水漫金山",形成以佛教文化及历史人文传说为主题特色的核心景区;焦山景区形成以碑刻文化、"江中浮玉"、寺观园林等为景观特色的核心景区;北固山景区则是三国文化与现代文明相结合的核心景区。以市场为导向,在着力抓好宗教文化、三国文化、碑林文化、人文传说及山水胜迹等传统旅游产品提档升级的同时,积极培育水概念旅游产品,沟通金山水系,再现水漫金山意境;疏浚焦山航道,拓展临北固山水面,改善滨江景观带,开发水上运动项目和长江水上风光游;利用三山在市区的优势,发展夜间文化娱乐类产品;修复、改善西津古渡与伯先路历史文化街区古建筑风貌,打造三山风景区的新亮点;结合镇江市重大活动与自身资源特质,举办有特色的节事旅游活动,如碑林临摹、宗教活动、文化节、纪念凭吊等。

再次是线路整合。三山风景区不仅要利用陆路,开通景区直通公交,更要利用长江,开辟水上巴士,把三山连成珍珠项链,形成水陆结合的自然景观带的链状结构,并策划夜游线路,活跃夜间经济。同时利用润扬长江公路大桥和汽渡,以及新开通的京沪高铁、沪宁城际铁路,对接扬州、南京和苏锡常等地旅游线路。

三山景区专项旅游线路包括:

● 游乐活动线以金山湖、征润州、北固山文化广场、焦北滩及内江为主要活动区域,可组织登山攀岩、游泳划船、欣赏表演、江上游览及各种现代车械游乐活动。

● 休闲娱乐线以金山景区的塔影湖、北固山文化公园、焦山的植物园、云台山的伯先公园及内江游览为主要活动区域,可组织饮茶野餐、划船散步、植物观赏及各种休闲性的游憩内容。

● 观光游览线以金山寺及天下第一泉、北固山、焦山及内江为主要景域,组织登山临江活动,欣赏景区水光山色。

● 文化欣赏线以金山寺、甘露寺、焦山碑林佛寺、古炮台及历史街区为主要游览区,组织历史陈列、宗教瞻仰、碑墨欣赏、文物展览、古街怀古等。

2. 旅游企业整合

首先是旅游设施整合。建设旅游服务基地,增加旅游服务点,促进旅游星级饭店和特色餐馆适度超前发展,留住游客,满足游客的餐饮、购物、停车、休憩、住宿要求;增加换乘中心,加强景区之间的公交联系,建设游艇码头,开辟水上交通;注重与中青旅、上海春秋等大旅行社的合作,吸引他们落户;建设以展示近现代文化的伯先路、西津古渡历史文化一条街,以旅游商品为主体的大西路传统商业一条街,以江鲜为特色的新河西岸路江鲜一条街,进一步提高旅游综合功能。

其次是企业形象整合。树立顾客至上的服务理念,走国际化标准的 CS(顾客满意)战略。注重工作人员综合素质的培养,提高服务效率与服务质量,诚实守信,切实做到顾客至上。

再次是市场营销整合。三山风景区所有旅游企业应以共同利益为纽带,把多种传播方式、手段、资源整合起来,形成旅游促销联合体。利用重大节日旅游活动,广邀宾客和媒体,强势推介旅游产品。风景区可适当采用联票制,进行整体销售。

3. 旅游支持环境整合

按照政府主导、集约经营、社会齐上、共同发展的大旅游发展思路,遵循市场经济规律,充分发挥市场配置资源的基础性作用,强化管理和运作,为三山风景区建设创造良好的环境。具体的做法有:成立三山风景区管理委员会(开发总公司),杜绝多头管理;完善风景区基础设施,提高风景区整体接待能力和水平;整治环境,治理金山湖、内江水质,加强湿地景观的建设和保护,迁出或关闭污染性企业;逐步使旅游协会与政府部门脱钩,提高协会在行业中的地位,充分发挥其组织协调、监督管理、桥梁纽带等作用;提倡社区参与,为景区居民提供发表看法、意见的舞台和从中获取财富的市场机会。

三、福地洞天——茅山

茅山山脉,北起镇江宝埝,向南南西延伸,经句容与金坛、溧水与溧阳、高淳与宣城之间,止于青弋江,与皖南山区隔盆相望。山形曲折,为太湖水系和秦淮河水系分水岭。茅山景区位于句容和金坛交界处,主峰大茅峰海拔 372.5 m,景区面积约为 71.2 km²。茅山山势秀丽、林木葱郁,有"9 峰、26 洞、19 泉"之说。茅山是道教上清派的发祥地,为东南道教中心,唐宋以来,一直被列为道教之"第一福地,第八洞天",曾引来诸多文人墨客留下诗篇。茅山也是新四军苏南根据地的中心,抗日战争时期,陈毅元帅等革命先辈在此与敌人开展游击战。茅山有"山美、道圣、洞奇"之特色,主要景点有茅山道院九霄万福宫、印宫、乾元宫、华阳洞、金牛洞、新四军纪念馆等。1985 年被列为江苏省八大风景名胜区之一。目前为国家 AAAA 级景区。

(一) 茅山道教文化

相传西汉元帝初元五年(公元前 44 年),陕西咸阳南关人茅盈和二弟茅固、三弟茅衷先后在句曲山结庐修道,采药炼丹。茅氏兄弟"羽化登仙"后,群众为敬仰他们,遂改句曲山为三茅山(茅盈所住的山为大茅山,茅固所在的山为中茅山,茅衷所在的山为小茅山),简称茅山。东汉明帝永平二年(公元 59 年),敕郡县修三茅真君庙,在茅山东西诸村修真人庙。永平三年,于大茅峰顶建石屋石像,以祀三茅兄弟,称"三茅真君"。建安末,北方著名方士左慈入茅山造宫室,并有金丹仙经传授葛玄,葛玄传弟子郑隐,郑隐传鲍靓。从此,茅山遂成为江东道教圣地,被称"第八洞天,第一福地"。

吴黄武二年(223 年),孙权在茅山建景阳观。在南朝时期,茅山知名道观有 50 余处,成为长江以南新的道派中心。宋嘉熙三年(1239 年),宋理宗命正一道第 35 代天师张大可提举三山(龙虎山、阆皂山和茅山)符箓兼御前诸宫观教门公事,从此,茅山正式归于东南道教三大名山之一。

明代,全真派逐渐在茅山传播建观。明万历二十六年(1598 年),于大茅山敕建殿宇,赐名"九霄万福宫"。清代,道教教团与皇室的关系疏远,清咸丰年间,茅山道教宫观许多建筑毁于战火。日军侵华期间,茅山宫观再遭劫难,数百间道观毁之一炬,成为废墟,元符万宁宫、乾元观的 20 多名道士惨遭杀害,茅山道院荒芜,道教益形衰落。1949 年,九霄万福宫残存房屋 20 余间,灵官殿、太元宝殿等均断垣残壁,元符万宁宫尚存勉斋道院部分房屋。

1952 年,苏南人民行政公署派员到茅山帮助恢复宫观。1959 年,茅山道院被列为全省性保护道观。1962 年,茅山道院被国务院列入全国名胜古迹加以保护。1963 年农历十月初三,茅山九霄万福宫新塑神像开光。但是,"文化大革命"中,文物被破坏,神像被砸,经书被烧毁,道士被赶出宫门,茅山成了一片废墟。同年,东进水库建成,崇禧万寿宫被淹没。1974 年,白云观水库建成,白云观原址被淹没。改革开放以后,九霄万福宫和元符万宁宫重新恢复开放。

宋以前,茅山道教派辈无考,宋哲宗绍圣四年(1097 年)建茅山经箓宗坛之后,留存有以静一真人刘混康混字为起首的真人法派。宋末各道派已逐渐合流,元成宗大德八年(1304 年)封三十八代天师张与材为正一教主,统领三山(龙虎山、阁皂山、茅山)符箓,茅山纳入正一道,成为以正一道为主的道场。但传上清法箓的茅山派以其教理仪规之严,仍保持独立的上清派传统,与各地正一道明显不同。同时,北方兴起全真教派,创始人王重阳,主张三教(儒、释、道)合一。全真派也逐渐渗入茅山道场,但茅山仍以"真人法派"和"续编法派"的 96 字系代,至今已传至 78 代受字辈。

茅山道教音乐,随诵经、念咒和斋醮活动而逐渐形成,具有江南丝竹和民间音乐的韵调,吸收了宫廷音乐和戏曲音乐的成分,古朴典雅。茅山道教音乐主要由器乐、打击乐、声乐三部分组成。器乐有笙、箫、管、笛、琵琶、三弦六大件,称为细乐;打击乐有大鼓、板鼓、大锣、底锣、哨锣、十音锣、老钹(特大钹)、京钹、撞钹、木鱼等;声乐主要唱诵经文,有法师领唱领诵、齐唱齐诵,也有唱唱诵诵或似唱似诵。茅山道教音乐主要用于斋醮仪式和玄门日诵上,斋醮仪式有放焰口和打醮两种,阴阳都做,阴者超度亡灵,阳者为活人做寿、消灾、祈祷、祝福以及节日喜庆。一场仪式通常 3～4 小时。举行仪式时,先由锣鼓开场,打"三冲场"、"回锣"(走马)、"四冲头"等,类似戏剧开场闹台,待群众集中后开始起乐。

(二) 茅山红色文化

抗战期间,陈毅、粟裕率领新四军,挺进苏南,建立了茅山抗日根据地,开展了以新四军为主力,人民群众积极参战的敌后抗日游击战争,进行了韦岗战斗、新塘战斗、袭击句容城、东湾战斗、荣庄突围战、赤山围歼战等。为了缅怀老一辈无产阶级革命家的丰功伟绩,教育后人,1985 年 9 月在茅山脚下建成了茅山新四军纪念馆,1998 年又在原馆址的基础上,进行了重新翻建。1995 年 9 月 1 日建成了"苏南抗战胜利纪念碑"。碑名"苏南抗战胜利纪念碑"由原国防部长张爱萍将军题写,碑前下方正中广场上为陈毅、粟裕雕塑。纪念碑宽 6 m,高 36 m;碑身高 28 m,寓意新四军第一、二两个支队来自南方八省,碑前有 317 级宽 16 m 台阶,每组 50 级,寓意抗战胜利 50 周年。

"苏南抗战胜利纪念碑"有个奇特的声学现象:人们放鞭炮后传回来的声音不是鞭炮声,而是变成了嘹亮的军号声。相传抗战时期曾经有个 16 岁的小号手牺牲后就葬在茅山脚下,他的英灵守着茅山不肯离去,直到今天,每当鞭炮炸响,警觉的小战士英灵就像听到了战斗的枪声,他便奋力地吹响军号……经过现场勘测与录音分析,认为茅山新四军纪念碑的军号声现象,是在爆炸冲击波的激励之下,由坡前石阶的层层反射而产生了音律周期,台阶的组数决定音节数,连接各组台阶的平台对应着音节间的间隔,台阶的密度决定音调的高低,脉冲波的形状决定了军号声的音色。首先在距离碑的中轴线侧面 20 m 的地方放鞭炮,在中轴线上没有听到军号声,但在中轴线的另一侧面却可以听到军号声。其次,垂直燃放鞭炮可以听到清晰的军号反射声,但在地面水平方向燃放了一组鞭炮,却没有听到军号声。鞭炮燃放时产生两次冲击波,第一声在地面,听不到军号声,第二声在高空中爆炸,可以清晰地听到军号声,实际鞭炮在地面爆炸时也应该能够形成军号声,只不过要听到军号声,必须要站在高空中。第三,军号声共有6声"滴,滴,滴,答,答,滴",每个音节之间有短暂的间隔,碑前的台阶相对应的有6组,并且每组台阶之间由一段平台相连。当在纪念碑前方不同层平台上燃放鞭炮的时候,军号声的音节数会随着平台层数的增加而逐渐减少。当在最下层燃放鞭炮的时候,可以听到6声军号,而到最后一个平台时,已经听不到任何的反射声。最后,进行现场录音,计算出军号声滞后鞭炮声大约0.27 m/s左右,往返的传播距离约为90 m左右,折合为单程在45 m之内,考虑误差影响应该和上面测量的40 m距离基本吻合。这个奇观被发现之后,屡试不爽,消息不胫而走,每天都有众多游客来到纪念碑前放鞭炮,欣赏这一独特的现象。为了纪念传说中的小号手,又建了一座小号手的雕像。

四、镇扬泰交通条件变化

(一) 古代的兴盛

古代的扬州一直是区域商业中心。扬州曾经在隋唐和清初康雍乾三代兴盛过。隋唐时期,扬州为长江下游政治和经济中心城市,被称为"东南一大都会",因在全国各区域经济中首屈一指而享有"扬一益二"之誉。当时,扬州周围大量的集镇发展起来,逐步形成了以扬州为中心的相对复杂的城市体系。中心城市扬州的人口急剧增长,城市规模日益扩大。来唐的日本和尚圆仁描写,"扬府南北十一里,东西七里,周四十里"。清朝前期,扬州工商业取得较快发展,服装鞋帽业、雕版印刷业及化妆品业迅速崛起,漆器、玉器制作技艺日臻成熟,南北各地商人聚居扬州,带动了南北货市场的活跃。粮行、药行、布行、木行及茶馆、酒楼、浴室等业生意兴隆。拥有雄厚资本的豪商巨贾,集天下能工巧匠,大兴土木,建造私家园林和游乐场所,涉足书画、工艺、戏曲等领域,促进了扬州的文化昌盛。乾隆赞誉扬州"广陵风物久繁华"。

扬州在历史上的兴盛和大运河的修建密切相关。公元前486年,吴王夫差凿邗沟至淮河将长江与淮河沟通,此为大运河的雏形。后在泗水和济水间开凿一条运河。隋炀帝下令开凿以洛阳为中心,北达琢郡南至扬州、杭州的纵贯南北的大运河。运河的开凿,繁荣了沿线各城市,尤其是扬州,位于长江和大运河交汇处,区位极佳;再加上扬州周边物产丰富,江北及滨海地区产盐,太湖流域为鱼米之乡,宁镇山脉有丰富的铜矿资源。此外,北方、中原战事频繁,而江南地区政局相对稳定,因此扬州迅速发展成为当时的区域商业中心。

但是唐末到明朝,扬州经济开始走向衰弱。唐代中期江水南移的同时,海岸线也逐渐向东大幅延伸,扬州失去了通海条件。宋代在沿海设立了8个市舶司,扬州不在此列,这使以扬州为中心伸向四方的交通网失去了东面一翼,进而缩小了扬州的影响范围。宋代东南经济区全面发展起来之后,整个东南地区由原来扬州一个经济中心演变为多中心状态,扬州的优势被削弱。扬州在清朝初期的再次繁荣,除了清政府重视大运河的建设与维护外,还因为清政府在扬州设盐运使衙门专管盐务税务,吸引了大批盐商云集。极其丰厚的盐业利润,刺激了消费,促使扬州第二产业和第三产业蓬勃发展,尤其是第三产业。

古运河扬州段是整个运河中最古老的一段。目前扬州境内的运河与2 000多年前的古邗沟路线大部分吻合,与隋炀帝开凿的运河则完全契合,从瓜洲至宝应全长125 km。其中,古运河扬州城区段从瓜洲至湾头全长约30 km,构成著名的"扬州三湾"。瓜洲在古运河和扬子江的交汇处,处于扬州西南,与镇江隔水相望,历来是扬州的门户,有"江淮第一雄镇"和"千年古渡"之称。瓜洲从唐代到现代都是文人荟萃之地。唐代的李白、白居易,宋代的王安石、陆游,明代的郑成功,清代的郑板桥等,都曾在瓜洲寻幽探胜,留下了大量赋吟瓜洲的篇章。瓜洲也是历代许多政治家和中外旅行家涉足的必经之处,清代康熙、乾隆二帝六次南巡,均曾驻跸瓜洲,并在锦春园设有行宫,昔日乾隆皇帝赞美锦春园而题诗的御碑,至今尚保存完好。中日两国人民的友好使者、唐代高僧鉴真大师东渡日本,其造船、买船、登船以及储藏粮食都在这个地方。意大利杰出的旅行家马可·波罗也曾游览过瓜洲,并在著名的《马可·波罗游记》第二卷第一章节题为《瓜洲市》,对瓜洲的地理位置与历史作用作了详细描述。杜十娘怒沉百宝箱的传说,又给这座古镇披上了神奇的面纱。

镇江也地处长江和大运河交汇处,连贯东西,通达南北。西晋时,镇江便是江南重要都会之一。隋朝大运河开通,进一步促进其商业发展,运河码头成为城市中最有活力的区域。到唐代,已成为纺织、铜镜和渔产品的重要市场。北宋时,市场繁荣,众多达官贵人来此定居。元代是全国重要的商业城市,并已形成大市口、五条街等繁华地段。

坐落在镇江市西边云台山麓的西津古渡,原为古渡口,三国时叫"蒜山渡",唐代镇江名金陵,故称为金陵渡,当时许多大诗人如李白、孟浩然等都曾在此候船待渡。著名诗人张祜为金陵渡题咏:"金陵津渡小山楼,一宿行人自可愁。潮落夜江斜月里,两三星火是瓜洲。"宋代以后才称为"西津渡"。宋熙宁元年春,王安石应召赴京,从西津渡扬舟北去,船到瓜洲时,见景抒情,写下了著名的《泊船瓜洲》诗:"京口瓜洲一水间,钟山只隔数重山。春风又绿江南岸,明月何时照我还。"清代以后,由于江滩淤涨,江岸逐渐北移,渡口遂下移到玉山脚下的超岸寺旁,当年的西津古渡现在离长江江岸已有300多米距离。

西津渡街创建于六朝,历经唐宋元明清五个朝代近两千年的积淀。沿街而行,能感知到近千年的历史,更能触摸到镇江老城的"文脉"和"底蕴"。整个西津渡街全长约 1 000 m，从刻有"西津渡街"的头道券门至待渡亭约 500 m，从待渡亭到长江边 500 m，而前 500 m 浓缩的历史遗存最多、建筑艺术最精。唐宋以来的青石街道、元明的石塔、晚清时期的楼阁，都是别具风情的建筑，沿坡而建的几道石门古色古香，门楣上历代名人的题字清晰可见，西边的小码头街仍保持着唐宋风韵。如果从云台山脚下的蒜山石崖仰望的话，西津古街实际上是一条依附于云台山麓的栈道。

(二) 近代的衰落

镇扬地区的衰落是在清末。嘉庆、道光年间，盐商衰颓，扬州经济随之萧条，至民国，扬州已从康乾盛世的世界十大城市之一沦为一个人口不足 10 万的小城。扬州衰败的最主要的原因是交通条件的变化。

首先是大运河的淤塞。大运河是中国粮、盐北上的重要通道，历朝政府高度重视大运河整治工作。但是嘉庆、道光年间，整治工作却无法进行下去，再加上 1855 年黄河铜瓦厢决口，黄河北徙，将大运河北段冲断，以及太平天国农民战争的影响，运河河况每况愈下。有些河段原河底"深丈五六尺高，今只存三四尺，并有不及五寸者，舟只在胶线，进退俱难。"(《清史稿》河渠志)。尽管太平天国失败后的第二年(1865 年)，清政府曾尝试恢复漕运，但沿途"节节阻滞，艰险备尝"，"船户不愿北行"(《刘坤一遗集》册 1，光绪《再续高邮州志》)。大运河的淤塞，导致漕运体系的崩溃，直接殃及到扬州以及运河沿岸其他城市如淮安等，淮安"漕运改途，昔之巨商去而他适"(《续纂扬州府志·赋役志》册 2)。

其次是海运的兴起。随着大运河的逐步淤塞，漕运系统的土崩瓦解，清政府逐步推行"海运"。先是成立招商局，后"南河丰工决口，运道梗阻，江浙漕运改由海运，其时江北各邑漕米统归上海兑交海船运赴天津。"(《续纂扬州府志·赋役志》册 2)。此时，列强纷纷通过各种不平等条约，在中国沿海沿江开埠通商，扬州在交通运输中的地位进一步下降。

再次是铁路的建设。清末民初，津浦、沪宁两条铁路相继贯通，极大提高了华北区域与长江下游区域的货物流通量和流通速度，加强了南北经济联系。大运河的功能随着铁路的通车进一步削弱，本来已衰落的沿线城市与外界经济联系纽带变得更为脆弱，城市的发展受到极大限制，作为贸易中转站的扬州地理优势完全丧失。相反，上海借着华东河港兼海港与沪宁铁路起点之利，迅速由小小的松江府发展成为近代中国大城市之一。

此外，扬州的衰落还和一系列"软件"因素有关。首先是畸形的消费方式，"早上皮包水，下午水包皮"指的就是扬州人为享乐而享乐、消磨时间的消费心态和方式，这样的消费方式对经济增长作用不大；其次是扬州商人"封闭"的特征，主要体现在没有近代的竞争意识、缺乏开放理念，投资偏向外地；再次是清末苛捐杂税，加上战争，对扬州的龙头行业——盐业带来极大的冲击。

镇江自 1861 年开埠,长江轮船航运业不断发展,对外贸易量不断增加,镇江港因此日益繁荣,港口的经济腹地不断扩张,成为进出口贸易的重要港口,外国洋行多达 18 家。当时,镇江的京广杂货、丝绸、油麻、木材以及煤、铁矿产品等物资的批发贸易,在全国占有重要地位。镇江还曾是长江下游的一大米市。光绪十二年至三十二年间(1886~1906 年),糖货业批发行栈有 20 多家,批零兼营商店有 20 多家,每年批发贸易额上千万两。洋行、批发行栈集中在沿江一带,各类商店多数开设于今大西路、姚一湾和南门大街、五条街一带,饮食服务业也随之兴盛。镇江海关贸易报告中就有多处提到镇江货物流通范围扩展的情况,"凡由镇江购运洋货往销之处,以江北及山东、河南、安徽等省,水路近便者居多,镇江为该水路之总口,水路指运河而言,可通江北山东等处若往安徽河南两省则由清江浦过洪泽湖及淮河一带,均属一水可达其中,销往内地的洋货江北得四十五成,河南得二十五成,山东得二十成,安徽得十成。"(光绪 25 年镇江海关报告)。镇江腹地,沿京杭运河,北含山东、河南、皖北、苏北,南包苏南、浙江;沿长江,西起湖南、湖北、江西和安徽省南部,东止上海;通过近海航线,南通福建、广东和台湾,北达东北三省和朝鲜(表 3-2)。

表 3-2　镇江商业全盛时期经镇江转口物流来去方向

商品	来　源　地	营　业　范　围
米	安徽、苏北、苏南、镇江附近四乡	镇江本地、上海、浙江、广东
绸布	苏州、常州	苏北、皖北、山东、河南
木材	湖南、江西	京杭运河沿线
江绸	镇江本地	沿江的两湖、京杭运河沿线的苏北、皖北、山东、河南、东北三省、朝鲜
桐油	湖南洪江	大江南北、京杭运河沿线
北货	苏北、皖北、山东、河南农村	福建、台湾、广东等省
南货	福建、台湾、广东等省	苏北、皖北、山东、河南农村

资料来源:单树模,1982

但是,自民国以来,镇江港口城市地位一落千丈,经济腹地不断收缩。在 1906 年,镇江的贸易净值达到历史最高点 3 582 万海关两后,镇江的贸易情况出现起伏,贸易地位也随之发生改变。1910 年后,进出口贸易额持续下降,1915 年贸易总净值为 1 915 万海关两,此后镇江的出口贸易一直维持在 2 000 万海关两左右。

镇江发展衰落的主要因素与扬州相似,也是由于交通条件的变化。

首先和铁路建设有关。京汉铁路的通车使得北货大部分改道,镇江北货来源由北方诸省缩减为仅靠鲁南苏北接近运河流域的部分,营业大幅度下降,仅及以前高峰时的十之二三。胶济铁路铁路通车后,向来循运河至镇江集散的豫东鲁南物产,半往汉口,半往青岛。津浦铁路通车,使徐蚌两地又分占了原属镇江的一部分商务。津浦铁路和沪宁铁路在南京的下关和浦口断开,以轮渡形式过江,南京又分占镇江的商务,致使镇江最终趋向衰落。

其次,当时内河航运的开放以及江苏境内周边城市的开港设关,镇江竞争压力巨大。1858年被列为通商口岸的南京于1899年正式设关(名金陵关),1915年金陵关将管辖地扩大到津浦铁路码头,并设立了金陵关浦口分所;南京下关于1905年被辟为自开商埠,苏州关也于1896年开关;1899年南通天生港开埠,并于1909年开关。

再次,大运河的淤塞,加上镇江港口岸线不稳定,镇江港淤塞严重,也影响了镇江的发展。镇江港的变迁,直接影响了镇江城市布局的变迁。在大运河时代,运河码头是城市中最繁忙的区域,但近代运河衰落之后,西津渡码头及其周边区域逐步成为镇江城市中最具活力的区域。西津渡古街从唐代起已经形成,但西津渡码头和古街的位置在清代随着长江主泓的改变而改变。大约在清康熙以后,长江水流的主泓转向,北冲南淤。至清末,曾经矗立于长江岸边的待渡亭也早已上岸,在云台山山麓与长江之间,形成了一片新的陆地。英国人在此陆地修建租界,大量建设住宅、洋行和管理机构等新式建筑,使用新式城市基础设施,西津渡成为了镇江最先迈入近代化的地区。在沪宁铁路建设的同时,英国人建设了为镇江港区服务的"江边支线",与主线同时投入使用。虽然不在租界范围以内,但是直接为租界内诸多洋行服务,这使镇江港区成为长江下游为数不多可以铁水联运的港口,极大地促进了镇江港口的发展,也使西津渡区域更加繁华。进入民国时期,租界撤销,镇江成为江苏省的省会,新一轮城市建设的重点,开始脱离西津渡,重新回到老城。而西津渡地区,由于江岸泥沙淤积日趋严重,港口逐渐废弃,江边铁路也因此失去铁水换运的优势,渐渐失去了良好的交通区位,陷入了持续的衰落。

(三) 镇扬一体化战略

1. 一体化发展的优势

镇扬两地隔江相望,市中心直线距离仅为15 km,介于上海都市圈和南京都市圈之间,向南接纳苏南、上海等长三角地区经济辐射,向北作为开发苏中、苏北的前沿阵地和传导区域。两地一体化发展具有先天优势。

首先是文化背景相同。两地同属长江文化和运河文化混合型的文化形态,文化背景的相同,是一体化的基础。

其次是城市特质和城市定位趋同。扬州、镇江建城史都长达2 500多年,都是历史文化名城,又同属国家优秀旅游城市。镇江城市定位为长江下游重要的港口城市、旅游城市、工贸城市和现代制造业基地;扬州定位为旅游城市、长江下游重要的港口城市、工贸城市和教育科技城市。城市性质和定位的趋同是两地一体化的重要条件。

再次是两地的互补性较强。镇江境内矿产资源丰富,拥有数十种矿产资源,多山地,宜茶、林、果的栽培;已形成造纸、水泥、化工、铝材四大支柱产业。扬州境内地势平坦、土壤肥沃,是全国重要的农副产品种养基地和生态示范区;工业中已形成汽车、船舶、化工、信息制造业等支柱产业。较强的互补性进一步促进了两地一体化。

由于长江天险的阻隔,长期以汽渡为沟通两市的主要交通方式,加上行政单位的影响,镇江和扬州两市都处单体发展状态,资源难以共享,优势难以互补,聚合功能弱化,难以带动整个区域发展。江苏省2001年底启动的沿江联动开发为长三角地区突破行政区划制约首开先河。江阴和靖江两市在江苏跨江联动开发中先行一步,为江苏其他城市的跨江发展提供了有益的启示。2005年4月30日,润扬长江大桥通车,改变了两地过江难的历史,两地一体化从此拉开序幕。

2. 一体化发展战略

(1) 交通一体化

虽然目前陆路及航空交通十分发达,但是水运在货运方面仍然具有不可比拟的优势。因此,发挥长江与运河交汇处的区位优势,实现港口一体化,将对两市一体化起到推动作用。镇江、扬州港过去是各自为政,造成了重复建设、港口岸线资源的浪费、不健康竞争等问题。应把镇江扬州港群作为一个整体的通海港口,统一规划建设,统一管理运营,对港口的功能、结构进行合理的分工,使港口布局、港群架构,以及业务方面都发挥出更大的优势,在长江下游港口的竞争力也就更强,同时还能分流上海港和京沪铁路的货流,减轻其货运压力。城市公交也在实行"一体化",两地公交在镇扬汽渡无缝对接,并开行镇扬城际公交,方便两地市民来往。此外,镇江五峰山过江通道也在规划建设中,五峰山通道为公路、铁路两用大桥,是淮扬镇铁路的配套工程。淮扬镇铁路全长249 km,北承新长铁路,中连宁启铁路,南接京沪铁路和沪宁城际铁路。五峰山通道让两地进一步接轨苏南,融入上海一小时经济圈。

(2) 产业一体化

两地利用沿江的区位优势,都选择了装备制造、石化等基础产业,同时在新型光电等产业抢先布局,打造各自的产业集群,产业具有较强的同构性。因此,需要错位发展,形成合理分工与互补。

(3) 旅游业一体化

镇扬都是历史文化名城,旅游资源丰富,且具有差异性,各地形成了自身特色。但是旅游资源开发不足,没有完全发挥旅游资源的优势;仍以观光型为主,其他成分少;旅游企业规模小,缺少旅游业龙头企业。镇扬旅游要发展,必须科学规划,整合旅游资源,一体化发展。如联合开拓有特色的休闲旅游市场;可利用长江和大运河发展水上休闲旅游;根据不同时期的名人遗迹,连串起来,开发名人遗迹休闲旅游;把有特色的淮扬菜佳肴美食挖掘保存下来,发展美食休闲旅游;挖掘宗教文化,开展宗教旅游;重点开发名家名篇所描述的景观,开展文学艺术休闲旅游;开展农业休闲旅游等。再如,要培育主体,建立旅游企业战略联盟。从观念、机制、组织、规划、产品和促销等方面进行创新,打破地域限制,突破体制障碍,充分利用各种合作机制发展多层次、多形式、多内容的合作,实现旅游要素配置、旅游信息、旅游交通、市场营销、行业管理等方面的一体化。

(4) 市场一体化

整合区域内各类市场资源,共同构筑统一、开放的区域性商品、资本、人才、劳动力、科技成果及知识产权交易等市场,促进信息资源共享,促进生产要素自由流动。统一市场准入标准,互认从业资格,互认交割凭证,发展异地金融业务,建立交易结算、清算金融平台,实现同城票据结算,对人才、劳动力、科技成果及知识产权数据库实现联网共享,推进专业技术职务任职资格互认,促进人才流动和劳动力的异地就业。

(5) 对接南京,融入南京都市圈

宁镇扬三市空间邻近效应明显,南京相距镇江、扬州分别约为 70 km、100 km,且三市具有相似的历史文化渊源,均为国家历史文化名城。目前,三市已签署全面合作框架协议,启用公交一卡通,并在长三角地区内率先实现医保互通。而且,随着长江四桥、沪宁城际铁路、宁启复线电气化、京沪高速铁路、沿江高等级公路等一批区域交通基础设施的建设,地区交通可达性将进一步提高,同城化效应将更为凸现。

五、扬州古城及其开发保护

扬州之名,始见于《禹贡》,为古九州之一。早在 7 000 多年前,这里就有先民生息繁衍。3000 多年前的西周时期,今扬州西北郊蜀冈一带始建干国(后称邗)。春秋周敬王三十四年(公元前 486 年),吴王夫差在此筑邗城,开凿中国历史上最早的人工运河之一——邗沟,沟通江淮水系,争霸中原,此为扬州开发之始。楚怀王十年(公元前 319 年),改筑广陵城,始称广陵。秦楚之际,始有江都之名,隋开皇九年(589 年),始称扬州,后改为邗州。唐武德九年(626 年),扬州大都督府置于此,复称扬州,天宝元年(742 年),改称广陵郡。唐肃宗乾元元年(758 年),再改称扬州。

自秦汉以后,扬州一直为东南重镇,为历代郡、州、路、府、署的治所。楚汉相争之时,项羽欲在此"临江而都"。汉代,为吴王刘濞都城所在,辖大江南北 3 郡 53 城。三国时期,扬州为魏、吴角逐之地,魏文帝曹丕至广陵于马上作诗曰:"观兵临江水,水流何汤汤"。隋代,这里是京杭大运河开通的枢纽。唐代,扬州成为江淮之间的一大都会。五代十国时,杨行密之子杨渭在此立国建都;南唐建都金陵后,仍以扬州为东都。南宋赵构偏安,以扬州为"行在"历时一年半之久。元代,江淮等处行中书省、淮南行省等设在扬州。明清时期,扬州是全国漕运、盐运转输中心。民国以后,扬州是淮扬道、江苏省第九行政区(后改为第五行政区)治所。抗日战争和解放战争时期,扬州地区是中共领导下的抗日根据地之一,是苏中战役的重要战场和渡江战役的前沿阵地。从扬州解放起至 1953 年初,这里是苏北区党委、行署机关驻地,此后一直是扬州地区的政治、经济和文化中心。1982 年,扬州被国务院公布为全国首批 24 座历史文化名城之一。

扬州古代城池虽多次兴废变迁,但扬州城遗址仍是目前国内保存最为完好的古城遗址之一。隋、唐、宋时期的扬州城池是相互叠压,城池遗址保存相对较好,地面水系相对完整。如今扬州城的格局是在明、清两代旧城的基础上加以发展和扩大的,旧城池格局保存完好。明清老城区有东关街、仁丰里、湾子街、南河下四个历史文化保护区。

作为一座千年古城,扬州拥有其独特的城市布局。

第一,逐水而城、历代叠加。扬州是一座与大运河同生共长的运河城。扬州建城始于公元前 486 年吴王夫差“开邗沟、筑邗城”,而邗沟就是大运河的源头。纵观扬州城池变迁史,自春秋开始筑城,历经汉、六朝、隋、唐、宋、元、明、清至今,近2 500 年的时间跨度,城池位置虽有变化,但一直沿古运河主脉,在同一地域位置上叠加发展,城址格局基本完整,历朝历代的城市脉络清晰可见。

第二,双街巷体系并存。现存的扬州明清(17～19 世纪)古城呈现独特的双街巷体系并存的格局:既有方正规则、体现唐代“里坊制”格局的鱼骨状街巷体系,主街通畅平直,支巷排列有序;也有纵横交错、自由延伸的网络状街巷体系,街巷曲折弯弯,首尾相连,内外相通。老城区街巷普遍狭窄,称为街的,宽不过3～4 m,作为巷的,只有 2～3 m,还有不少更窄的“一人巷”。500 多条街巷构成了扬州老城的城市肌理,演绎着与其他名城别样的独特风格。

第三,河城环抱,水城一体。古运河贯穿整个古城区,与北护城河、二道河环绕明清古城,城内小秦淮河纵贯南北,呈现河城环抱、水城一体的独特景观。

随着经济社会的发展,如何在城市化与工业化互动并进的过程中,高品位、高标准、高质量地打造一个“人文、生态、宜居”的文化名城、旅游名城,从而实现古城保护、经济社会发展的“双赢”? 扬州市坚持古城保护与发展相协调,古城、新区发展相协调,格局、风貌、文化、经济、生态、环境、社会等发展相协调等,在古城保护与可持续发展上,探索出一条符合扬州实际之路。

1. 整治古城历史街区

历史街区是扬州古城风貌的重要组成部分,也是扬州传统文化的集中展示区域。2000 年起,扬州选择“双东”历史街区作为试点区域,实施了街巷道路翻建、配套设施完善、沿街建筑整修等工程,完成壶园一期复建工程,汪氏小苑、个园南部住宅等文保单位整修后对外开放,为历史街区保护与整治积累了经验。几年来,按照“保持风貌、改善环境”的要求,对“双东”文化里、皮市街和南门街 100 多户居民住宅进行了修缮;2007 年又以东关街西段(国庆路至马家巷)街景改造与美化、李长乐故居整修、个园扩建与通道整治、壶园二期等"一线十点"项目为引领,迈出了"双东"整治的新步伐。近几年来,还对文昌中路、汶河路、盐阜路、南通西路等城市主要干道的 200 多幢沿街建筑进行风貌整治,统一亮化,按照体现古典特色的要求,新建、改造各类路灯 5 万余盏,使老城区新旧建筑、街景风貌得到和谐统一。

2. 改善古城居住环境

针对老城区住房破旧拥挤、居住环境杂乱、配套设施缺乏等突出问题,采取以下措施:一是对古城区危旧房屋分类进行整治。对符合规划的危旧房屋进行修缮,搬迁居住在文保建筑内的住户,整修后对外开放;对乱搭乱建房屋和周边棚户区进行拆除,腾出空间建设绿化及相关配套设施;二是完善老城区基础设施。改造了老城区的道路、桥梁,并同步改造地下管网,整修了皮市街、康山街等 300 多条小街巷,配套建设了广场、停车场、垃圾中转站、厕所等设施。三是改善老城区环境质量。出台相关政策,引导老城区的工厂搬迁至工业园区,关闭了污染严重的小企业;实施了瘦西湖和邗沟河、漕河等 12 条河道的治理工程,整治了 13.5 km 的古运河城区段并打造了运河文化公园;扩建污水处理厂并完善管网,污水日处理能力已达 23 万 t;采取见缝插绿、沿路植绿、沿河布绿等措施,新建了一批市民休闲绿化广场和滨水景观带。

3. 展示古城历史文化

古城区历史文化积淀深厚,为传播、展示古城文化,主要采取以下措施:一是修缮文物古迹。在对古城区现存的文保单位进行详细调查的基础上,编制了保护和整修计划。先后恢复、整修了岭南会馆、准提寺、吴道台宅第、卢绍绪盐商住宅、盐宗庙、汪鲁门盐商住宅等一批文物建筑。注重对古城遗址的考古发掘和保护,已基本探明了隋唐、宋、明清时期扬州城的范围、主要街道和水系状况,在遗址发掘、考古的基础上,建成东门遗址公园,建成南门遗址公园一期工程,启动北门遗址公园建设。二是全力推进文化博览城建设。为传承和利用历史文化资源,扬州市制定了《文化博览城建设规划纲要》。近年来,新建了扬州中国雕版印刷博物馆和扬州博物馆;利用整修后的历史建筑,兴建、开放了中医博物馆、工业博物馆、淮扬菜系博物馆、水文化博物馆、民间收藏展览馆、中国剪纸博物馆、城门遗址博物馆等。实施"双宁"(天宁寺和重宁寺)佛教文化博物馆建设项目。依据《规划纲要》,每年将有计划地建设一批博物院(所),为文化遗产的保护以及文博产业的集聚提供载体。三是实施名城解读工程。通过标牌、立碑等方法,分批解读古城的文物古迹、名人故居、古树名木、特色街巷等,进一步营造了古城浓郁文化的氛围。

现在,可持续的保护理念在扬州广为接受,政府与居民、各参与方的良性互动和合作关系基本形成,古城保护的专门机构相继成立,这些都为扬州古城保护工作奠定了坚实基础。

六、扬州园林与苏州园林比较

我国的古典园林源远流长,博大精深,总体来说可以分为相互区别又彼此融合的两大体系——北方皇家园林与南方私家园林。两大体系相互渗透影响,共同促进推动着中国古典园林的发展。与直接服务于统治阶级,有强大人力、物力与财力支持,追求均衡对称、威严高贵,色彩华丽的北方皇家园林不同,南方私家园林则以清新淡雅,朴素自然,灵动幽远著称。

南方私家园林以江南私家园林为代表。江南一带降水丰富,气候湿润,河湖密布,具有得天独厚的自然条件,又有玲珑空透的太湖石等造园材料,再加上钟灵毓秀,地杰人灵,这些都为江南园林的建造提供了非常有利的条件。江南园林以苏州、扬州、无锡、湖州、上海、常熟、南京等城市为主,其中又以苏州、扬州最为著称,也最具有代表性。而私家园林则又以苏州为最多,也正因如此,苏州又有"江南园林甲天下,苏州园林甲江南"之称。

扬州作为文化古城,从隋、唐开始,经济的繁荣,富商大贾麇集,文人雅士荟萃,对扬州园林的发展起了极大的促进作用。到清朝康熙、乾隆年间,大小园林已有百余处,为此,有"扬州以园事胜"的说法。那么,扬州园林与苏州园林有什么区别呢? 形成这些差异的原因又是什么呢? 下面分别从园林建造时间、园主身份、园林类型、色彩搭配、空间布景(包括山水布景,建筑布景及植被布景)和所反映的情趣境界等方面进行分析比较。

(一)园林建造时间

从造园时间上看,扬州园林整体上要晚于苏州园林(表3-3)。从园林建造成熟阶段上看,苏州园林大部分都建造于园林建造成熟前期,即宋代至清初时期,其园林体系的内容和形式已经完全定型,造园艺术和技术基本上达到了最高水平。而扬州园林则绝大部分处于园林建造成熟后期,即清中期和后期。

表3-3　扬州园林与苏州园林建园时间(部分)

类别	园名	园林建造时间
苏州园林	沧浪亭	1045年,北宋庆历年间始建
	网师园	1174~1189年,南宋期间始建,后清朝乾隆年间重修
	狮子林	1342年,元朝至正二年始建
	拙政园	1509年,明朝正德四年始建
	留园	1593年,明朝万历二十一年始建,后清朝嘉庆及光绪年间修缮
扬州园林	个园	1818年,清朝嘉庆二十三年始建
	何园	清朝光绪年间始建

(二) 园主身份

苏州园林主要是文人官场失意后,回归乡里,利用当地的自然条件,营造园林作为避隐之所,以修身养性。园林的主人主要是三类人:"贬谪、隐逸的官吏,无心爵禄的吴中名士,崇尚风雅、修养有素的文人官僚"。如拙政园的主人是明正德四年监察御史王献臣,沧浪园的主人是北宋诗人苏舜钦,曲园的主人是晚清朴学大师俞樾的书斋花园。这些园主人都是文人出身,都有着极高的文化修养,并且多是失意、退隐的文人。"城市山林"的高墙深径,小院庭深,正是他们远离尘嚣,内向清闲心境的曲折表现。

和苏州园林不同,扬州园林的主人以富商为多(表3-4)。这些富商多为安徽徽州籍的儒商,他们除富有外,往往还捐一个空头官衔,以显耀其身份。因此,扬州园林与苏州园林设计指导思想大致上是一致的,都带有文人风格。所不同的是扬州园林的园主除享受"诗情画意",标榜风雅外,还追求豪华高贵,炫耀富有,并用园林作为招待宾客洽谈商务的交际场所,使扬州园林在总体面貌、建筑尺度、材料规格等方面都带有高级华丽的特点。

表3-4 扬州园林与苏州园林园主身份情况(部分)

类 别	园 名	园 主
苏州园林	沧浪亭	苏舜钦——北宋诗人
	网师园	史正志——南宋侍郎
	狮子林	天如禅师——元朝僧人
	拙政园	王献臣——明正德四年监察御使
	留 园	徐泰明——万历年间太仆寺少卿
扬州园林	个 园	黄应泰——清朝中期两淮盐商
	何 园	何芷舠——清朝光绪年间湖北汉黄道台、江汉关监督、驻法会使

(三) 园林类型

苏州园林是典型的南方私家园林,同时也是文人写意式园林,在移步换景的欣赏中有精细而细腻的变化。苏州园林本是官宦文人之园,他们大都仕途还乡而购田宅、建园墅以自娱,园林大都散布于市井、郊野城市中,更多的是追求"静"、"小"以及"内敛"的性格。如诗人苏舜钦北宋庆历年间丢官,流寓苏州,因喜爱盘门附近景色,购园整修,并筑一亭,借引屈原《渔夫》中"沧浪之水"歌中"沧浪之水清兮,可以濯吾缨,沧浪之水浊兮,可以濯足"之意,取名"沧浪亭"。还有众所周知的四大名园——拙政园、狮子林、网师园和留园散布于城东和城西外。其以小的实景,追求大的意境,强调"含蕴中见深意"。也正因为此,有时普通大众并不能深入理解其曲高和寡的审美意境和情趣。

扬州园林则明显不同于文人写意式的苏州园林。由于扬州地处南北之间,扬州园林综合了南北造园的艺术手法,形成北雄南秀皆备的独特风格。扬州园林是典型的南北及西洋混合型园林,同时也是商贾实用型园林。园林的正房是北方民居风格的青砖式建筑,而园林则在保留江南园林淡薄、清雅韵味的基础上,凭借其雄厚的经济实力,借鉴北方皇家园林雄伟恢弘和高贵富丽的风格。同时园林中具有如围炉、百叶窗、拱形高窗、梁下装饰等充满了西洋格调的细部,再加上楼高院阔,对于商旅洽谈,宴飨宾朋可谓实用性较强。

(四) 色彩搭配

苏州园林追求自然、含蓄、淡雅、清秀,追求诗情画意的艺术境界,从而在园林中多采用黑、白、灰等冷色,屋面时常为灰色或素色,梁枋柱头用栗色,挂落用绿色,配以灰白色粉墙,都是一些冷色调,对比强烈又协调,既与近旁传统民居色调相谐,又与江南多见的灰白天色互和。灰白的江南天色,秀茂的花木,玲珑的山石,柔媚的流水,形成良好的过渡,配合调和,给人以淡雅幽静的感觉。正如刘敦桢先生在《苏州古典园林》中所言:"园林建筑的色彩,多用大片粉墙为基调,配以黑灰色的瓦顶,栗壳色的梁柱、栏杆、挂落,内部装修则多用淡褐色或木纹本色,衬以白墙与水磨砖所制成灰色门框窗框,组成比较素净明快的色彩。"其中留园就是一个很好的例子。中部景区建筑色彩朴素淡雅,能与以山石、花木、水池所构成的环境统一协调,并给人以幽雅宁静的感觉。而扬州园林更多的追求是"金碧辉煌"。它融南、北园林之特色,兼南、北之长而独树一帜。王士稹眼中的扬州园林是"富家巨室,亭馆鳞次,金碧辉煌"。个别建筑上用色略显浓重,有些许北方园林的味道,如五亭桥就采用了江南园林中极其罕见的黄顶。

(五) 空间布景

苏州园林和扬州园林都非常注重空间布景,以顺应自然为核心,在山水布景,建筑布景及植被布景中无不体现这种思想。造园家们还采用以小托大,力求含蓄的造园手法,将整个园林布置得极具诗情画意,力图表现文人写意园林的风格。苏州园林追求淡薄隐逸的境界,"书卷气"和"雅逸"的艺术格调极浓。相比而言,扬州园林则是文人园林风格的变体,园主儒商合一,附庸风雅而效法士流园林,或者本人文化不高而聘文人为他们筹划经营,从而在市民园林的基调上著以或多或少的文人色彩。因此,扬州园林南北风格兼具,雄伟与秀美并收,构思精巧,讲究人文与自然的巧妙结合,造园艺术独树一帜。

1. 山水布景

苏州园林和扬州园林中假山都占据着重要的地位,但在选材用料和堆叠手法上都有一定的差异。苏州当地盛产太湖石,园林中的假山石料多用太湖石(其中以太湖洞庭西山产者最佳)。扬州地处冲积平原,缺少石材,园主多利用贩盐船载回造园所需的名贵假山石材,如大理石、太湖石、高资石、斧劈石、灵璧石、宣石等,品种较之苏州园林要齐全得多。苏州园林由于采运石料较方便,故园中假山所用单体石料较大。如:留园三峰中的"冠云峰",高 6.5 m,重约 5t。这样巨大的石料在扬州园林中则极为罕见。因为其石料运自外地,运输十分不便,故扬州园林中石料较小。苏州园林以石假山为主。如:狮子林、留园、环秀山庄中的假山都是以全湖石堆叠而成。扬州园林因缺乏石料,多采用"石包土"的堆叠手法,峰峦多用小石包镶。叠山时根据石形、石色、石纹、石理、石性等凑合成整体,但时间一长,叠石易脱落,山形易损坏,所以扬州园林中一些极佳的作品,未能完好地保存下来。

苏州园林面积一般不是很大,常以水池为中心,水池形状多取自由不规则式,沿其周围设置建筑,籍以形成向心、内聚的格局,这种格局使人在有限的空间内感到开朗而宁静。稍大一点的园林,像留园使水池稍偏一侧,腾出一块面积堆山叠石,广种花木,以形成山环水抱的格局。苏州园林中的水面虽小,却因水而秀,使园中多了潋滟的水光与粼粼的碧波。每当"风起时,吹皱一池春水",荡漾的细波使水面静中生动,别有一番风情。平静的水面还能倒映出天上的云彩与地上的景物。"半亩方塘一鉴开,天光云影共徘徊"虚实相生的天光云影,会给人带来无穷无尽的遐想。拙政园水景堪称一绝,采用了"高方欲就亭台,低凹可开池沼"的方法,在水面上利用挖池泥土堆了两座岛山,作为前后水面的分隔,各式建筑均依水而置。荷风四面亭前的五典小桥玲珑剔透,使水面向西一直流渗出去,呈现弥漫之势。水景中令人叹为观止的是小沧浪水院,小飞虹廊桥与左右两条贴水游廊,构成了完整而又开敞的流通水院。静水中略点几块小石,岸边石矶上灌木葱葱,构成了一幅江南水乡的恬静画面。整个静水佳景采用了分散手法:让水体向四角延伸,化整为零,从而丰富了水面的形态,扩展了水体的层次,使之更显得纵深很大、层次丰富、景观深远。扬州古典园林中的水池似少变化,不若苏州古典园林那样尽情发挥水的弥漫之意,具有南方园林向北方园林过渡的特征。相比而言,扬州园林水体较大,一些园林还采用了北方园林中常用的聚集手法,集中用水,使水面成为园林的主要景观。"纳千顷之汪洋,收四时之烂漫",瘦西湖就是一个典型,整个湖面碧波一片,环望亭台楼阁,出没波间,极富云水情趣,相比苏州园林水面的清秀显现出一种雄秀(表 3-5)。

表 3-5　扬州园林与苏州园林水域面积情况

类　别	园　名	水　面　面　积
苏州园林	沧浪亭	约 1 亩
	网师园	不足 1 亩
	狮子林	约 3 亩
	拙政园	约 30 亩
	留　园	约 5 亩
	环秀山庄	约半亩
	耦　园	约半亩
扬州园林	瘦西湖	百余亩
	个　园	约 8 亩
	何　园	约 9 亩

注：1 亩≈666.7 m²。

2. 建筑布景

苏州园林和扬州园林在平面布局、建筑外观、空间处理和尺度大小方面都有不同之处。苏州园林是典型的江南私家园林，园林布局灵活，朴素典雅，建筑物显示出轻巧纤细、虚幻空灵的风格。相比，扬州园林建筑体形则往往较大，屋角起翘比苏州园林厚重粗挺，屋内陈设也是扬州当地的"雅健"风格，呈现出江南园林向北方园林过渡的性质，独具一番风格。苏州园林中厅堂规模一般小于扬州园林，室内空间也不如后者宽敞，装修、梁架用料等也不如扬州园林复杂、华丽。苏州园林的园主多为失意文人，追求意境美，园林一般用作园主市隐的居住之所。扬州园林的园主多为富商，园林不光用做居住，还用做商业会客、洽事、礼仪等活动，加上其为显示富有，不惜用名贵木料，装修亦十分豪华，楼阁比苏州园林高大（表 3-6）。

表 3-6　扬州园林与苏州园林部分建筑布景情况（部分）

类　别	园　名	楼　名	楼　体
苏州园林	拙政园	远香堂	四开间，一层歇山顶
	留　园	明瑟楼	半楼形式，面阔仅一间
	环秀山庄	有谷堂	三开间，一层悬山顶
扬州园林	个　园	壶天自春楼	七间二层楼，歇山顶
	何　园	蝴蝶厅	两层七楹楼，歇山顶

以桥为例，苏州园林中桥的尺度一般较小，往往取简洁的造型，桥身矮，让人接近水面，便于观鱼赏荷，产生凌波漫步之感，同时人的视点降低，也可以使水面比实

际更为开阔,典型的如拙政园中的小飞虹。扬州园林的桥显得复杂精致得多,瘦西湖上的五亭桥就是典型的例子,扬州两淮盐运使高恒,为了迎接乾隆皇帝二次南巡,以邀圣赏,特雇请巧匠设计,于乾隆二十二年(1757 年)而建。28 根大红圆柱支撑着五个亭子,亭亭相通,大亭端坐中央,小亭对称相围。亭顶黄瓦青脊,金碧交辉;飞檐下雕梁画栋,彩绘典丽;周围石栏的柱端皆作狮形,雕凿精巧。桥基为大青石砌成,桥身为拱券形,桥身下有 15 个券洞,大洞有 3 个,可供画舫通行。每当皓月当空之际,各洞衔月,银色荡漾,众月争辉,倒挂湖中,可与杭州西湖的"三潭印月"媲美。

3. 植被布景

苏州园林面积小,且多封闭,四周围有高墙。园中乔木并不多见,多灌木、藤本和一些草本、水生植物。花木配置,本着"贵精不在多"、以简洁取胜的指导思想,同时也考虑高低疏密及与环境的关系。种多种树,配置构图如画一样,注意树的方向及地的高低,考虑树叶色彩的调和对比,常绿树与落叶树的多少,开花季节的先后,树叶形态,树的姿态,树与石的关系等,使不同的花色、花期相互衬托,做到"好花须映好楼台"的效果。扬州园林中地方性树种以柳、松、柏、榆、枫、槐、银杏、梧桐等最为常见,尤其是江南后期园林中几乎绝迹的柳。扬州园林相比苏州园林有相应较大的水面,柳植水边,三五成行,枝条疏修,长条拂水,高可侵云,柔情万千,饶有风姿,颇多画意,具有强烈的地方色彩。扬州园林山石间的乔木要比苏州园林森严得多,不宜像苏州园林那样用栽花来修饰,常用盆景来点缀,水池之中,亦用盆荷入池。苏州园林的主人们还爱巧用花木在咫尺之地中营造出某种意境和情趣。如春天到拙政园西部的十八曼陀罗花馆赏山茶花,海棠春坞看海棠,夏天到拙政园远香堂、荷风四面亭赏荷,秋天到留园闻木犀香亭桂香,而怡园的梅林、狮子林的问梅阁则是冬日观梅的好地方。相比,这种手法在扬州园林中并不多见。

(六) 情趣境界

中国古典园林最讲究园林诸多方面所反映的情趣境界,苏扬两大园林自不例外。苏州园林的主人们大都倦于仕途,疲于官场,欲觅得一处清静幽雅之地作为市隐之所,所以苏州园林中逍遥无为,追求自在生活,渴求亲近自然的意境较为浓重。如苏州园林的耦园,在住宅东西两侧各有一处园林,寄寓了园林主人夫妇双双归隐,共度晚年的美好愿望;西园有"藏书楼"与"织帘老屋",意为夫妇可在山林老屋读书明志,织帘劳动;东园筑有"城曲草堂",喻示他们不羡"华堂锦幄"的豪华,而自甘草堂白屋的清贫;楼内还有"双照楼"与"枕波双隐",显示了他们真挚诚笃的夫妻感情。

扬州园林的富商巨贾们,附庸风雅高贵,追求豪华奢丽,讲究生活的诗情画意,处处体现出一种不同于一般的"豪气"。个园就是其最具特色的一景,步入园中,看着修竹亭亭玉立,石笋破土而出,会使人联想到万物萌生,气象万千的明媚春光;荷花池畔叠以青灰色石峰,使人仿佛看到冉冉升起的夏云,过桥入洞似入炎夏浓荫;坐东朝西兀立斑驳的黄石假山,峰峦起伏,山势雄伟,登山俯瞰顿觉秋高气爽,秋意萧瑟;光洁圆润的白色宣石,如隆冬白雪,使人犹对冰雪寒冬。此系列假山再配以取名生动的"宜雨轩"和"透风漏月"厅等建筑,简直就是生活在诗画之中。

作为中国古典园林的两大代表,苏州园林与扬州园林可谓博大精深,都是自然之美、艺术之美与理想之美的完美结合。由于园主身份、文化背景、地理位置及自然环境条件等方面的差异,两大园林在空间布景,色彩搭配及情趣境界等方面又各有千秋,独具特色。特别是扬州园林,在园林空间布景中所采用的"洋为中用"、"古为今用"的做法,体现了中国文化中兼容并蓄,包纳中西的特征。

七、江都水利枢纽

江都水利枢纽是我国近代水利建设史中杰出的标志性工程之一(图 3-6)。位于扬州以东 14 km 的江都市区,长江三江营上游,京杭大运河和淮河入江尾闾的交汇处。由 4 座大型电力抽水站、5 座大型水闸、7 座中型水闸、3 座船闸、2 个涵洞、2 条鱼道以及输变电工程、引排河道组成。其中,4 座抽水站于 1961 年开工,1977 年建成,共装有大型立式轴流泵机组 33 台套,装机容量 53 000 kW,最大抽水能力 508 m³/s,到目前为止,仍是我国规模最大的电力排灌工程。万福、金湾、太平三闸是排泄淮河洪水安全入江的控制水闸,设计泄洪能力 12 000 m³/s,闸孔设置共 111 孔,是淮河流域最大的控制性建筑物,目前承担排泄淮河 70% 以上的洪水。

图 3-6 江都水利枢纽全景

（一）江都水利枢纽建设背景

里下河地区地势低洼,水网密布,被称为"锅底洼"。在江都水利枢纽工程建设之前,里下河地区几乎连年遭受洪涝干旱,给农业生产和百姓生活带来严重危害。尤其是 1965 年 6 月底到 8 月初,旱涝急转,江淮之间连降 8 次暴雨,强度大,来势猛;同年 8 月 20 日,又受强台风袭击,暴雨中心的大丰闸 24 h 降雨 672.6 mm,里下河地区面平均雨量 905 mm,兴化水位陡涨到 2.90 m,里下河地区受涝面积达 60 多万 hm²。同时该地区也经常遭受干旱,1966 年到 1967 年,江苏省遇到连续两年的干旱。1966 年汛期 4 个月,淮河、沂河来水很少,淮河断流 221 天,沂河无水下泄,洪泽湖、骆马湖干涸见底。因此该地区亟需一座水电站来抽引江水北送灌溉,防洪抗旱。

此外,京杭运河沿线的淮安、宿迁、徐州等城市工业用水及生活用水,在淮水不足的情况下也无法通过抽引江水进行补给。尤其是连云港,过去用水十分困难。20 世纪 50～60 年代初,曾用汽车、火车装运淡水,供海轮和城镇居民使用,花费很大,但还是不能满足需求。正是在这样的形势之下,毛泽东主席发出"一定要把淮河修好"的号召,举世瞩目的江都水利枢纽工程于 1961 年 12 月开工,建设历时 16 年。

（二）江都水利枢纽选址

江都市位于江苏省中部,南濒长江,西傍扬州市邗江区,东与泰州市接壤,北与高邮市毗连。境内地势平坦,河湖交织,通扬运河横穿东西,京杭大运河纵贯南北。

1958 年,江苏进行"引江济淮,江水北调"规划,与国家"南水北调"(东线)规划紧密结合。规划引江分两路:一路由南官河自流引江入里下河地区;一路建抽水站由廖家沟抽水入高宝湖北送。1960 年 1 月,国务院批准兴办苏北引江工程,新建 5 万 kW 电力抽水站,上半年先完成 2.5 万 kW。2 月,江苏省报送了《江水北调东线江苏段工程规划要点》和《苏北引江灌溉电力抽水站设计任务书》。《规划要点》提出,自流引江和抽提江水并举;集中抽水和分散抽水同时进行;近期和远景相结合,使之与国家的南水北调东线工程力求配合;蓄水引水并举,既利用湖泊调蓄抽水向北,又利用湖泊蓄水互相调济;抽水灌溉与除涝防洪结合,做到一站多用。4 月,省水利厅又编报了《江苏引江灌溉第一期工程滨江电力抽水站及高宝湖电力抽水站初步设计》。4 月 15 日,水电部批复,同意第一期工程按设计方案施工。之后,经研究将苏北引江灌溉工程规划与里下河地区规划、滨海垦区规划、高宝湖地区规划进行综合考虑,统一安排灌溉、洗盐、改良水质和港口冲淤等水源问题,并结合里下河排涝。由于长江、京杭大运河在江都交汇,便于从长江下游扬州抽引长江水,利用京杭大运河及与其平行的河道逐级提水北送,因此,将原滨江站迁至江都县西南,改名为江都抽水站(图3-7),原计划高宝湖站移至淮安,称淮安抽水站,以京杭运河为输水干道北送,"四湖串连、八级抽水",把江水抽送至微山湖,使江、淮、沂沭泗沟通,引水、蓄水、排水、调水相结合。

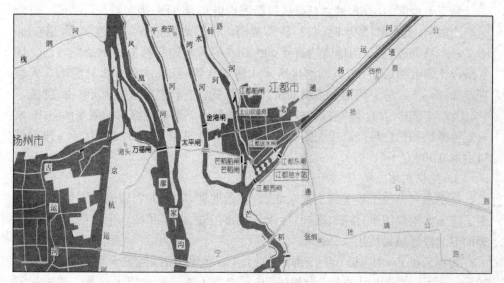

图3-7　江都水利枢纽位置

（三）江都水利枢纽效应

1. 灌溉

江都抽水站建站以来,至2009年共抽江水北送1 100亿 m³,自流引江1 000亿 m³。特别是江都四站建成后,年均抽水近34亿 m³,相当于洪泽湖的正常灌溉蓄水量。如,1978年,江苏出现全年连续大旱的特大旱年,春旱接夏旱,夏旱接秋旱,降雨量仅及常年的40%,淮河断流218天;1979年,江苏又是春旱、夏旱相接。江都4座抽水站自1978年4月上旬至1979年7月上旬全部投入抗旱,连续开机455天,抽引江水110.5亿 m³,为苏北地区提供了充足的抗旱水源,使得该地区粮棉作物仍获大丰收。再如,1994年4月下旬至8月下旬,江苏省降雨量较常年同期少40%～50%,梅雨期雨量少于常年梅雨量80%～90%,加上长时间的持续高温,苏北地区又遭遇干旱。江都抽水站从4月28日开机,连续大流量、满负荷开机207天,向干旱严重的苏北地区补水56亿 m³。江都抽水站江水北送,不仅解决扬州、淮安和盐城3市沿运地区和苏北灌溉总渠两岸农田在淮水北调后的灌溉用水,而且促进了易旱易涝的淮北地区的作物改制。随着淮水北调工程和江都水利枢纽工程的建成,逐步实现了引江济淮、江水北调的跨流域调水,有效地保障了淮北地区"旱改水"的稳定发展,水稻播种面积不断扩大,使昔日的缺粮重灾区成为江苏的商品粮基地。

2. 排涝

里下河地区的雨涝,过去只有通过沿海四港东排入海,因河线长,比降小,且常受潮汐影响,流速慢,围水时间长,极易成涝。江都水利枢纽工程建成后,据 1980 年 7 月水情调查,里下河地区约有 4 000 km² 的涝水经江都抽水站抽排入江。排水路程比四港缩短约 50%,四港排涝水入海需 3 天,江都水利枢纽只需 1.5 天就直接抽排入江。里下河地区排水加快,水位降低,内涝渍害基本得到解决,创造了"旱能灌、涝能排、渍能降"的条件,使里下河地区一熟沤田全部改为稻麦两熟田,农业复种指数和粮食亩产有很大提高。截至 2009 年,共抽排涝水 330 亿 m³,排泄淮河洪水 9 000 亿 m³。

3. 提供用水

江都水利枢纽工程实现了淮水北调、江水北调,除增加农田灌溉水量外,还提供了连云港港口用水,淮安、宿迁、徐州等城市工业、电厂和城乡生活用水,为京杭运河苏北段通航提供用水。

如连云港市,自 1977 年江都水利枢纽工程建成后,再遇干旱时,以不少于 20 m³/s 的淮水或江水向连云港输送,基本解决了连云港的用水问题。京杭运河沿线的淮安、宿迁、徐州等城镇的工业用水、电厂用水及生活用水,在淮水不足的情况下都靠江都水利枢纽工程送水补给。京杭运河苏北段是浙、苏、鲁南北走向的水运大通脉,50 年代河窄水浅,船闸规模小,加上水源不足,1957 年,邵伯船闸货物通过量约 89 万 t。随着京杭运河苏北段的全面整治以及江都水利枢纽的建成,尤其是 80 年代中期京杭运河徐扬段续建工程中淮阴至解台 6 座补水站工程完成后,江都抽水站可以及时抽长江水,并经沿运抽水站逐级上抽,调节运河水位,航道、船闸通航条件大为改善。

4. 改善环境

江都水利枢纽工程沟通了长江、淮河、京杭大运河和里下河水系,具备江水北调和自流引江功能,对淮北地区和里下河地区的环境改善起到了重要作用。

淮北地区地处黄河故道,过去由于干旱缺水,往往是黄沙蔽日,尘土飞扬。以江都水利枢纽为龙头的江水北调工程建设后,水源得到了保证,通过发展水浇地,结合植树造林,这一地区的生态环境有了明显改善。

5. 泄洪与发电

当淮河发生洪水时,根据水情调度,江都水利枢纽邵仙闸、运盐闸、芒稻闸等工程可排泄部分洪水入长江。江都水利枢纽泄洪路线主要有两条:一是由里运河经高水河上的邵仙闸,通过芒稻河河口上的芒稻闸排入长江,邵仙闸汛期可排洪 300 m³/s;二是由邵伯湖经运盐河上的运盐闸,通过高水河、芒稻闸入长江,运盐闸可排洪 830~900 m³/s，但该闸建成后，由于泄洪时闸下水流对高水河形成斜流速，影响通航，使用很少，历史上仅用几次，1991 年淮河大水时，7 月 8 日至 26 日曾泄洪约 2.3 亿 m³。

江都水利枢纽工程遇淮河水较丰有余水下泄时，在满足灌溉等用水的前提下，利用三站的可逆式机组倒转发电。当水头 4 m 时，可发电约 3 000 kW。但随着电力供应的改善，已基本没有发电的需求。

（四）江都水利枢纽与南水北调工程

1. 南水北调工程概况

南水北调是缓解中国北方水资源严重短缺局面的重大战略性工程。分东线、中线和西线三条调水线路（图 3-8），与长江、黄河、淮河和海河四大江河联系，构成以"四横三纵"为主体的总体布局，实现我国水资源南北调配、东西互济的合理配置格局。西线工程因长江上游水量有限，只能为黄河上中游的西北地区和华北部分地区补水；中线工程从长江中游及其支流汉江引水，可自流供水给黄淮海平原大部分地区；东线工程位于第三阶梯东部，因地势低需抽水北送。

图 3-8　南水北调输水路线示意图

（1）东线工程

利用江苏省已有的江水北调工程，逐步扩大调水规模并延长输水线路。东线工程从长江下游扬州抽引长江水，利用京杭大运河及与其平行的河道逐级提水北送，并连接起调蓄作用的洪泽湖、骆马湖、南四湖、东平湖。出东平湖后分两路输水：一路向北，在山东省位山附近经隧洞穿过黄河；另一路向东，通过胶东地区输水干线经济南输水到烟台、威海。东线工程已经分段建设，并且有现成输水道，预计"十二五"期间竣工。

（2）中线工程

从丹江口大坝加高后扩容的汉江丹江口水库调水，经陶岔渠首闸（河南省淅川县九重乡），沿豫西南唐白河流域西侧过长江流域与淮河流域的分水岭方城垭口后，经黄淮海平原西部边缘，在郑州以西孤柏嘴处穿过黄河，继续沿京广铁路西侧北上，可基本自流到北京、天津。中线工程已于 2003 年 12 月 30 日开工，计划 2013 年底前完成主体工程，2014 年汛期后全线通水。

（3）西线工程

在长江上游通天河、支流雅砻江和大渡河上游筑坝建库，开凿穿过长江与黄河的分水岭巴颜喀拉山的输水隧洞，调长江水入黄河上游。供水目标主要是解决涉及青、甘、宁、内蒙古、陕、晋等 6 省（自治区）黄河上中游地区和渭河关中平原的缺水问题。结合兴建黄河干流上的骨干水利枢纽工程，还可以向邻近黄河流域的甘肃河西走廊地区供水，必要时也可及时向黄河下游补水。该工程目前处于规划研究中，尚未开工建设。

2. 江都水利枢纽在南水北调工程中的作用

江都水利枢纽既是江苏省江水北调的龙头，也是国家南水北调东线工程的源头。南水北调东线工程就是利用已有的江水北调工程，逐步扩大调水规模并延长输水线路。南水北调东线工程建成后，江都站的抽引能力占东线一期抽江水规模的 80%。长江水将有一部分从这里掉头流向北方的天津，其间要被抬升数十次，水位被抬高几十米。南水北调在江苏共有 13 级，江都水利枢纽为第一级，长江水经过 13 级后被抬高 30 m。

八、溱湖湿地

（一）溱湖湿地生态环境

溱湖国家湿地公园位于泰州姜堰市西北部，离上海、苏州、无锡、常州、南京、扬州、南通等大中城市均在 2 小时车程之内，宁盐一级公路、姜溱公路穿境而过，宁靖盐高速公路在景区留有出口，地理位置优越，交通也十分便捷。溱湖湿地是国家林业局批准设立的全国第二家、江苏省首家国家级湿地公园试点，在 2011 年第二届中国湿地文化节暨亚洲湿地论坛开幕式上，被国家林业局正式授牌。溱湖湿地处于我国著名的三大洼地之一的里下河地区，东侧以姜溱河为界，西侧为宁靖盐高速公路，南侧以圩河为界，北侧为泰东河，姜溱河和泰东河为湿地水体的主要水源。溱湖又名喜鹊湖，东西长 1.4 km，南北长 1.5 km，形似玉佩，面积约 3 500 亩（1 亩≈666.7 m²），因四面八方通达湖区的主要河流有九条，形成"九龙朝阙"的奇异景观,古长江与淮河曾在此交汇入海,形成了特有的湿地生态环境。

　　溱湖的地理环境和水质特征决定了溱湖湿地集长江中下游淡水湿地的所有特征于一体。湿地内河网密布,河道纵横;湖泊交织,岛屿错落;池塘沟洼纵横交错,洲滩塘垛自成方圆,是全国少见的淡水湿地。低洼的地形、温暖湿润的季风气候为溱湖湿地水生生物输送了丰富的营养盐类、有机物和饵料,生物多样性丰富,主要有水生生物群落、湿地生物群落和陆生生物群落。湿地有植物 113 种,各类湿地树木 200 多万株和各类水生植物 80 多万株;野生动物 73 种,以多半栖息在湿地环境的鸟类最为引人注目,其中有国家一类保护动物丹顶鹤,国家二类保护动物白天鹅、白枕鹤、白鹇等;此外,溱湖地区很适合麋鹿的生长、繁衍,据考证,这里是野生麋鹿从地球上消失的最后地点,建有集麋鹿养殖、湿地生态科普教育展示为一体的综合性生态园。

(二) 溱湖湿地公园特色与品牌

　　"万顷碧波水连天,轻舟绿岛喜鹊飞。须知休闲何处去,溱湖深处景物鲜。"溱湖湿地公园是依托溱湖自然景观和溱潼古镇文化发展起来的国家级风景名胜区。

　　从某种程度上说,旅游的发展就像一只翩翩起舞的蝴蝶,蝴蝶的两只翅膀是推进其不断向前的动力来源,这两只翅膀分别相当于"自然旅游"和"人文旅游"。"舞蝶模型"重视自然旅游发展的同时高度重视人文旅游的发展,将文化作为旅游之魂,溱湖湿地公园的发展就是"舞蝶模型"。

　　为保护和开发利用好湿地生态资源,景区先期邀请同济大学风景科学研究所、南京大学城市与资源学系两家设计单位对溱湖湿地公园进行总体规划;2003 年,又通过国际招标,选择深圳度假湾、中国东南建筑设计院两家单位,对编制的溱湖湿地公园总体规划进行修编完善,突出了湿地保护开发的主旋律;2005 年 6 月,委托南京林业大学对溱湖湿地资源、旅游资源、森林资源综合利用等方面进行系统论证和规划;2006 年,再次邀请杭州园林设计院对溱湖国家湿地公园一期工程进行完善,并规划编制了湿地公园二期、三期工程详细规划。根据规划,溱湖国家湿地公园将建设成为以溱湖自然生态湿地为核心,以地域历史文化内涵和民俗风情为依托,融自然野趣的湿地、赋有魅力的水文化、积淀深厚的历史景观和质朴的田园风光为一体,具有湿地生态资源保护、科学研究、科普教育和旅游休闲度假等功能的国家级湿地公园。

　　1. 溱湖国家湿地公园整体规划

　　溱湖国家湿地公园已形成了以溱湖湿地为主体的水环境景区,以"全球生态500 佳"为主题的全国农业旅游示范点河横村,以及以溱潼古镇的人文景观区和华侨城云海温泉为主的娱乐项目,形成了"一湖、一镇、一村、一城"的旅游景观格局,自然与人文的优势互补形成了溱湖湿地公园的特色与品牌。

(1) 景区发展战略

1) 发展目标：长三角地区著名休闲度假胜地，国家级风景名胜区和旅游度假区。

2) 主题形象：湿地、水乡古镇、绿色农业、民风民俗。

3) 主要功能：观光、休闲、度假、美食、健身、会议等。

4) 开发方向：整合资源，使古镇、溱湖和河横村生态农业园之间的互补优势发挥最佳，打通湖镇村之间的水上交通线和水上游览线；开发建设地热温泉；使溱湖民风民俗固化，充分发挥其娱乐参与功能；进行溱湖地区的生态修复和度假村建设，以适应不同层次旅游者的需要。

5) 主要景点：古茶花苑、院士旧居、契约馆、民俗馆、砖窑馆、麻石小街、绿树禅院、东观归渔、溱湖、里下河风情园、麋鹿园、溱湖度假村、国家湿地公园、现代运动公园、溱湖温泉、寿圣寺、河横生态农业园、绿色食品生产基地等。

6) 重点区域：溱潼古镇景区（含古茶花苑、院士旧居、契约馆、民俗馆、砖窑馆、麻石小街、绿树禅院、东观归渔等），溱湖风景区（含溱湖、里下河风情园、麋鹿园、溱湖度假村、国家湿地公园、现代运动公园、溱湖温泉、寿圣寺等），河横生态农业景区（含河横生态农业园、绿色食品生产基地等），华侨城休闲旅游项目（含水上运动、高尔夫球场、度假酒店等）。

7) 游览线路：以溱湖—溱潼—河横水上游览线为主，陆上以华庄线和老姜溱线为旅游交通干线。

(2) 景区规划要点

1) 积极推动镇、湖、村之间的旅游联动，强调规划、建设、管理、营销四个统一，最大程度地发挥其最大经济、社会和生态效益。

2) 做好古镇、茶花王、水乡湿地、会船节、生态农业的品牌文章，注意开发与此有关的旅游活动。如古镇氛围的营造、建筑风格的一致、环境的整治，世界茶花王效应的发掘、主题活动的开展，会船节的市场化运作、活动重组及效应的升级，河横循环农业品牌的利用，溱湖八鲜美食活动的组织等。

3) 进一步发掘溱潼古镇景区各景点的文化内涵，使之系统化、规模化。丰富溱湖风景区的活动内容，开发、建设里下河风情园和三元温泉，保护和优化溱湖湿地生态环境。规划建设溱湖旅游度假村、水上活动基地和自驾车旅游营地，建设高端的旅游度假胜地。重点开发河横村农家乐体验、绿色食品享受、循环农业生态为特色的生态农业旅游项目。

4) 疏浚湖、镇、村水上通道，并做好环境整治工作。

5) 设计丰富多彩的旅游产品，如景区观光游、湿地生态考察游、溱湖美食品尝游、温泉休闲度假游、会议旅游、水上竞技游、自驾车旅游、民俗节庆体验游等系列产品。

6）大力宣传和推销旅游景区，最大限度地争取外地旅游者，尤其是长三角地区旅游者。

7）转变经营机制，引进较为灵活的经营体制。如对现有某些国有企业实行股份制改革，盘活景区资金和经营活力。

8）在景区周围、水上通道两侧营造 50～100 米的绿化长廊，沿湖大道也应注意景观设计的要求。

2. 溱潼民俗文化及传承更新

溱潼镇最有名的民俗是会船节，现已成为国家级非物质文化遗产和国家重点旅游项目。自 1991 年起，一年一度的"中国·姜堰溱潼会船节"就是在溱湖上演绎的。相传宋代山东义民张荣、贾虎曾于溱潼村阻击金兵，溱潼百姓助葬阵亡将士，并于每年清明节撑篙子船，争先扫墓，祭奠英魂，久而久之，形成撑会船的习俗。溱潼会船主要分布在里下河水乡，会船通常分为篙船、划船、花船、贡船、拐妇船等五种类型。溱潼会船节每年在清明节的第二天举行，被国家旅游局定名为"中国溱潼会船节"，2002 年与云南泼水节等一起被国家旅游局列为"中国十大民俗节庆活动"。2006 年，在亚洲会展节财富论坛、新华网联合主办的第三届中国节庆产业年会上，"中国·姜堰溱潼会船节"再次荣膺"2006 年度中国十大民俗节庆"，首次获得亚洲节庆权威机构的认可。现在溱潼会船节已蜚声海内外，是国内唯一的、保存最为完整、最具原生态特质的水上庙会。"天下会船数溱潼，溱潼会船甲天下。"溱潼会船节以船会友，以节招商，对提升溱湖湿地公园品牌、促进新农村建设起到重要作用。

（1）提升旅游品牌

作为体育旅游的一个重要内容，溱潼会船节独有的历史文化背景具有比现代体育项目开发更有优势的地位，2010 年被国家体育总局、中国体育旅游博览会组委会评选为年度体育旅游精品。会船节拓展了旅游文化空间，成为溱湖国家湿地公园人文景观的一大品牌。每年会船节前夕，在上海、南京等地召开新闻发布会，扩大会船节的影响，邀请主流媒体对活动进行高密度、大容量报道。到 2010 年溱湖风景区已与长三角及周边省市 1 500 多家旅行社签订了旅游合作协议。

随着发展，溱潼会船节的内涵和形式不断丰富，由相对单一的文化体育活动，逐步发展为"会船搭台，经济唱戏"。每年会船节不仅带来了大量旅游收益，也大大推进了姜堰市的文化建设和招商引资（表 3-7）。近两年会船节暨旅游节演艺活动由江苏卫视承办，节目立意紧扣民俗，强调现代元素与民俗风格的结合，并采用水陆空的综合手法在溱湖 3 500 亩水面上上演精彩的民俗文化大戏《船扬天下》，电视节目让溱潼会船节变得更加精彩。

表 3-7　第六届中国湿地生态旅游节暨 2011 中国姜堰·溱潼会船节活动

序号	活 动 名 称	时 间	承 办 单 位
1	第六届中国湿地生态旅游节暨 2011 中国姜堰·溱潼会船节新闻发布会	3 月 20 日	市委宣传部、风景区管委会
2	第六届中国湿地生态旅游节暨 2011 中国姜堰·溱潼会船节启动仪式	4 月 3 日	各相关部门、镇(区)
3	会船表演系列活动	4 月 3 日至 6 日	各相关部门、镇(区)
4	中国湿地论坛活动	4 月上旬	风景区管委会
5	姜堰土菜烹饪评选活动暨美食周	4 月上旬	市工商联、市供销总社
6	2011 姜堰第五届茶文化节	4 月中旬	市工商联、市供销总社
7	姜堰市第七届群众文化艺术节	4 月上旬至 5 月 3 日	市委宣传部、市文广新局
8	首届黄龙士杯国际女子围棋团体赛	4 月 5 日至 9 日	风景区管委会、市体育局
9	第七届万朵古茶花观赏节	4 月 5 日至 5 月 1 日	溱潼镇政府
10	第七届中国·河横菜花节	4 月 10 日左右	沈高镇政府
11	招商引资项目签约仪式	待定	市商务局、市经信委
12	溱湖飞歌国际诗人笔会	4 月下旬	风景区管委会
13	古寿圣寺开光仪式	待定	华侨城
14	第六届中国湿地生态旅游节暨 2011 中国姜堰·溱潼会船节颁奖	5 月 3 日	各相关部门、镇(区)

资料来源：江苏姜堰溱湖旅游景区电子商务网. http://www.qinlake.com

（2）促进新农村体育文化建设

溱潼会船节有着广泛的群众基础。近年来,会船节期间增加了群众体育节,溱潼镇因此获得了"群众艺术之乡"、"体育强镇"等殊荣。农村传统体育文化是农民文化生活的重要内容,发展具有鲜明娱乐性的传统体育活动,为新农村体育文化建设带来新的机遇。

（3）促进当地文化事业发展

2005 年以后,溱潼形成了以"会船节"为文化支撑的产业联动,通过品牌效应实现了当地新农村建设的经济和文化发展。在历届会船节的活动安排中,文化活动不断发展,由群众文化表演、民间艺人表演,到茶文化节、古茶花观赏节、中国湿地论坛等,传统文化和现代文明共展风华。当地政府在拯救、保护里下河这一水乡水上庙会,使其成为本地区特有风俗的活化石的同时,也在极力拯救和保护一批与会船相关的民间艺人和民间艺术,对其进行原汁原味的保存、传承,带动了当地一大批富有民俗特色的物质和非物质文化遗产的挖掘和保护热潮。

3. 古镇名木特色游

溱潼镇的山茶古树是目前国内发现人工栽培的最高、基径最大、树龄最长的山茶古树。它生长在长江以北实属罕见,是培育抗旱耐盐碱新品种的极好资源,具有较高的研究价值和经济价值。为进一步扩大古镇的知名度,打响"溱潼古山茶"品牌,拟聘请茶花专家在镇南开辟"溱潼古山茶"生产基地,打响品牌效应和形成规模效应;同时与云南丽江万朵古山茶缔结为姐妹花,双方交换茶花枝条和签订合作协议,以此来共同打造古山茶品牌。云南丽江的万朵茶已被世人所知,溱潼大胆提出把云南丽江万朵茶的枝条嫁接到溱潼古山茶上的设想,得到了业内专家的赞同。此外,还设想请专家将溱潼古山茶与日本大船都市的大山茶牵线搭桥,走出国门,共结连理。

溱潼除了名扬天下的万朵古山茶,还有唐代国槐、明代黄杨、清代皂荚、木槵等古树名木,一个小镇能拥有如此多不同年代的古树名木实属罕见。溱潼正在充分利用古镇、水乡、民俗等旅游资源打造古树名木特色游。

4. "溱湖八鲜"创餐饮品牌

溱湖水域宽阔,水质清纯,物产丰饶,以其水产品制作的"溱湖八鲜"名宴,名扬天下。从 2004 年起,姜堰市每年都举办"溱湖八鲜"美食节,通过菜肴评选活动,不断打造以"溱湖八鲜"为代表的旅游餐饮品牌。2007 年,"溱湖八鲜"正式被录入《中国名菜大典·江苏卷》,成为姜堰历史上唯一入选的筵席和菜肴。

"溱湖八鲜"指溱湖簖蟹、溱湖甲鱼、溱湖银鱼、溱湖青虾、溱湖水禽、溱湖螺贝、溱湖四喜和溱湖水蔬。一是溱湖簖蟹:溱湖簖蟹,青眼红毛,膏厚肉腴,为上乘之品,自古以来"南有澄湖闸蟹,北有溱湖簖蟹",又称"南闸北簖"。二是溱湖甲鱼:具有大、厚、团、黑四大特点,经常食用能滋阴补肾、凉血降压,常与童子鸡、甲鱼蛋、海参配成"霸王别姬"、"带子上朝"、"夜战马超"等名贵大菜。三是溱湖银鱼:通体透明、如晶如玉,体态纤细、形似柳叶,无鳞无骨,是稀有的水产品之一。四是溱湖青虾:壳坚色青,体肥肉厚,取其制成的各种佳肴,别具风味。五是溱湖水禽:溱湖水禽品种繁多,各种美食水禽的体内含有赖氨酸、丙氨酸、组氨酸等,既有野生风味,又有较高的营养价值。六是溱湖螺贝:壳薄肉嫩,味道鲜美,无腥臊之气,性温凉。经常食用可滋阴降火,降压补肾,平肝宣肺。七是溱湖四喜:有"大四喜"和"小四喜"之分,"大四喜"为青(鱼)、白(鱼)、鲤(鱼)、鳜(鱼),"小四喜"为昂(刺)、旁(皮)、罗(汉)、鲹(鱼),用"大四喜"制作的各式大菜,实为溱湖美食之佳肴,"小四喜"均为野生,营养丰富,味道特别鲜美。八是溱湖水蔬:品种繁多,均为无公害绿色食品,一年四季,源源不断;色彩娇艳,水灵脆嫩。

近年来,溱湖国家湿地公园还精心打造"溱湖八鲜"年夜饭,融体验湿地野趣、水乡民俗及品尝美食于一体,受到了上海游客的热烈追捧,形成了过年到溱湖吃年夜饭的热潮。2011 年春节,千余名上海人到溱湖吃"八鲜年夜饭",守岁过新年。

为放大品牌效应,姜堰市对溱湖八鲜的生产加工全面实行规范化管理,引导周边种植养殖户、加工企业、餐饮企业严格执行统一的质量标准,在推进标准化生产的基础上逐步实现规模化经营。溱湖八鲜食品有限公司逐步形成溱湖簖蟹、鱼饼、虾球等一条龙深加工企业,产品被列为上海市健康管理协会推荐产品、"第二届江苏省旅游商品博览会"旅游土特产优质产品。"溱湖八鲜"已成为带动周边地区群众致富的特色产业。

(三)溱湖湿地生态保护

由于湿地具有丰富的生态资源、优良的生态环境和独特的自然景观,近年来,随着生态旅游的发展,其旅游价值得到了重视(表3-8)。溱湖湿地公园运用生态旅游开发模式取得了很好的效果。

表3-8 常规旅游开发模式与生态旅游开发模式比较

	常规旅游开发模式	生态旅游开发模式
开发目标	经济目标为主,兼顾社会和环境目标,使开发商和游客受益	在保证社会和环境目标实现的前提下,实现经济目标,使开发商、游客、当地社区和居民共同受益
开发理念	游客第一,根据市场需要开发旅游资源(产品),为追求利润最大化,往往采取不加控制的开发模式	保护第一,保持和维护自然和文化生态系统的原真性、完整性,采取有控制、有选择的开发模式
开发措施	高强度的旅游资源开发,过度的空间拓展,建筑设施与交通方式不加限制,渲染性的广告宣传等	限制旅游业的发展规模,限制游客人数和旅游设施的建设,有选择地满足游客需求,温和适中的宣传等

资料来源:黄震方等,2007

但随着旅游开发和城镇化的迅猛发展,溱湖湿地的生态环境也在经历着很大变化,其资源可持续利用面临着一些较为严重的问题。

(1)水体的富营养化

姜堰市环境监测站历年的监测资料表明,20世纪80年代末至21世纪初,溱湖氨氮和总磷含量有逐年升高趋势,其中氨氮含量虽有波动,但升高趋势明显(表3-9)。溱湖湿地周围的农业生产施肥是导致溱湖氨氮含量增高的重要原因。

表3-9 溱湖湿地湖心水环境质量部分指标监测结果

(单位:mg/L)

采样时间	高锰酸盐指数	氨 氮	总 磷	总 氮	石 油
1989年8月	1.6	0.189	0.01	0.20	0.02 L
1995年7月	1.9	0.146	0.08	0.16	0.02 L
2000年8月	2.4	0.257	0.11	0.41	0.02 L
2005年7月	3.2	0.328	0.13	0.68	0.02 L
2010年7月	3.5	0.402	0.17	0.88	0.02 L

资料来源:冯锦梅等,2011

（2）自然湿地的缩减

自然湿地面积的减少有许多原因，如湿地排水转为农业用地、填埋湿地造耕地、旅游业的发展、大量场所的修建、乡村的扩展等。改变天然湿地用途直接造成溱湖湿地面积消减、功能下降。

（3）湿地周围的排污

溱湖湿地周边工厂工业污水和旅游餐饮污水等，尽管经过水处理设施达标排放，但其日益增长的污水量对湿地环境仍造成一定程度的危害。

（4）资源的过度利用

人类对湿地的过度开发，并向湿地无限地索取自然资源，造成自然资源的逐渐枯竭。为保护和开发利用好湿地生态资源，从 2005 年起，相继关闭了沿湖及上游地区的 14 家工业企业，做好湿地核心区域原住居民的外迁工作；实施溱湖清淤工程，对区内纵横交错的河网、沟塘进行疏浚，畅通了溱湖水系与外部水系的联系；实施科学配水方案，实行动态监测，大力开展治污、清淤、配水等工作，使溱湖湿地的水体环境和水体质量得到极大改善。

溱湖湿地生态保护思路和对策有：

（1）建立溱湖湿地保护的地方性法规

应尽快制定出台《姜堰市溱湖湿地生态保护管理办法》地方性法规，从制度上解决溱湖湿地保护所面临的问题，实现在有效保护湿地鸟类、动植物、水生生物资源，维持湿地生物多样性的同时，科学合理地开发利用湿地资源，维护生态平衡，促进人类与自然和谐发展。

（2）坚持开发与保护并举，重在保护

对溱湖湿地进行合理的开发，不能走盲目开发的老路。在开发利用湿地之前，进行必要的科学论证和环境影响评价，并在开发中采取适当措施，使对湿地生态环境和生物多样性的影响尽可能降到最小限度。在所有人类开发活动中，必须以恢复和发展自然保护区的生物资源、建立良性循环的湿地生态系统为前提，坚持开发与保护并举，重在保护，才能使保护区得到可持续发展。

（3）建立溱湖湿地自然保护区

生态系统的破坏在许多情况下往往是不可逆转的，即使经过治理使其恢复也要经过相当长的时间，需要付出巨大代价。因此必须建立溱湖湿地自然保护区，来进行规划和保护，根据物种分布，整合现有保护区，合理规划生物资源，从而更好地保护溱湖湿地特有的生物资源，更大限度地发挥其应有的作用。同时，湿地保护区的建立还将引导恢复重建遭破坏的湿地资源，进一步扩大保护区面积，鼓励引导周边居民广泛参与，减少对天然湿地的资源依赖，使湿地资源与人类长期共存。

（4）加强湿地资源监测研究

为更好、更有效地保护和利用湿地的资源，必须加强对溱湖湿地资源生态环境进行监测,及时掌握湿地生物多样性的变化,注重对湿地生物多样性的保护研究,以及濒危物种的保育和栖息地的管理,溱湖湿地的形成、发育和演化过程,湿地资源可持续利用等重大问题研究。

(5) 建立湿地生态效益的补偿制度

湿地自然保护区的建立与管理,在一定程度上限制了当地的经济发展,对保护区周边居民的生产生活造成一定的影响,因此,对其实施生态补偿,弥补当地为保护湿地资源作出的利益牺牲,以减轻当地对湿地自然资源利用和依赖的压力。

(6) 加强宣传教育,提高全民湿地保护的意识

加强保护与合理利用湿地资源的宣传教育,树立全面、协调、可持续发展的科学发展观,将溱湖湿地生态系统纳入社会经济发展的规划。通过广播、电视、报刊、网络等各种媒体,向社会公众宣传湿地的效益和保护湿地的重要意义,提高公众对湿地生态系统的保护意识,使全社会形成爱护湿地、保护湿地的良好社会风气。

(四) 溱湖的地热资源及其开发利用

据中科院地理科学与资源研究所勘探,溱湖地区蕴藏着丰富的地热资源。2001 年下半年,中科院和中国冶勘总局等有关单位的专家,利用卫星遥感技术和 CSAMT 法对溱湖地区进行地热资源勘察,发现在溱湖风景区核心区域存在地热异常区,这一发现在泰州乃至整个苏中地区引起了广泛关注。之后,经过多次组织专家进行技术评审和精心准备,2002 年 10 月委托江苏煤炭地质勘探三队进行钻井勘探,深度为 1 000 m。

通过钻探验证,溱湖地热 1 号井地质性状与卫星遥感和 CSAMT 法探测结果基本吻合,其储水和地热分布较为一致,1 000 m 井底水温达 51℃,井口出水温度为 42℃。经过国家地质实验测试中心和南京综合岩矿测试中心先后 6 次检测,井水水质达到国家优质矿泉水和理疗温泉的标准,其中偏硅酸 45.7 mg/L,锶 2.05 mg/L,锂 0.30 mg/L,矿化度在 1 300～1 700 mg/L,其他有益元素达 30 多种。这些化验结果表明,溱湖地热 1 号井井水是优质矿泉水,在全国现有矿泉水中这种优质的矿泉水不超过 10％;另外,溱湖地热 1 号井井水还是理想的理疗温泉水,对心血管和肠胃有较好的理疗效果。经过对水质化学成分分析:矿化度、总硬度、锂、锶、偏硅酸含量均符合矿泉水标准,同时由于水中含有多种对人体有益的微量元素,又可作为医疗用矿泉水。

近年来,以温泉为特色的主打品牌推进了各城市休闲度假旅游的快速发展并成为旅游开发的一个新亮点。溱湖地热资源温度适宜,且富含多种对人体有益的微量元素和矿物质,对运动系统、神经系统、皮肤病等多种疾病疗效显著,为进一步挖掘温泉和兴建旅游度假区带来巨大商机。近年来,游溱湖美景、品溱湖八鲜、泡三元温泉,已成为长三角市民出行的首选生态之旅。

九、泰州及泰州中国医药城

(一) 历史文化名城——泰州

泰州是具有 2 100 多年历史的文化名城,地处江苏中部,长江北岸,是长三角中心城市之一。全市总面积 5 797 km²,总人口 504 万,现辖靖江、泰兴、姜堰、兴化四个县级市,海陵、高港两区和泰州医药高新区。古时,泰州地区为浅海,约在 5 000 年前已有人类居住;夏周,淮夷散居滨海临江地带,多从事渔猎;夏商隶属扬州,其时泰州称海阳,为滨海重镇;春秋时属吴越,战国时属楚,汉武帝元狩六年(公元前 117 年)始置海陵县;南唐昇元元年(937 年)升为泰州,寓意"国泰民安"。其中称海陵计 1 354 年,历史最长,与金陵(南京)、广陵(扬州)、兰陵(常州)齐名华夏,素有"汉唐古郡,淮海名区"美誉。建国以后,曾为苏北行署和泰州专署所在地,后划分为泰州市及泰县。以后曾两分两合,隶属扬州市。1996 年 7 月,经国务院批准设地级泰州市。

泰州自古就有"水陆要津,咽喉据郡"之称。优良的区位优势,成就了泰州承南启北交通枢纽的重要地位。自古以来,泰州一直是我国经济发达的地区之一,尤其是唐宋以后,盐税产业的发展使淮扬地区富甲一方。近现代,尤其是长三角地区经济的迅速崛起,泰州逐渐转型成为一个区域性重要的贸易与货物流通中心。泰州处于我国沿海与长江"T"型产业带结合部,东西承接上海、南京两大经济圈,南北连接苏南、苏北两大经济板块。新长、宁启铁路,京沪、宁通、宁靖盐高速公路以及江海高速纵横全境。有国家一类开放口岸泰州港、泰州火车站,泰州长江大桥于 2012 年建成通车,苏中机场开工建设。

泰州位于长江与淮河之间,是处在两条大江所形成的冲积平原的带型城市。泰州无山,四周皆水,城市傍水而建,水城一体,街河并行。水文化是泰州城市文化之源。泰州挖掘水文化、做足水文章,着力构建"一横,二纵,三环碧水绕凤城"的城市格局,重现了碧水绿岸、亲近自然的水城景观。一横即老通扬运河及其延伸段;二纵即南官河接卤汀河、凤凰河接老东河;三环即以泰州城区原环城河为内环线,整个主城区规划范围为外环线,形成新的"回"字形河道体系(图 3 - 9)。

泰州生态环境质量评价指数在江苏省领先,所辖四市全部建成国家级生态示范区。百姓安居乐业,社会和谐稳定。泰州已进入国家卫生城市、国家环保模范城市、我国优秀旅游城市、全国双拥模范城市和我国宜居城市行列,也是江苏省历史文化名城、江苏省文明城市、江苏省园林城市。

泰州人杰地灵,名贤辈出。唐代书法评论家张怀瓘、元末明初文学家施耐庵、清代"扬州八怪"代表人物郑板桥、文学理论家刘熙载、评书宗师柳敬亭,以及现代

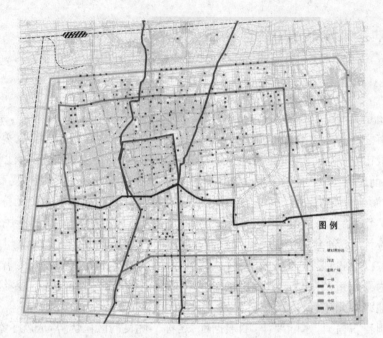

图 3-9　泰州市主城区水系规划图

资料来源：泰州市政府网站

著名京剧艺术大师梅兰芳、地质学家丁文江等,是泰州历代文化名人中的杰出代表。抗金英雄岳飞、政治家文学家范仲淹、书画大师齐白石等曾在泰州或主政或从业,为泰州历史留下了璀璨的一页。

泰州境内名胜古迹众多。突出的有:

(1)光孝律寺。千年古刹光孝律寺在海内外佛教界享有盛名,该寺规模宏大,气势雄伟,又以文物众多而蜚声江淮,收藏有历代名家墨迹,世称孤本的宋拓"汝帖"及隋唐时代从印度传来的"贝叶经"等,时至今天,仍为古刹增光添彩。

(2)望海楼。望海楼初建于南宋,被誉为"江淮第一楼"。此楼屡毁屡起,大多毁于兵火而起于盛世。泰州古称海陵,如今海水已远退,"望海"之名犹在。现今望海楼为公元 2006 年重修,楼高 30 多米,取宋代建筑风格,主体色彩取栗壳、青灰二色,古朴典雅。

(3)日涉园。日涉园是苏北地区现存的最早的古典园林,保持了明代建筑的风貌,分为前后两园,布局小巧玲珑,回复紧凑,层次分明,颇具江南园林之神韵。

(4)崇儒祠。崇儒祠崇祀的是古代泰州学派创始人王艮,紧邻千年古刹光孝寺,青砖小瓦,构造精致,体现了明代苏中地区建筑特色。

(5)安定书院。创建于南宋,是江苏省最古老的书院之一,泰州诸多遗存中,安定书院最为厚重,最有智性,又最具怀古追圣的震撼。

(6) 中国海军诞生地旧址。中国人民解放军海军诞生地旧址在泰州市白马庙。1949 年,中国人民解放军的第一支海军——华东海军在这里宣告成立。1989 年,中央军委正式决定泰州白马庙为中国人民解放军海军诞生地。旧址已辟为纪念馆,现为"江苏省全民国防教育基地"之一。

(7) 梅兰芳故居。梅兰芳故居是一座以明清建筑为主体的小型园林式名人纪念馆。馆内有 5 大展区,运用现代声、光、电、影等多媒体手段,展示与梅先生有关的文物、图片、实物和资料。

泰州气候温润、自然条件优越,中药材资源及农业生态资源丰富,素有"鱼米之乡"、"银杏之乡"、"水产之乡"的美誉。拥有一批在全省乃至全国都有一定影响的特色产业。生物医药产业异军突起,在全国医药工业百强中占 4 席,泰州医药城是全国唯一的国家级医药高新区,被列入江苏省"十一五"重点发展的四大产业之一,成为国家生物产业基地。机电(船舶)产业已达千亿规模。精细化工产业、新能源和 IT 产业特色鲜明。

(二) 国家级医药高新区——泰州中国医药城

泰州中国医药城即泰州国家医药高新技术产业开发区,位于泰州市海陵区,是目前我国唯一的国家级医药高新区。2009 年 5 月 29 日,泰州医药高新技术产业开发区正式挂牌成立,核心区规划面积 30 km²,目前正朝着"我国第一、世界有名"医药城的目标奋斗。

泰州医药城总体定位为国际化新城市功能核心区,高端化新城市经济增长区,国家级新医药健康产业集聚区,我国产业规模最大、产业链最完善的医药产业基地。医药城坚持以国际化、现代化为发展方向,以规划建设为龙头、引资引智为根本、自主创新为动力、综合配套为支撑;形成以现代服务业为主导、支撑现代制造业的发展模式;制定了中心城市、医药园区、区域性医药产业的一体化发展战略,走差异化、高端化、精品化的发展道路,形成"55555"的发展体系。即"五大研发中心"、"五大功能区"、"五大服务平台"、"五大药业主题园"、"五大创新支撑体系"(图 3 - 10)。

泰州医药城坚持从源头抓创新,变传统的"产学研"为"研学产"新模式,短短几年走出了一条与众不同的发展新路径。区内已集聚了美国哈姆纳研究院、德克萨斯医学中心、中国药科大学等一批国内外知名医药研发机构,一批医药生产、服务型企业先后落户,一大批"国际一流、国内领先"的医药创新成果成功落地申报。医药城也是一座最具生态化、最具现代化的泰州市卫星城,多种现代和传统的电子商务、宾馆、餐饮、旅游等服务业在此落户,医药城与国内、国际合作,充分利用现代服务业与传统服务业的投资机会,建设特色康健中心,特色病治理疗中心。"十一五"期间,泰州医药产业以泰州医药高科技产业园为建设重点,加快构筑科研开发与市

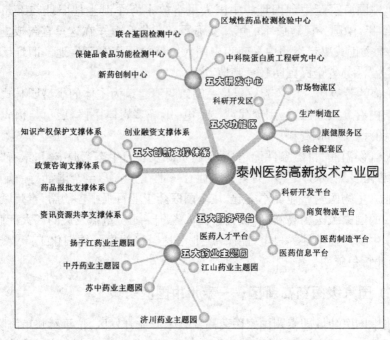

图 3-10 泰州中国医药城"55555"发展体系示意图

场物流平台,全力打响"中国医药城"的品牌。

主要参考文献

柴洋波.2010.从西津渡看近代镇江城市空间变迁.规划创新:2010 中国城市规划年会论文集,1-6

陈社.2006.泰州特色文化.苏州:苏州大学出版社.

陈昕,徐光彩,刘军强,等.2009.基于 GIS 的茅山风景区总体规划.西北林学院学报,3:181-184

戴迎华.2000.论近代镇江经济衰落的原因.江苏理工大学学报(社会科学版),2:8-10

单树模.1982.镇江的兴起和发展.南京:江苏科学技术出版社.

冯锦梅,张海荣.2011.浅谈姜堰市溱湖湿地生态保护与对策研究.污染防治技术,2:23-24,49

高曹伟,方家井.1992.镇江城市地质灾害的成因分析及其防治措施.中国地质灾害与防治学报,3:81-86

官卫华,叶斌,王耀南.2011.宁镇扬同城化视角下南京东部地区功能重组.城市规划,7:62-67

黄润生,曹建忠.2010.江苏茅山推覆构造带的分析与研究.地质学刊,1:6-9

黄震方.2007.海滨湿地生态旅游可持续开发模式研究.人文地理,5:118-123

季建业.2009.扬州古城保护的实践与体会.中国党政干部论坛,7:30-33

季鹏.2002.地理环境变迁与城市近代化——明清以来扬州城市兴衰的思考.南京社会科学,12:52-56

江苏省地方志编纂委员会.1999.江苏省志·地质矿产志.南京:江苏科学技术出版社.

江苏省地方志编纂委员会.2001.江苏省志·水利志.南京:江苏古籍出版社.

江苏省地方志编纂委员会.2001.江苏省志·宗教志.南京:江苏古籍出版社.

江苏省地方志编纂委员会.2005.江苏省志·生物志·植物篇.南京:凤凰出版社(原江苏古籍出版社).

江苏省地质矿产局.1989.宁镇山脉地质志.南京：江苏科学技术出版社.

江苏省地质矿产局.1997.江苏省岩石地层单位.武汉：中国地质大学出版社.

江苏省旅游局编.2011.走进江苏——江苏经典景点导游词.北京：中国旅游出版社.

金学智.2005.中国园林美学.北京：中国建筑工业出版社.

句容县地方志编纂委员会.1994.句容县志.南京：江苏人民出版社.

李金宇.2004.试析扬州园林的北方风格.中国园林,12：57-60

李金宇.2005.苏扬园林风格差异及其成因初探.浙江林学院学报,3：335-339

李利华.2001.润扬长江大桥与镇扬港口的建设和发展.江苏交通,2：3-5

李刘杰.2009.扬州古城保护与发展的实践思考.硕士学位论文.扬州：扬州大学.

李云虎.2000.数度兴衰话交通——漫谈交通对扬州经济昌、萧的影响.综合运输,7：15-17

李志军,严立中,王林.2007.再谈茅山革命纪念碑军号声成因.声学技术,6：1201-1204

刘杰.2008.温泉城旅游发展中的地热资源可持续利用研究.通化师范学院学报,7：15-17

师立德,倪茜.2009.历史古城的保护与发展.商场现代化,6：235-236

司徒贺聪.1998.诗意的栖居——浅谈苏州园林的文学观.南方建筑,3：52-55

孙宇章,郭兰萍,黄璐琦,等.2008.茅山地区苍术的分布现状分析.中药材,5：641-645

泰州市政协文史资料研究委员会.1992.泰州名胜古迹(增订本).泰州：泰州市政协文史资料研究委员会.

汤长新,葛幼松.2007.城市旅游资源密集区整合探究——以镇江三山风景名胜区为例.安徽农业科学,30：
9664-9665,9667

汤正军,沈宏平,张国琪.2004.江都水利枢纽志.南京：河海大学出版社.

万永红.2001.茅山特产——茅苍术.植物杂志,6：10

王建,张茂恒,徐敏.2006.现代自然地理学实习教程.北京：高等教育出版社.

王军志,吴军.2001.润扬大桥架设与镇江扬州城市化互动.镇江学刊,4：20-22

王利光,葛幼松.2007.镇江滨江景观带的旅游开发与建设初探.安徽农业科学,5：1362-1363,1393

王琳.2009.关于宁镇扬休闲旅游一体化发展的建议.商场现代化,4：217-218

王鹏,冯立梅,蒋晓伟,等.2002.江苏茅山道教生态旅游开发研究.南京师范大学报(自然科学版),2：73-78

王志民,高曾伟,纪东,等.2005.镇江三山国家风景名胜区的深度开发研究.镇江高专学报,4：15-18

魏长青,高雨根.2006.泰州地热地质特征及地热资源开发利用.能源技术与管理,6：36-37

谢国桢.1982.明末清初的学风.北京：人民出版社.

徐学思,胡连英.1996.一种新的造山类型——江苏南部茅山叠覆构造.江苏地质,4：211-216

徐学思,胡连英.2001.江苏茅山构造——滑覆反序叠置造山.中国区域地质,3：281-285

严立中,李志军.2006.茅山新四军纪念碑号声揭密.电声技术,11：7-8

杨鸿勋.1994.江南园林论.上海：人民出版社.

叶美兰.2004.近代扬州城市现代化缓慢原因分析.扬州大学学报(人文社会科学版),4：91-96

张接生.1992.江苏茅山喀斯特洞穴发育特征.中国岩溶,1：51-55

张婧.2008.江苏省第三产业可持续发展研究——以旅游业溱湖生态旅游度假村为例.硕士学位论文.南京：
南京师范大学.

赵岩,曹珊珊,武敏.2009.茅山风景区旅游业可持续发展研究.江苏林业科技,5：22-25

镇江市园林局,镇江市规划设计院.2008."三山"国家风景名胜区总体规划(2005-2020).

郑忠.2008.民国镇江城乡经济衰退的腹地因素分析.中国农史,3：68-75

周恒.2008.扬州古城 保护、改造与发展并存——访扬州市副市长张瑞忠.中国建设信息,13：41-43

自钊义.2005.曲径通幽——论中国古典园林的意境与内涵.山西大学学报(哲学社会科学版),3：124-126

第 *4* 章 苏锡常沿江实习区

第一节 实习目的与实习要求

一、实习区概况

　　苏锡常沿江地区指苏州、无锡、常州三市京杭大运河以北地区,整体位于长江三角洲上,由泥沙淤积而成(图 4-1)。该区水网密布,湖沼众多,拥有沙家浜、尚湖、阳澄湖、长广溪等湿地。苏锡常沿江地区自古就是"鱼米之乡",农业基础良好,其中无锡是中国"四大米市"之一;苏锡常沿江地区拥有四个国家级经济技术开发

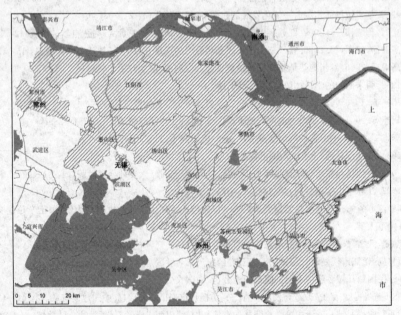

图 4-1 苏锡常沿江实习区

区,数十个省级经济技术开发区,已经形成沿长江和沿京沪铁路两条产业带,涵盖冶金钢铁、石油化工、机械、电子、纺织和信息产业等门类,在中国经济中占有举足轻重的地位;苏锡常沿江地区拥有较为完善的城镇体系结构,大城市、小城镇、新农村建设同步进行,涌现出了以华西村、永联村、蒋巷村为代表的新农村建设的典范;同时,苏锡常沿江地区还形成了以高速铁路、高速公路、万吨级以上港口和中型机场为框架的现代化交通网络,三市城市快速交通网建设也在推进中。但是,苏锡常沿江地区也面临着能源紧张、环境污染严重等问题,因此,走集约化、可持续发展的道路,是苏锡常沿江地区今后发展的方向。

二、实习目的

以沿江港口开发、桥梁建设和沿江经济发展为实习重点,了解苏锡常沿江地区地理位置、地质地貌特点及其对港口开发和桥梁建设等的影响;以钢铁企业为例,了解沿江主要产业发展特点和区位因素;了解沿江产业结构和产业布局特点以及园区经济和产业集群的发展特点及问题。同时,围绕主题公园建设规划、湿地开发与保护、新农村建设等专题进行调研、考察,通过苏锡常沿江地区的典型案例分析,掌握各专题的基本理论和研究方法。

三、主要实习要求

1. 考察沿江地区主要港口的地理位置和自然条件,了解各港口的发展定位。

2. 考察江阴长江大桥、苏通长江大桥选址因素,分析其对江苏区域经济发展的作用。

3. 参观沿江地区主要钢铁企业,分析钢铁企业的区位因素与发展战略。

4. 考察苏州工业园、太仓港港口开发区和昆山信息产业集群,了解园区经济和产业集群的发展特点及布局原则。

5. 参观苏州园林四大名园,比较苏州园林与扬州园林的不同特点及形成原因。

6. 参观苏锡常地区 1～2 家主题公园,了解主题公园的主要特征和规划原则。

7. 参观苏锡常地区 1～2 家湿地公园,了解湿地的成因、湿地旅游资源开发手段和生态保护措施。

8. 考察苏锡常地区 1～2 个新农村建设典范,了解新农村建设的不同模式和成效。

第二节　实习线路与实习内容

一、常州市区—江阴长江大桥—新长铁路轮渡

此线路主要为交通地理内容实习。

(一) 参观常州 BRT 系统

实习内容:
1. 参观常州 BRT 系统,了解 BRT 系统的特点和优势。
2. 了解 BRT 系统在常州交通中的地位和作用。
3. 设计问卷对 BRT 乘客开展调查。

(二) 江阴长江大桥

实习内容:
1. 参观江阴长江大桥,与长三角其他跨江大桥的结构进行比较。
2. 思考江阴长江大桥选址因素以及在江苏高速公路网中的作用。

(三) 新长铁路轮渡

实习内容:
1. 考察新长铁路轮渡作业方式。
2. 分析新长铁路轮渡选址因素。
3. 调研新长铁路轮渡主要货物流向。

思考与作业:
1. 比较分析影响长三角跨江大桥选址的主导因素。
2. 进一步查阅相关资料,分析新长铁路建设对江苏省区域经济发展的影响。

二、中华恐龙园—春秋淹城

此线路主要为主题公园建设规划专题实习。

实习内容:
1. 参观游览主题公园,思考主题公园的主要特征。
2. 了解和感受各主题公园经营的理念和特色,了解各公园的营销手段。

3. 调研主题公园发展过程中存在的问题。

思考与作业：

1. 归纳总结主题公园的主要特征。

2. 分析影响主题公园选址的主要因素。

3. 结合实地调研情况，对长三角主题公园的规划发展提出建议。

三、张家港—江苏沙钢集团—江苏锡钢集团

此线路主要为港口和经济地理实习。

（一）张家港—江苏沙钢集团

实习内容：

1. 参观张家港，分析港口的发展条件。

2. 调研张家港港口物流结构与流向。

3. 参观江苏沙钢集团，分析影响其发展的区位因素。

（二）江苏锡钢集团

实习内容：

1. 参观江苏锡钢集团，分析影响其发展的区位因素。

2. 比较沙钢集团与锡钢集团的企业发展战略。

思考与作业：

1. 进一步查阅相关资料，分析长三角沿江开发的区位因素、产业定位与产业布局。

2. 比较沙钢集团与锡钢集团的发展条件和发展战略。

四、华西村—永联村—蒋巷村

此线路主要为新农村建设专题实习。选择 1～2 个新农村建设典型示范村开展调研。

实习内容：

1. 调研新农村建设中农村城镇化的不同途径。

2. 调研新农村建设中农村工业化的不同途径。

3. 调研乡村旅游的发展模式。

思考与作业：

1. 分析长三角沿江地区新农村建设的不同模式与途径。

2. 思考长三角沿江地区新农村建设存在的问题与进一步发展的措施。

五、沙家浜—阳澄湖—尚湖—长广溪国家城市湿地公园

此线路主要为湿地开发与保护专题实习。

(一) 沙家浜—阳澄湖—尚湖

实习内容：

1. 选择 1～2 个湿地公园参观游览，了解湿地的成因。
2. 调研各湿地旅游资源开发的手段和生态保护措施。
3. 认识一些典型的湿地植物与耐水湿植物。

(二) 长广溪国家城市湿地公园

实习内容：

1. 了解城市湿地公园对于城市生态环境的意义与作用。
2. 了解长广溪湿地公园对于太湖生态环境保护的意义。

思考与作业：

1. 简述湿地的概念、类型与成因。
2. 简述湿地对于生态环境保护的意义与作用。
3. 如何处理好湿地旅游资源开发与保护的关系？

六、太仓港港口开发区—昆山电子信息产业集群—苏州工业园区

此线路主要为园区经济及产业集群专题实习。

(一) 太仓港港口开发区

实习内容：

1. 考察太仓港港口自然环境与发展条件。
2. 考察太仓港港口开发区功能分区与布局规划。
3. 调研太仓港港口开发区产业结构特点和产业发展方向。

(二) 昆山电子信息产业集群

实习内容：

1. 调研昆山开发区 IT 产业集群情况。
2. 调研昆山开发区 IT 产业集群效益与可能存在的问题。

（三）苏州工业园区

实习内容：

1. 考察苏州工业园区地理区位，分析其发展条件。

2. 调研苏州工业园区产业结构演变与产业优化升级。

3. 调研苏州工业园区外商投资企业情况。

4. 考察环金鸡湖中央商务区、阳澄湖生态旅游度假区和独墅湖科教创新区"三大板块"建设情况。

思考与作业：

1. 从地理位置、自然环境等方面比较太仓港和张家港的发展条件。

2. 分析 IT 产业集群的形成特点与集群效益。

3. 比较太仓港港口开发区与苏州工业园区产业结构优化升级的思路。

4. 分析苏州工业园区城市能级提升的途径。

七、苏州园林—虎丘斜塔—苏州乐园

此线路主要为园林文化专题实习。

实习内容：

1. 参观苏州园林四大名园——沧浪亭、狮子林、拙政园和留园，了解宋、元、明、清四个朝代园林的艺术风格。

2. 参观虎丘斜塔，了解虎丘斜塔的成因。

3. 游览苏州乐园。

思考与作业：

1. 总结提炼苏州园林的传统造园手法，园林建筑布局、构造、风格以及意境的体现。

2. 比较苏州园林与扬州园林的不同特点及形成原因。

3. 进一步查阅资料，对比南方私家园林与北方皇家园林的差异。

4. 比较苏州乐园与常州各主题公园的建设思路与不同特色。

第三节　背景资料与实习指导

一、苏锡常沿江地区地质地貌与地面沉降

（一）苏锡常沿江地区地质地貌概况

苏锡常沿江地区为燕山和喜马拉雅山期的裂谷盆地。燕山运动时，断裂运动

发育、岩浆活动剧烈,使本区褶皱形态受到严重破坏。岩浆活动引起火山岩广泛分布,覆盖于二叠系灰岩古风化剥蚀面上。喜山运动时期,断裂继续加强,红层大部地层深埋地下。第四系广泛发育,总厚度达 330～400 m,苏州市在长江沿岸的第四系最大深度也达 273 m。新构造运动使山区强烈上升,平原地区则以沉降为主,沉积物深厚。

苏锡常沿江地区总体为孤山残丘点缀的平原地貌形态。绝大多数地方地势低平,呈垄状和缓起伏,海拔在 10 m 以下。西起江阴,向东南经太仓至杭州湾北岸的漕泾是形成于距今 6 000 年左右的长江三角洲南岸外冈冈身地带,为古滨海贝壳砂堤,地势较高,地面组成物质较粗,称高亢平原或高沙平原,南侧地势稍低,东南部地势最低,积水成湖,形成湖荡平原。只有一些零散的丘陵,海拔在 200～300 m左右,如苏州穹窿山海拔 345 m,无锡惠山 328 m,常熟虞山 263 m 等。这些散布于平原上或湖泊中的低山残丘是天目山系向东北延伸的余脉,几乎都分布在湖州—苏州断裂带西侧。穹窿山为本区最高山地,经历长期剥夷,山丘一般峰顶圆平,有些还保留着第三纪夷平面的残余。山地大部由抗蚀力较强的石英砂岩构成,少数为石灰岩、花岗岩和粗面岩;常熟市虞山由泥盆系石英砂岩组成。

木渎向斜位于木渎至西津桥一带,为一短轴向斜。形似马蹄状,呈北东 40°方向延伸。向北东倾伏,在浒关、何山一带被侏罗系上统火山岩所覆;南西于穹窿山、清明山、尧峰山一带昂起,昂起端有花岗闪长岩体侵入。向斜核部因受苏州钾长花岗岩体的侵入而破坏。由于岩浆的侵入,原来在花岗岩周围的围岩以及上覆岩层,在风化作用下被剥蚀、冲刷,使侵入的花岗岩体裸露,成为苏南地区著名的花岗岩分布区。例如由花岗岩体构成的灵岩山,山体呈浑圆状,岩石球状风化显著;天平山的钾长花岗岩垂直节理特别发育,经风化,岩石的裂隙逐渐向纵深扩展,形成石柱矗立"万笏朝天"的景象;天池山的细粒钾长花岗岩体裸露,经风化剥落山坡峻陡,分离的大小岩块滚落在坡面、谷间和山沟之中,形成倒石堆。在虎丘、何山、阳山北部,以及浒墅关、陆墓、蠡口、阳澄湖等地,第四系沉积物以下,都是火山岩,其中虎丘是燕山期火山喷发形成的中—中酸性熔岩和各种火山碎屑岩地层,经长期风化侵蚀后在冲积平原上形成的岛状山—孤丘,海拔仅为 36 m,面积约 20 hm²。北西翼因花岗闪长岩、石英斑岩的侵入破坏而残缺不全,仅米堆山、穹窿山保存较好,见有栖霞组至茅山群地层;南东翼由黄龙组、茅山群地层组成,见于七子山、尧峰山、黄山一带。木渎向斜内侧的砚瓦山、灵岩山南麓等地,有二叠系页岩分布。页岩虽受变质作用,但仍比较松散,易受风化,山体低矮者就成为残丘。

(二) 苏锡常沿江地区地面沉降问题

地面沉降指在自然因素或人为因素影响下发生的幅度较大、速率较大的地表高程垂直下降的现象。苏锡常地区在 19 世纪即有开采地下水资源的记载。从 20 世纪

50 年代至 70 年代,地下水开采量逐年增加,开采主要集中在城市地区,因此以城市为中心形成相对孤立的水位降落漏斗。当时由于开采量尚小,在开采淡季水位还能恢复。但是,自 20 世纪 80 年代中期起,小城镇建设中广建自来水厂,乡村也实施改水工程,地下水的开采由城区向乡镇扩展,以生活供水为主,开采量迅速增长(表 4 - 1)。地下水位漏斗已呈区域连接,水位呈持续下降趋势,引发地面沉降。

表 4 - 1　长江三角洲地面沉降状况

地　区		地下水开采量		地面沉降状况					
		历史最高(亿 m^3/a)	2004 年(万 m^3/a)	初始沉降时期	最大沉降时期(m)	最大累计(m)	平均累计(m)	最大速率(mm/a)	2004 年(mm/a)
上　海		>2.0	8 751	20 世纪 20 年代	50 年代末 60 年代初	2.9	1.9	110	8.7
苏锡常	苏州	>5.0	9 000	20 世纪 60 年代	20 世纪 80 年代	2.8	1.6	109	17.5
	无锡		3 500				1.4		
	常州		3 500				1.1		
杭嘉湖	嘉兴	>2.0	11 645	20 世纪 60 年代	20 世纪 80 年代	1.0	0.8	42	14.8
	杭州		208				—	—	—
	湖州		344				—	—	—

资料来源:龚士良,2005

造成地面沉降不仅有人为因素,还有自然因素。由于下伏地层结构的不同所产生的地面沉降也会不同。地层结构一般分为平原区和基岩起伏区,平原区由于广覆深厚的第四系沉积物,下伏基岩埋深很大,一般为均匀沉降,对各种建筑物的影响是缓慢地均匀整体沉降;而基岩起伏区则完全不同,由于其下伏基岩的起伏产生差异性地面沉降使地表产生地裂缝,对人们的生活及各种建筑物和构筑物产生巨大的影响。

地面沉降不仅是一个生态环境问题,也是一种地质灾害。地面沉降对于本来地势就低洼的苏锡常地区所造成的危害是多方面的,主要表现为:一大批城镇的地面标高逐渐低于河湖水位,洪涝灾害加剧;农田涝渍,甚至沼泽化,一些沉降低洼区目前已不能种小麦,只能种水稻;水利设施的标准降低或失效,桥梁净空减少,码头下沉,影响水运交通;铁路、公路、工矿企业等与地面高程有关的工程设施均须不断维护修理、翻建;直接造成地面建筑物与地下管线的破坏等。

对地面沉降的防治,要打破行政区划,强化区域联合,对地下水资源的开发利用进行系统管理,加强工程建设的沉降防治,完善监控网络体系,建立健全保障机制。

(1) 优化地下水资源管理

首先要控制地下水开采。这是解决地面沉降问题的根本。以往的地下水合理开采量,大多根据地下水的资源储量及其补给条件,以行政区边界来确定。但由于边界条件以行政边界为主,含水层结构的系统性被人为分割,边界上的能量与质量交换容易受区外相邻地区外界条件变化的影响,导致各自为政确定的地下水可采资源量偏大而失真。因此,地面沉降防治首先应基于区域地下水资源的系统管理。

其次要优化用水格局。将地下水主要用于人们的生活饮用,少部分满足食品工业与精细化工等对水质有特殊要求的行业,一般的工业用水均应以自来水替代。在地区上应采用分散开采,避免集中;在开采层次上,也应综合利用,避免在某一层过度集中;在开采时间上,要安排一定的间歇期。积极开展节约用水,建立节水型社会,提高水的重复利用率。

再次是开展地下水人工回灌。人工回灌是治理地面沉降的有效手段,且方法可行,技术成熟,具实际推广意义。"夏灌冬用"、"冬灌夏用"等人工回灌技术,在控制沉降的同时也能利用含水层进行水体温度能量的存储,有较大的环境、社会与经济效益。

(2) 预防工程建设沉降

优化工程设计和施工工艺能减轻或消除工程施工的地面沉降效应。如在平面布置时应控制建筑密度及建筑容积率;高层及超高层建筑尽量采用轻型的建筑材料,桩基持力层应选用深部的可压缩性小的致密砂层;多层建筑尽量采用沉降控制复合桩,以减少沉降量。大型桩基础工程施工为避免产生过大的孔隙水压力而造成的后期地面沉降,可采用预钻取土或钻孔灌注桩施工。隧道掘进施工时应及时支撑,对土体及时加固处理。基坑开挖应有边坡支护,采用井点降水应设回灌井。

(3) 完善监控网络体系

进一步健全和完善长江三角洲整个区域内的地下水动态和地面沉降监测网络体系,形成以 GPS、基岩标、分层标、地面水准点等为骨架的沉降监测网与水量、水位、水质等的水动态监测网,实现区域联网。同时,提高监控网络体系的现代化与自动化程度,建立信息采集、处理与发布的统一平台,进一步提高地面沉降预警预报的及时反映与处置能力,构建地质灾害预警示范工程。

从 1995 年来,江苏省高度重视区域性地面沉降和地裂缝灾害,出台了一系列措施,加强地下水资源管理工作。苏锡常地区地下水的限采、禁采工作全面开始,1996～1999 年,地下水开采量每年压缩 20%,地下水位不断下降的局面得到初步遏制。2000 年,省人大颁布了《关于在苏锡常地区限期禁止开采地下水的决定》,2005 年底在全区实行地下水禁止开采。禁采后,地下水漏斗范围明显缩小。

二、长三角沿江开发战略规划

长三角沿江地区自然条件优越,区位优势明显,经济基础良好,科技和文化教育事业发达,具有十分雄厚的基础、强劲的发展态势和良好的发展潜力。

(一) 开发条件与发展机遇

1. 沿江开发的有利条件

(1) 区位优越。该地区是以上海为龙头的长江三角洲重要组成部分,西连长江中上游诸省,既有长江黄金水道为依托,又有苏北乃至中原广大地区为腹地,辐射势能强劲,消费市场巨大。

(2) 资源丰富。该地区淡水资源丰沛,如长江过境江苏多年平均径流量为9 730亿 m³;岸线资源优势明显,仅江苏沿江就拥有 1 175 km 长江岸线,−10 以下深水岸线 302 km,其中可建深水港口泊位的一级岸线 1 423 km。随着长江口综合整治工程的开展,该地区岸线资源在全国更显独特;劳动力资源充足且素质较高,科技资源丰富,人才广聚。

(3) 环境优良。该地区自然条件优越,四季分明,气候宜人,有山、有水,十分适宜人居;开发历史较早,人杰地灵,历史遗存多,文化底蕴深厚,社会安定,人文环境优良;亲商、安商、富商的服务意识较强。

(4) 体制灵活。该地区改革创新意识较强,开放程度较高。20 世纪 80 年代创造了全国闻名的"苏南模式";90 年代以来又开创了团结拼搏、负重奋进、自加压力、敢于争先的"张家港精神",率先创新、自强实干的"昆山之路",开拓资本市场的"江阴板块"等。

(5) 配套力强。该地区是我国民族工业的发祥地,工业基础好,经过几十年的发展,已经成为我国机械装备、化工、冶金、轻纺等产业的集聚地。企业间分工协作由来已久,能在较短的时间内提供各类配套产品,形成较强的产业供应链。

(6) 基础设施较为完备。该地区交通条件优良,铁、公、水、空、管纵横交错,四通八达,上可溯至整个长江流域及更广阔的区域,下可通过河口直接连接四大洋;能源供应较为充足,水利设施较为先进;人流、物流、信息流交相汇合,已基本形成支撑本区经济社会发展需要的基础设施体系。

2. 沿江开发的战略机遇

(1) 20 年发展机遇期。党的十六大报告明确指出:"21 世纪头 20 年,对我国来说,是一个必须紧紧抓住并且可以大有作为的重要战略机遇期"。这是党中央对我国经济社会发展环境的一个具有重大指导意义的科学判断。

(2) 国际资本和产业转移。随着经济全球化的深入,全球制造业向我国转移的规模和速度不断扩大和加快,中国已成为全球吸引外商直接投资最多的国家。长江三角洲又是我国吸引外资的最佳地区,2002 年协议利用外资总量超过了珠江三角洲。随着我国逐步兑现加入 WTO 的承诺,这一势头还将更加旺盛。

(3) 不可多得的市场机遇。总体上看,全球的重化工业产品供大于求,我国大部分商品已进入买方市场。但是我国许多基础原材料产品短缺,层次低,需要大量进口,为沿江开发提供了产业发展的市场空间。

(4) 区域发展的内生需要。本区已进入工业化中期,发展重化工业是这一时期的重要特征。江苏苏南地区,由于沪宁沿线产业密集,迫切需要向沿江地区拓展发展空间,同时,苏南高新技术产业的加快发展也需要重化工业的支撑。濒临长江是苏中地区的最大优势,随着交通基础设施不断完善,苏中接受国内外资本转移的潜能将得到充分释放。开发沿江是苏中快速崛起之所在,是缩小苏南与苏中差距的有效途径,也是加快长江三角洲地区经济一体化的现实要求。

总体上看,沿江开发具备极佳的发展机遇,但同时也面临着挑战和竞争。如国际上中东和东南亚等地区重化工业发展势头迅猛,具有相对比较优势;国内不少沿海地区提出重点发展先进制造业和重化工业,纷纷布局和建设重化工业区等。

(二) 战略目标与定位

沿江开发的总体目标是:通过广泛吸纳外商资本和国内各类资本,推进两岸联动开发和苏南产业转移,建设基础设施,开发产业园区,发展沿江产业,构筑生产要素集聚的载体和平台,形成沿江基础产业带、沿江城镇密集带、集约型开发区、可持续发展示范区、发达基础设施网、现代物流网的"两带两区两网"开发格局。

沿江基础产业带。建设沿江基础产业带是沿江开发的关键。要充分发挥临江优势,按规划、有重点、有分工地加快发展基础产业,促进产业集聚。抓住国际制造业转移的历史性机遇,依托沿江地区的区位、机制、科技和人才优势,加快建立能够参与国际产业水平分工的生产体系、面向国际的市场营销体系和与国际惯例接轨的生产服务体系,形成长江三角洲地区具有全球影响的资本技术密集型制造业基地之一。

沿江城镇密集带。建设与产业发展相配套的沿江城镇密集带是沿江开发的重要内容。以南京都市圈、苏锡常都市圈为载体,组织一体化空间,强化扬州、镇江与南京的紧密联系,推进南通、泰州与苏锡常的紧密联系;加快开发区与周边城镇的整合,壮大城镇规模,提升开发水平,形成产业与城镇互为依托、相互促进、共同发展的局面。

集约型开发区。临江开发区是沿江产业发展的重要载体。围绕优化环境、提升功能、注重创新、突出特色的要求,充分发挥各自优势,突出主题开发,着力形成专业特色鲜明、规模集聚明显、产业链配套的产业集群。坚持以信息化带动工业化,以工业化促进信息化,在全国率先走出一条科技含量高、经济效益好、资源消耗低、环境污染少、人力资源优势得到充分发挥的新型工业化路子。

可持续发展示范区。实施可持续发展战略是沿江高质量、高效益开发的必然要求。要提高水、土地及岸线等资源的利用效率,积极推进清洁生产,大力发展循环经济,加大生态建设和环境保护力度,促进资源的永续利用,创造绿色生产和适宜人居的环境。

发达基础设施网。基础设施是沿江开发的重要支撑。适应沿江开发需要,适度超前加快建设交通、通信、能源、水利等设施,构建快速、便捷、高效的综合运输网,高效、安全、可靠的现代通信信息网络,稳定的能源保障体系,完善的水工程设施体系。

现代物流网。现代物流是提高沿江产业竞争力的重要保障。依托交通、流通、信息等方面的优势,以现代物流理念为指导,现代物流技术和物流组织方式为手段,形成以第三方物流为主体的现代物流网。

通过沿江开发开放,增强沿江地区的综合实力和集聚辐射功能,使沿江经济带成为承接上海,辐射苏北,缩小江苏南北差距,促进区域经济共同发展的重要纽带。

(三) 产业结构

1. 重点产业发展

以建设国际制造业基地为目标,充分发挥临江适宜布局大运输量、大吞吐量、大进大出产业的资源优势,在沿江地区重点发展基础产业。通过产业的上下游、前后向及旁侧链接,延伸产业链,形成装备制造、化工、冶金、物流四大产业集群。

(1) 装备制造产业集群。装备制造业以强化竞争优势为目的,积极参与国际分工和协作,以汽车成套设备等为重点,发展机电一体化装备,形成机械基础件、关键零部件—先进重大技术装备的装备制造产业链。加大汽车企业与国际跨国汽车集团的合资合作,壮大汽车产业规模,提高汽车产品档次,积极发展汽车零部件,加快形成与整车相配套的零部件生产基地;船舶工业要走规模化和专业化并重的道路,提高设计开发水平,发展大吨位高等级船舶及配套装备,逐步形成具有较强综合竞争力的船舶修造业;巩固提高现有机械加工和装备的产业优势,强化专业化分工,大力提高技术装备水平和创新能力,积极发展大型机械和整机装备。

(2) 化工产业集群。以石油化工为龙头,形成基础石化原料—精细化工、合成材料的化工产业链。注重提高化工产业的技术含量,积极发展大型化和规模化的化工企业,推进清洁生产,发展循环经济。巩固基础化工原料产业的特色优势,根据市场需求,大力发展合成树脂、合成橡胶、合成纤维聚合物及有机化工原料;加快新材料的开发和应用,积极发展新型纳米材料、氟化产品、高分子材料产品等;注重新产品开发和后道延伸,着重发展高层次、高附加值的精细化工产品,提高产品档次、技术含量和市场占有率。

(3) 冶金产业集群。以特种钢为重点,形成钢冶炼—特种钢材—金属制品的冶金产业链。通过合资合作引进资金、技术和管理,切实提高特种钢材的产品质量,扩大企业规模,重点发展高质量冷轧薄板、冷轧不锈钢薄板、镀锌板、涂镀层板等优特钢产品,为建筑、汽车、船舶、家电等生产提供急需的特种钢材;积极发展金属制品业,延伸产业链。

(4) 物流产业集群。以第三方物流为重点,形成市场—第三方物流—生产企业—用户的供应链。充分利用交通枢纽、港口、机场等基础设施载体平台,加快建设物流公共信息平台,培育和发展具有国际竞争力的链主企业和具有综合服务功能的第三方物流企业,形成物流的企业平台,构建若干个物流枢纽城市和一批专业物流中心。

2. 重点产业布局

沿江产业布局以临江城市和开发区为载体,围绕四大产业集群,延伸产业链,促进相关产业集聚,形成各具特色的产业密集区和产业基地。

(1)石油化工产业布局。发挥宁波大榭岛—南京和鲁宁输油管道的原油供应优势,依托南京的大型石化企业,以南京化学工业园区为主体,联合仪征等邻近开发区,在石化原材料产品的基础上,发展高附加值的石化后道产品,建成全国著名的石油化工产业密集区。发挥南通滨江临海的区位优势,在江海交汇区域培育石油化工产业的发展。限制石油化工产业在沿江其他区域布局。

(2)精细化工产业布局。根据流域产业布局原则,将精细化工重点布局在沿江下游地区。充分发挥张家港、常熟、太仓、泰兴、南通等现有优势,注重产品品种错位,积极发展绿色环保型、附加值高、市场需求量大的产品,共同形成沿江精细化工产业密集区。禁止高污染的化工企业和小化工企业在临江地区布局。

(3)特种冶金产业布局。以促进产业集聚为目标,依托南京、张家港和江阴等现有优势企业,重点发展特、精、优产品,限制炼铁等冶金前道产业在沿江地区的布局。南京地区要注重冶金下游产品发展和吸引关联性强的企业集聚,优化产品结构;张家港、江阴要注重与靖江的联动开发,促进冶金产业向江北扩散,共同发展特种冶金产业,加快南京和张家港、江阴、靖江两大特色冶金产业密集区的形成。

(4)汽车产业布局。沿江地区适合汽车产业的布局与发展,但应把规模集聚作为汽车产业布局的首要条件。积极发展汽车整车,通过整车行业联合和产品分工,提高产品竞争力;重点加快南京轿车产业的发展,同时与上海合作发展仪征地区的轿车生产,形成国内规模较大的轿车生产基地之一;积极推进扬州客车产业规模的扩大和水平的提升,加快形成以扬州为重点的国内重要的客车生产基地;围绕汽车整车,鼓励沿江地区大力发展汽车零部件生产,形成沿江汽车零部件产业带。

(5)船舶产业布局。根据比较效益原则和资源禀赋条件,船舶产业应集中布局在苏中沿江地区。重点加快南通造船业的建设和发展,鼓励长江南岸的修造船产业向长江北岸转移,通过企业联合与兼并,整合扬州、仪征、江都、靖江等地区的造船业,促进企业规模集聚和产品升级,把南通建成亚洲第一、世界著名的修造船基地,把扬泰地区建成国内知名的船舶修造基地。

(6)新材料产业布局。沿江地区具有发展新材料产业的良好条件,依托沿江基础产业,重点加快泰州纳米材料、金属新材料和化工新材料产业的发展,扩大产业规模,形成新材料产业基地;加快江阴和南通等地区新材料产业的发展,注重向基础产业渗透,促进基础产业升级。

　　(7) 物流产业布局。以地区产业基础和经济腹地为条件,发挥铁路、公路、空港、港口枢纽功能,加快南京、无锡、苏州三大物流枢纽城市和扬州、泰州、南通、镇江、常州等专业物流中心的建设,形成南京长江流域综合物流中心、无锡区域性物流中心和苏州区域性国际物流中心,把沿江地区建成服务长江三角洲乃至长江流域的现代物流网。

　　3. 其他产业发展

　　为带动沿江地区产业的整体发展,在加快四大产业集群发展的同时,要积极发展电子、纺织、造纸、医药、新材料、农产品出口加工等产业。

　　电子产业。重点发展集成电路和软件业,带动沿江地区开发,形成计算机及配套、移动和卫星通讯、数字化视听和光电子等产品群。

　　纺织产业。重点发展高性能纤维和产业装饰用面料,提高印染后整理水平和品牌服装市场占有率,形成原料—高档面料—印染后整理—品牌服装的产业链。

　　造纸产业。以高档造纸为重点,形成进口纸浆—纸或纸板—高档纸制品的造纸产业链,重点发展高档文化用纸、中高级生活用纸、包装用纸及特种用纸等。

　　医药产业。积极扩大原料药的市场份额,加快现代生物技术药物产业化,发展优势原料药、新剂型中药、生物医药等。

　　新材料产业。重点发展稀土复合材料、纳米材料、电子信息材料、新型工程高分子材料、新型合成纤维、医用生物新材料等。

　　农产品出口加工产业。以高附加值出口农产品为重点,形成种子种苗开发—安全农产品生产—加工增值—出口创汇的外向型农业产业链。大力发展粮油加工,提高附加值。积极发展优质粮油、蔬菜、特色家畜禽、水产品、茧丝绸等优势农产品,建成出口农产品加工企业群。

　　旅游产业。以水和文化为主题,依托长江两岸各具特色的旅游资源,体现现代长江的整体气势之美,形成沿江旅游风光带。展示临江城市风情,发展“城市山林、大江风貌、文化积淀、商务休闲”等都市旅游;充分利用自然风光景点,开发生态旅游岸线和江中岛屿资源,发展休闲旅游;加快建设大桥两岸旅游区,发展观光旅游;挖掘历史遗存,发展文化旅游。重点建设润扬、江阴、苏通大桥旅游区和世业洲、双山岛、雷公岛旅游度假区,形成富有特色的长江旅游区(点)组合,把沿江地区发展成为国内一流、国际驰名的旅游目的地。

三、江苏省跨江桥梁(隧道)建设

(一) 建设概况与规划

　　江苏经济发达,交通也十分繁忙。但是,由于长江的屏障,南北交通受到阻隔。

1968年举全国之力建成名扬世界的南京长江大桥,"天堑变通途",但此后整整30年,南京长江大桥一直骄傲而又孤单地成为江苏省境内唯一一座跨江大桥。其间,省内沿江地市间的过江一直靠11处汽车轮渡承担。渡船运能小,速度慢,安全性差,并且受天气影响大,极大地影响到苏南与苏中、苏北的经济联系。早在1986年,江苏就开始研究和规划在长江上建桥和隧道,综合经济、交通、自然等条件,选择了12个可以建桥或隧道的位置,但是受资金和技术等条件的限制未能开工建设。进入20世纪90年代,江苏省跨江大桥陆续开工建设(表4-2)。

表4-2 江苏省已建跨江桥梁(隧道)概况

名　称	类　型	主跨长度(m)	车道数	通航净空(m)	通车时间
南京长江大桥	钢桁梁桥	第一孔128,其余9孔均为160	4	24	1968.12
江阴长江公路大桥	钢悬索桥	1 385	6	50	1999.10
南京长江第二大桥	南:钢箱梁斜拉桥 北:钢筋混凝土预应力连续箱梁桥	南:628 北:3×165	6	24	2001.3
润扬长江公路大桥	南:悬索桥 北:三跨双塔双索面钢梁斜拉桥	南:1 490 北:176+406+176	6	50	2005.4
南京长江第三大桥	双塔双索面钢塔钢箱梁斜拉桥	648	6	24	2005.10
苏通长江公路大桥	双塔双索面钢箱梁斜拉桥	1 088	6	62	2008.6
南京纬七路过江隧道	左汊盾构隧道+右汊独塔自锚悬索桥	3 900+665	6	—	2010.5
南京大胜关铁路桥	六跨连续钢桁拱桥	2×336	6线铁路	32	2011.1

注:根据相关资料整理

江苏省跨江大桥(隧道)的建设,意义深远。

1. 促进城市间跨江互动,进而带动一体化发展

江苏省除南京市外,其他沿江城市都是以长江为行政界线,隔江相望。交通的不便和行政壁垒导致长江两岸城市在经济方面交流较少,江南、江北的差距越来越明显。例如,在20世纪70、80年代与江阴经济发展差不多的靖江,到90年代明显落后于江阴。随着江阴长江大桥的开通,江阴和靖江的互动越来越多。江阴土地资源紧张,岸线资源也不多,因此,江阴的上市公司开始跨江多元化发展,长驱公司、海澜集团、双良集团、扬子江船厂等均已到靖江投资。两市在招商引资上遵循"优势互补、共同发展、市场运作、各得其所"的原则,如建立江阴开发区靖江园区,整合江阴的产业优势和靖江的土地、江岸优势,实施口岸统一管理;以国家一类口

岸江阴口岸管理靖江二级口岸,带动靖江的对外开放等。通过跨江桥梁建设,促进了江南、江北互动,互惠共赢,取得了明显效果,使靖江成为产业转移和苏中崛起、苏北发展的先导。

此外,润扬长江大桥使扬州、镇江两座历史文化名城融为一体、错位发展、优势互补;苏通长江大桥拉近了南通、盐城、连云港等沿海城市与苏州、上海的距离,南通在地域上从"上海北"变成"北上海"。

2. 适应过江交通运输新要求

首先,跨江大桥建设是构建国家运输大通道的客观需要。几座大桥都是国家高速公路网中有机组成部分,南京大胜关铁路桥则是京沪高速铁路大动脉的跨江部分,也是国家铁路中长期铁路网发展中的关键节点工程。其次,跨江大桥建设加快形成了我国东部地区南北大通道网络和江苏综合性交通网。

3. 有利于充分发挥长江航运优势

江苏沿江两岸港口星罗棋布,初步形成了分工较为合理的港口群体。跨江大桥的建设,一是扩大了沿江港口的直接腹地范围,拓展了港口联系通道;二是有效减少了汽渡的班次,减少了对长江航运的干扰;三是有利于港口的集约化发展,节约港口岸线,从而有利于发挥长江航运优势。

4. 推动和支撑区域经济社会的快速持续发展

首先,江苏省经济发展快速,制造加工业"两头在外",南来北往、东到西进频繁,跨江大桥建设满足了南北交通需求增长的需要。例如,苏通大桥开通第一年,过江交通量就达到 25 000 辆/日,目前日均过桥流量已近 4 万辆/日,大大超过了规划预计的交通量。

其次,跨江大桥的建设,促进了区域内的资源优化配置,缩小了长江两岸的发展差距,加快了生产力要素的合理流动,也更有利于接受上海国际航运中心和国际大都市的辐射。

第三,跨江大桥建设,使江苏省高速公路网南北联网畅通,大大节约了各城市之间的到达时间,提高了旅客旅游的连续性、可达性。同时,建成的一座座巍巍壮观的大桥,形成了一道道亮丽的风景,吸引了众多中外游客前往参观游览,不仅扩大了内需,增加了地方财政收入,也提升了大桥所在城市的知名度,促进了旅游事业的进一步发展。

但是,江苏跨江通道建设依然不能满足需要。首先是目前绝大多数跨江通道位于南京,南京以下的跨江通道数量偏少;其次,目前跨江通道还是以高速公路为主,一旦遇到大风、大雾、大雪等恶劣天气,就要关闭高速公路,影响两岸交通,而江苏省这类天气又经常发生。因此,建设受天气影响小的轨道交通跨江通道迫在眉睫。

根据《江苏省高速公路规划》,江苏省将建成"五纵九横五联"高速公路网配套过江通道,高速公路跨江通道将增加到 11 个(表 4 - 3),跨江通道间距将由规划前的 80 km 左右缩短至 40～50 km(表 4 - 4),任意两个隔江相望的县或县级市节点间 1 小时到达,过江能力将大幅增强,苏南到苏中、苏北交通将更加方便快捷。

表 4 - 3　江苏省"五纵九横五联"高速公路网 配套过江通道

序号	名　称	建设状态	起点	终点	功　能　简　介
1	南京长江公路三桥	已建	南京	南京	1. 国家高速公路网"上海—成都"线路的重要组成部分 2. 南京、苏南联系安徽省及以西地区的重要通道 3. 南京高速二环的重要组成 4. 南京长江南北区域沟通
2	南京长江公路二桥	已建	南京	南京	1. 国家高速公路网"南京—洛阳"线路的重要组成部分 2. 南京江南、江北沟通及联系苏中的主要通道 3. 南京绕城公路(一环公路)的重要组成
3	南京长江公路四桥	规划	南京	南京	1. 国家高速公路网"长春—深圳"线路的重要组成部分 2. 南京二环高速的重要组成 3. 沪宁、宁杭高速与江北公路网连接的重要路段 4. 南京江南城区与江北地区的有效沟通
4	润扬长江公路大桥	已建	扬州	镇江	1. 国家高速公路网"上海—西安"支线的重要组成部分 2. 沟通扬州与镇江,便捷扬州地区与上海、苏锡常地区的联系 3. 分流部分京沪高速往浙北、皖南的货流
5	五峰山过江通道	规划	扬州	镇江	1. 位于江苏省中轴线上,使京沪高速公路通道直接连接江南区域,并继续南延接上宁杭高速后直通杭州,形成中部最便捷的南北高速通道 2. 加强扬镇常城镇组团的凝聚力
6	泰州过江通道	规划	泰州	镇江	1. 连接泰州、扬中、镇江以及常州等市 2. 分流部分京沪高速至江阴大桥的车流 3. 顺捷沟通江南、江北沿江高速公路
7	江阴长江公路大桥	已建	泰州	无锡	1. 国家高速公路网"北京—上海"线路的重要组成部分 2. 连接泰州、南通与苏锡常地区
8	锡通过江通道	规划	南通	苏州(张家港)	1. 加强苏南地区与南通的联系,使南通及苏北地区成为苏南广大的经济腹地 2. 无锡、常熟、苏州与南通城际之间沟通通道
9	苏通长江公路大桥	在建	南通	苏州(常熟)	1. 国家高速公路网"沈阳—海口"线路的重要组成部分 2. 连接苏州、张家港与南通及盐城等地区
10	崇海过江通道	规划	南通	上海	1. 分流苏通大桥过江交通压力 2. 加强南通及以北地区与上海的联系
11	崇启过江通道	规划	南通	上海	1. 国家高速公路网"上海—西安"线路的重要组成部分 2. 加强苏中、苏北与上海的联系 3. 增加上海空港、海港对苏中、苏北辐射

资料来源:江苏省交通厅.江苏省高速公路规划.2006

表 4-4　江苏省跨江通道间距

桥位	南京长江三桥	南京长江二桥	南京四桥	润扬长江大桥	五峰山通道	泰州通道	江阴长江大桥	锡通通道	苏通长江大桥	崇海通道	崇启通道
间距(km)	30	10	40	40	40	50	40	40	30		50

（二）主要桥梁介绍

1. 江阴长江大桥

江阴长江大桥位于江苏省中部，为双向六车道的高速公路桥，桥下通航净空达
50 m，是同江到三亚沿海高速公路和京沪高速公路两条国家主干线共同的过江大
桥(图 4-2)。1994 年 11 月开工，1999 年 9 月通车。为不影响泄洪和通航，采用一
跨过江悬索桥方案，当时从已建成桥的跨度上看，江阴长江大桥为中国第一、世界
第四。2002 年获得国际桥梁协会(IBC)颁发的"特别桥梁尤金·菲戈金奖"，同时
也获得我国优质工程的鲁班奖和詹天佑奖。锚锭是悬索桥的主要锚固结构。江阴
长江大桥南锚锭采用重力式嵌岩锚；北锚锭的岩层覆盖层厚达 80 余米，选用了重
力式锚锭配深埋沉井基础方案，地面以下 50 m 处紧密含砾中粗砂层为持力层，沉
井由钢筋混凝土筑成，平面尺寸为 69×51 m，下沉深度达 58 m，就其体积和下沉的
施工难度来说，堪称世界第一。

图 4-2　江阴长江大桥

2. 润扬长江大桥

润扬长江公路大桥连接长江隔江相望的两座历史文化名城—扬州和镇江，是

江苏省高速公路网跨江的咽喉工程之一（图4-3）。2000年10月开工，2005年4月底通车。润扬大桥跨过江中的世业洲，分为南北两座桥。北汉是主跨406 m的钢斜拉桥，南汉是长江的主航道，为悬索桥，跨度1490 m，超过江阴长江大桥，成为国内之首、世界第五（表4-5）。桥面为6车道高速公路桥，锚旋和塔都坐落在微风化的基岩上。

图4-3　润扬长江大桥

表4-5　2011年世界悬索桥跨度排名

排名	桥梁名称	主跨径(m)	国家	建成时间
1	明石海峡大桥	1 991	日本	1998
2	西堠门大桥	1 650	中国	2009
3	Great Belt Bridge	1 624	丹麦	2009
4	Gwangyang Bridge	1 545	韩国	在建
5	润扬长江大桥	1 490	中国	2005
6	南京长江四桥	1 418	中国	在建
7	亨柏桥	1 410	英国	1981
8	江阴长江大桥	1 385	中国	1999
9	香港青马大桥	1 377	中国	1997
10	Hardanger Bridge	1 310	挪威	在建

资料来源：科技导报编辑部，2011

3. 苏通长江大桥

苏通长江大桥位于江苏省东南部，连接南通市和苏州市所属的常熟市，沟通了连盐通沿海高速公路、沿江高速公路与苏嘉杭高速公路。2003 年 5 月开工,2008 年通车。通航净空高度为 62 米、净宽为 891 米,满足 5 万吨级集装箱货轮和 4.8 万吨级船队通航需要。

　　苏通长江大桥所处位置的建桥条件比较差,江面宽达 6 km,水深浪大;涨、落潮时流速较快,可达 3～4 m/s;台风、雾日多,一年中江面风力达 6 级以上的有 179 天,年平均降雨天数超过 120 天,雾天 31 天;地质条件差,岩层埋置在地面以下 270 m 处,较好的持力层在埋深 70 m 以下,覆盖层厚土质软;桥区通航密度高,船舶吨位大,平均日通过船只 2 300 多艘,高峰时,日通过船只接近 5 000 艘,航运与施工的安全矛盾突出。为此,方案设计时,在悬索桥、双塔或三塔斜拉桥以及悬索-斜拉协作体系比较后,最终选用主跨 1 088 m 双塔斜拉桥(图 4-4)。

图 4-4　苏通长江大桥

　　苏通长江大桥创造了四个记录:

　　(1) 最大主跨(斜拉桥):苏通大桥主跨径为 1 088 m,是世界跨径最大的斜拉桥,也是世界第一座超千米跨径斜拉桥(表 4-6)。跨江大桥全长 8 146 m,由主桥,南、北引桥,辅桥三部分组成,主桥全长 2 088 m,辅桥全长 923 m,北引桥全长 3 485 m,南引桥全长 1 650 m(图 4-5)。

表 4-6　2011 年世界斜拉桥跨度排名

序号	桥　名	主跨(m)	所在国家	建成时间
1	苏通大桥	1 088	中国	2008
2	昂船洲大桥	1 018	中国	2008
3	鄂东长江大桥	926	中国	2010
4	多多罗大桥	890	日本	1999
5	诺曼底大桥	856	法国	1995

续　表

序号	桥　名	主跨(m)	所在国家	建成时间
6	荆岳大桥	816	中国	2010
7	Incheon Bridge	816	中国	2010
8	上海长江大桥	730	中国	2009
9	闵浦大桥	708	中国	2009
10	南京长江三桥南汉桥	648	中国	2005

资料来源：科技导报编辑部,2011

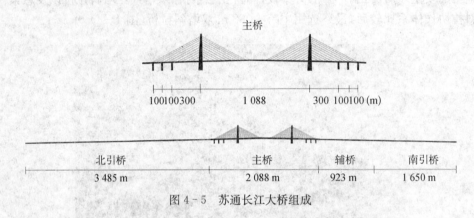

图 4-5　苏通长江大桥组成

　　(2) 最深基础：苏通大桥主墩基础由 131 根长约 120 m、直径 2.5～2.8 m 的群桩组成，承台长 114 m、宽 48 m，面积有一个足球场大，是在 40 m 水深以下厚达 300 m 的软土地基上建起来的，是世界上规模最大、入土最深的群桩基础。

　　(3) 最高桥塔：苏通大桥采用高 300.4 m 的混凝土塔，超过了日本的明石海峡大桥桥塔，为当时世界最高桥塔。

　　(4) 最长拉索：苏通大桥最长拉索长达 577 m，比日本多多罗大桥斜拉索长 100 m，为世界上最长的斜拉索。

　　2010 年 3 月 26 日，在美国土木工程协会（ASCE）举行的 2010 年度颁奖大会上，苏通大桥工程获得 2010 年度土木工程杰出成就奖，这也是中国工程项目首次获此殊荣。苏通长江大桥的通车，标志着中国桥梁施工技术迈入了一个新台阶。

四、长三角沿江港口开发建设

　　长三角沿江地区江海交汇、南北居中，具有得天独厚的区位条件。苏、

沪各港口组成具有强大发展潜力的港口群。上海港位于我国东部海岸中部
长江三角洲平原的东南部,控长江咽喉,东临东海,南临杭州湾。江苏省沿江
港口主要包括南京、镇江、常州、江阴、苏州(含张家港、常熟及太仓港区)、南
通、泰州、扬州 8 港(图 4 - 6)。由于各港所处地理位置、依托城市、交通状况、
自身规模和腹地经济发展水平等不同,各港的功能及作用也各不相同。沿江
重点发展南京、南通、镇江、苏州港,相应发展其他地方港口的总体格局已初步
形成。

　　关于上海港的开发建设,在第 6 章上海实习区中介绍,这里重点分析江苏省沿
江港口开发建设。

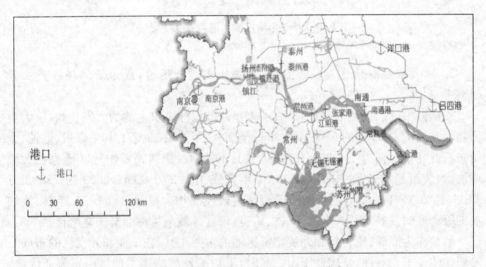

图 4 - 6　长三角沿江地区主要港口分布

(一) 沿江港口开发现状与特点

1. 吞吐量持续增长,成为支撑江苏经济社会发展的重要基础设施

　　江苏省自然资源,尤其是能源匮乏,需要大量运进各类原料和工业半成品,同
时也需要运出大量工业、商业成品和半成品。水运大容量、低成本的优势,决定了
港口在江苏经济及社会发展中重要的基础作用。沿江港口是能源、原材料引进和
产品外销的运输主力,例如沿江港口煤炭调入量占全省总调入量的一半以上,全省
90％以上的铁矿石、原油等也是由港口调入。改革开放以来,随着江苏经济的快速
发展,沿江港口吞吐量保持持续快速增长,总吞吐量由 1990 年的 8 776 万 t 增长到
2010 年的 101 984 万 t;外贸吞吐量由 1990 年的 705.8 万 t 增长到 2010 年的 16 285 万 t
(图 4 - 7)。

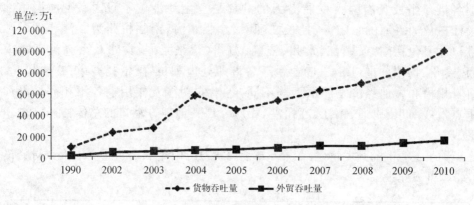

图 4-7 长三角沿江地区港口吞吐量变化

资料来源：历年江苏省统计年鉴

2. 以大宗能源物资吞吐为主，集装箱比重增长迅速，成为沿江经济产业带的引导者

长期以来，煤炭、原油、金属矿石一直是江苏沿江港口主要的大宗货物，三大类货物吞吐量由 1990 年的 5 647 万 t 增长至 2008 年的 4.19 亿 t，其中煤炭、原油、金属矿石吞吐量分别为 1.9 亿 t、0.43 亿 t、1.86 亿 t。集装箱货物吞吐量也在大幅增加，集装箱是增长最快的货种，2004 年完成 161.2 万 TEU，2009 为 738.2 万 TEU，是 2004 年的 4.5 倍。同时随着基建规模的加大以及沿江石化、建材、粮油加工等产业的发展，钢铁、水泥、木材、矿建、粮食等散杂货吞吐量快速增长。

港口作为能源、原材料和外贸物资运输的主要工具，在工业和开发区的布局及发展中体现了先导性、基础性作用。同时，港口的发展增强了地区商贸流通优势，改善了投资环境，提升了区域综合竞争力，在吸引外资、服务外向型经济发展中起到了重要作用。因此，依托长江黄金水道和港口优势，以产业链为纽带，开发区为载体，形成以化工、冶金、电力、造船、造纸和现代物流等为主的临江基础产业带，沿江地区近年来成为承接国际产业和资本转移的热点地区。

3. 江海联运和中转日益繁忙，成为长江中上游地区物资转运和对外交往门户

江苏沿江港口依托通江达海、承东启西的区位优势，不仅为江苏本地服务，同时为长江中上游地区运输服务，成为中西部地区能源、原材料及产品交流的重要平台，沿海地区经济向内陆辐射的纽带。沿江港口承担海进江接卸、江海联运和长江中上游地区大宗能源及外贸物资中转运输任务，因此港口海轮运量快速增长，海港特点日益突出。沿江港口吞吐量中有 35% 左右是为长江中上游转运的，中上游 60% 以上的外贸转运物资在江苏省港口完成。其中，中上游地区大型企业所需的几乎全部外贸原油、70% 的进口铁矿石、30% 的集装箱均由江苏沿江港口中转。

4. 港口投资多元化，公用、业主及商贸码头共同协调发展

江苏沿江港口在公用码头发展的同时，业主、商贸码头也共同发展。一大批钢铁、石化、电力、汽车、造纸、造船以及粮食加工工业的大型骨干企业沿江设厂，形成相应的产业带，这些企业自建了一批码头用于解决自身的运输需求。政府鼓励能力富余的业主码头转为向社会开放，承担部分社会化运输。随着市场化的深入和投资体制的多元化，一些厂矿企业或物资部门等根据市场需求投资建设了一批具有公用性的商贸码头，对外承接社会化运输。

（二）沿江港口开发存在问题

1. 港口基础设施结构性矛盾有待解决

当前港口吞吐量增长速度远远超过港口建设速度，港口总通过能力不足矛盾日渐突出，特别是公用码头和大型专业化泊位能力不足的矛盾更为严重。其一是大型深水泊位不足。江苏沿江仅有万 t 级以上泊位 320 个，5 万 t 级以上泊位虽然增长迅速，已达到 95 个，位居全国第一，但是 2010 年沿江港口吞吐量、集装箱吞吐量已分别达到 10.2 亿 t、738.2 万标箱，导致一些港口长期超负荷运行。其二是大型专业化码头短缺。以煤炭为例，北方各煤炭装船港拥有大量煤炭专业泊位，并采用连续式装船机，装船能力在 5 000 t/h 以上，堆场面积也足够大。反观江苏港口，煤炭专业泊位偏少，使用通用泊位接卸煤炭的港口不在少数，并且装船卸船机较为落后，吞吐能力偏低，堆场面积不足，有的港口甚至采用纯人力作业的方式，导致煤炭运输环节产生较大损耗并带来环境污染。其他干散货和集装箱也有类似情况。

2. 港口布局有待优化

由于缺乏权威的区域港口发展协调机构，致使各港规划之间缺乏有效协调，出现了各港、各企业各自为营，互争项目，局部重复建设及岸线资源的无序开发现象。同时由于沿江经济普遍存在产业结构趋同和按行政区划发展"诸侯经济"，港口发展功能趋同，港口间为争夺货源而开展恶性竞争，导致两败俱伤。即使同一港口内，也普遍存在岸线利用不合理、港区或码头间缺乏分工协作等情况。分工不明确、低水平竞争等问题制约了港口的发展，使得江苏沿江沿海港口整体竞争实力没有得到充分发挥。

3. 深水岸线资源开发效率低

由于缺乏强有力的行业管理，港口建设和岸线审批仍存在多头管理的问题，岸线管理薄弱，导致岸线资源利用不合理，局部地区岸线开发利用零乱、深水浅用、工业建设占用大量港口岸线的现象比较严重，资源开发效率低。

（三）沿江岸线资源开发规划

江苏省长江岸线全长 1 175 km，其中主江岸线长 861 km，洲岛岸线长 314 km。

主江岸线中,南岸 412 km,北岸 449 km;深水岸线约 302 km、中深水岸线约 113 km,分别占主江岸线总长的 35%和 13%。目前主江岸线已利用 240 km,占主江岸线总长的 28%,其中南岸 158 km,占 38%;北岸 82 km,占 18%。洲岛岸线已利用 10 km。

1. 岸线资源开发规划原则

合理开发利用长江岸线资源是沿江开发的前提,在开发利用过程中应遵循以下原则:

(1) 坚持深水深用和浅水浅用的原则

根据岸线的资源条件,合理确定岸线功能,按照港口码头、工业和仓储、过江通道、取水口、生活旅游、生态保护等不同类型开发利用岸线资源,提高岸线资源的使用效率。

(2) 坚持集约开发的原则

集约开发港口、工业、仓储等生产性岸线,引导产业向陆域纵深发展,避免产业园区沿岸线依次布局。限制投资强度和产出率较低的生产企业贴岸布局,提高岸线开发的投资强度和利用效率。

(3) 坚持上下游结合和近远期协调的原则

开发过程中要统筹考虑上下游和左右岸的河势稳定、防洪安全和生态安全;近期开发要为远期发展预留岸线,对开发前景良好且暂不具备开发条件的岸线予以保护。

(4) 坚持利用和治理相结合的原则

在岸线开发利用的同时,要保障防洪安全,促进河势稳定,加强河势演变监控、洪水防治、航道疏浚等。加强河道整治,形成新的深水岸线。

2. 岸线资源开发布局

(1) 港口公共码头岸线

港口码头对岸线条件的要求是稳定性好,不冲不淤或冲淤微弱,深水或中深水,后方陆域较宽。主要分布在:

◆ 南岸

南京板桥港区、老港区、新生圩港区、龙潭港区岸段,镇江高资港区、高资河口—镇扬汽渡、老港区和大港、扬中岛屿靠近主航道一侧岸段,常州录安洲—圩塘岸段,江阴老桃花港—夏港翻水站口、夏港翻水站口—鲥鱼港岸段,张家港巫山港—老套港岸段,常熟常浒河口—徐六泾口岸段,太仓浪港口—七丫口岸段。

◆ 北岸

南京陈圩—长江大桥、西坝头附近岸段,扬州六圩岸段、泰州口岸、永安洲岸段、泰兴过船岸段,靖江东兴、八圩、靖城、斜桥岸段,上天生港—焦港岸段,南通如皋长青沙泓北沙、南通港区和狼山港区、水山码头—海太汽渡岸段。

随着沿江开发的进一步推进，公用码头需求日趋增加。要充分挖掘现有港口潜力，提高吞吐能力；积极调整和优化上述开发利用程度较高的岸段，提高岸线利用率；适当开发条件优良、需求旺盛的岸段，近期重点开发南京龙潭港区部分岸段、镇江高资河口—镇扬汽渡岸段、常州录安洲圩塘岸段、太仓浪港口—七丫口岸段、靖江八圩岸段。

预留远期港口发展岸线：南岸有南京龙潭港区的大部分岸线、扬中岛屿靠近主航道一侧的部分岸段、江阴芦埠港—夏港翻水站口岸段；北岸有南京西坝头附近岸段、扬州六圩岸段、江都三江营—嘶马岸段、泰州靖江东兴、靖城、上天生港—焦港岸段，南通如皋长青沙—泓北沙、横港沙、水山码头—海太汽渡岸段等。

(2) 工业和仓储岸线

工业和仓储对岸线的要求和港口类似，但程度相对较低。除港口以外的深水和中深水岸线，均可作为工业和仓储利用。应将有一定污染的企业布局在取水口和城镇的下游方向，并保持一定的距离。近期重点开发岸段包括：

◆ 南岸

南京板桥、栖霞岸段，镇江高资、谏壁、大港岸段，江阴利港—夏港、黄山港—长山岸段，常州录安洲夹江岸段，张家港老套港—老沙码头、渡泾港—西界港岸段，常熟徐六泾口—金泾塘口岸段，太仓荡茜口—浪荡口、七丫口—海塘河岸段。

◆ 北岸

南京大厂岸段，扬州仪化码头—胥浦河口—瓜洲—六圩岸段，泰州口岸、永安洲岸段、泰兴过船岸段和靖江东兴、八圩、斜桥、新桥、西来岸段，南通如皋由来沙、天生港区、营船港闸—水山码头岸段。

对于目前无法开发利用的生态保护岸线，部分可作为远期工业仓储岸线控制保护。南岸主要有南京梅子洲靠近主航道一侧岸线，张家港十字港—渡泾港岸段，常熟金泾塘口—自茆口、白茆小沙外侧岸段；北岸主要有扬州嘶马河口—滨江岸段、省共青团农场—江都泰州界岸段，泰州靖江上青龙港—上四圩岸段。

(3) 过江通道岸线

过江通道岸线要求地质基础坚固，河势稳定，河道相对较窄。随着南北交往日渐加大，要留有足够适宜通道建设的位置。除已建和在建的桥位要留有足够的岸线供配套服务设施建设外，今后预留的过江通道位置如下：南京板桥—大胜关、梅子州桥位、石埠桥桥位、下关地铁过江、三江口—大道河口岸段，镇江五峰山和扬中桥位、常州桥位、江阴肖山—靖江越江岸段，常熟徐六泾—通州南通农场岸段，泰州高港和泰兴桥位,江阴新桃花港上—靖江界河口下岸段,南通天生港西部—张家港三兴岸段。根据发展需要,上述桥位可适当调整。

(4) 取水口岸线

取水口要布局在岸线比较稳定、上游没有污染、不产生严重淤积的畅流河段。从提高人民生活质量的角度出发,选择适宜岸段,建立必要的水源保护区,并对调水水源区域进行重点保护。目前,本区沿长江共有 36 个取水口,占用岸线约 55 km,且大部分占用深水和中深水岸线,取水口过多,布局分散,不仅增加了水源保护的难度,也不利于岸线资源的高效利用。要加快取水口布局调整,减少取水口数量,积极推进区域供水工程建设。

主要的调水水源、保护区岸线有镇江谏壁调水水源保护区,常州魏村调水水源保护区,江阴白屈港调水水源保护区,常熟望虞河引江济太调水水源保护区,南水北调江都三江营水源、保护区,泰州引江河口调水水源保护区。

(5) 生活旅游岸线

为保留岸线的自然风貌、开发旅游资源和改善环境,应把临江城市、重点中心镇以及重要的自然景观和人文古迹所在地的岸段预留起来,供居民生活、旅游、休闲。主要生活旅游岸线包括:

◆ 南岸

南京的燕子矶、幕府山滨江、城西夹江、梅子洲及八卦洲岸线,镇江的金山、北固山、焦山及润扬大桥岸段,常州录安洲西段岸线,江阴韭菜港—黄山岸段,张家港的港区镇、双山岛、锦丰和乐余部分岸线,常熟苏通大桥和浒浦镇部分岸线,太仓荡茜口—海太汽渡、浏河镇部分岸线。

◆ 北岸

南京长芦镇部分岸线,扬州瓜洲古渡及瓜洲镇部分岸线、三江营、仪征城区部分岸线,泰州口岸镇部分岸线,泰兴过船镇部分岸线,靖江八圩镇、靖城镇部分岸线,南通狼山风景区岸线等。

(6) 生态保护岸线

生态保护岸线是生产性岸线之间的绿色隔断,具有维持岸线可持续利用的功能。严格保护生态敏感岸线,注重江滩湿地的保护和恢复,近期不具备开发条件的岸线、严重淤积或崩坍的岸线、对控制河势有重要意义的岸线,应作为或视同生态岸线严格保护。主要的生态保护岸线有:

◆ 南岸

南京慈湖口—下三山、梅子洲夹江段、三江口—大道河口岸段,扬中(包括炮子洲)夹江段岸线,张家港老沙码头—渡泾港、西界港—福山塘口岸段。

◆ 北岸

南京浜江—陈圩、长江大桥—大厂卸甲甸、西坝头—赵庄沟岸段,扬州仪征小河口、十二圩—瓜洲、省共青团农场—江都泰州界岸段,泰州天星港—上青龙港、下青龙港—靖如界岸段,南通又来沙尾—天生港、海门新港闸—连兴港岸段。

(四) 主要港口功能定位

江苏沿江港口开发总体定位是:充分发挥现有港口能力,调整沿江港口结构,积极发展集装箱码头,适当发展公用码头和专业码头,根据运输量和货种控制货主码头的建设;重点建设苏州港太仓港区的集装箱码头和南京、镇江、南通、苏州等主枢纽港,配套建设江阴、扬州、泰州、常州等地方性港口,形成专业化分工合理的沿江港口群;积极开辟近洋航线,加强挂港合作,成为长江中上游大宗散杂货的中转港和上海国际航运中心北翼的组合港。

江苏沿江港口在功能上具有较为明显的布局层次:以南京、镇江、南通、苏州港为主枢纽港,以苏州太仓港区和张家港港区、江阴、扬州、泰州港为地区重要港口,以苏州常熟港区、常州港为地区中小港。沿江集装箱港口的布局层次为:以太仓港区为上海国际航运中心集装箱枢纽港的重要组成部分,南京、镇江、南通、张家港港区为主要支线港,江阴、常州、常熟港区、扬州、泰州港为喂给港。主要港口功能定位如下:

1. 南京港

南京港具有独特的地理位置和区位优势,是万 t 级海轮进江的分界点。津浦、沪宁、宁芜等铁路,沪宁、宁通等高速和 104 等国道,长江水运主通道,禄口国际机场,鲁宁、甬沪宁输油管道等共同构成完善的集疏运体系,使其同时具备海轮、江轮运输以及江海转运、长江转运、铁水联运、管水联运的功能,成为全国性综合运输、南北物资交流重要节点和长江流域中上游地区理想的货物中转枢纽。根据南京港所处的外部发展环境和自身发展的优势,南京港的功能和性质为:我国沿海主要港口之一和综合运输体系的重要枢纽,南京市及其周边地区经济发展的重要依托,实施西部大开发的重要窗口,长江中上游地区物资转运的集散地和现代物流服务基地。南京港以原材料、能源等大宗散货和集装箱运输为主,大力发展临港工业和物流业,提升集装箱运输功能,积极建设石油化工专业化码头,成为综合性、多功能内河中心枢纽港。

2. 镇江港

镇江港地处长江与京杭大运河十字交汇处,地理位置优越。以镇(江)大(港)铁路将港区与沪宁线相连,以沪宁高速、104 国道为公路主骨架,以润扬大桥为过江通道,贯通苏南、苏北公路网。依托其所处的地理区位特点、水陆交通条件优势,镇江港的功能和性质为:我国沿海主要港口之一和综合运输体系的重要枢纽,镇江市及苏南地区发展外向型经济、推进工业化进程的重要依托,长江流域及运河沿线重要对外贸易口岸和主要的海江河联运和水陆联运港。镇江港积极发展钢材、粮油等专业化码头功能,建设长江沿京杭大运河南北水运物资中转港。

3. 南通港

南通港地处长江口北岸,具有通江达海的优越条件,处于我国沿海产业带与长江产业带"T"型生产力布局的交汇点,区位优势明显。宁通高速、赣太高速、204 国道及宁启、新长铁路等形成四通八达的对外交通网,通扬、通吕运河等与苏北水系连通。苏通大桥、崇海大桥等过江通道,使南通成为联系南北交通的枢纽。随着长江口深水航道治理工程的实施,南通港的通航条件明显改善,地理位置优势进一步显现。南通港的功能和性质为:我国沿海主要港口之一和长江三角洲区域综合交通运输体系的重要枢纽,上海国际航运中心集装箱运输体系的重要组成部分和集装箱运输支线港,长江沿线能源、原材料等战略物资海进江运输的主要中转港之一,长江中上游地区内外贸物资江海转运的重要口岸,南通市和苏北地区发展临海工业、临港产业和现代物流的重要依托。重点发展江海联运,成为以能源、原材料等大宗散货中转和集装箱运输为主,长江中上游地区和苏北地区大宗货物内外贸物资的集散港,成为上海国际航运中心江苏一翼的重要港口。

4. 苏州港

苏州港地处长江入海口的咽喉地带,背靠经济发达的苏、锡、常地区,东南紧邻上海,地理位置优越。苏州港是为适应苏州市参与国际化竞争和港口体制改革的需要,按照"一城一港一政"的原则和做大做强港口经济的要求,由原张家港港、常熟港和太仓港三港合一组建成的新兴港口,原三个港口相应成为苏州港张家港港区、常熟港区和太仓港区。苏州港特别是太仓港区紧邻上海,可以满足集装箱枢纽港集中建设和必须以国际大都市为依托这一要求;拥有可供成片开发的优良深水岸线资源,符合集装箱枢纽港成规模、大型化的特性;紧靠集装箱生成地,箱源充足,形成集装箱枢纽的需求迫切;是长江口航道整治后可以满足集装箱运输船型大型化、全天候作业要求的港口,同时依托深水港资源,为长江中上游矿石等物资转运服务。因此,苏州港将逐步发展成为上海国际航运中心集装箱枢纽港和江海联运体系的重要组成部分。同时,苏州港是沿江开发区及临江布局的电力、冶金、石化、造纸、建材等基础性产业和加工工业的重要依托。苏州港的功能和性质为:我国沿海主要港口之一和综合运输体系的重要枢纽,上海国际航运中心的重要组成部分,苏锡常地区临江工业开发和发展外向型经济的重要依托。加快太仓港区的集装箱码头建设和功能提升,联合张家港港区和常熟港区,重点发展外贸集装箱、木材、钢铁等大宗物资和能源原材料等专业化码头,成为沿江主枢纽港和上海国际航运中心的重要组合港。

5. 其他港口

◆江阴港：建设为临江工业及周边地区外向型经济发展服务的专业化码头，成为江海河换装、多式联运的地方港口。

◆扬州港：以海、江、河水水中转为主，建设为扬州临江工业及苏北地区物资中转服务的地方港口。

◆泰州港：积极争取和江阴港的分工协作，建设为泰州及苏北地区物资进出服务的地方港口。

◆常州港：充分利用周边地区资源，承担大部分货物运输，建设为常州地区经济发展服务的地方港口。

（五）长江深水航道建设

长江口深水航道治理工程施工前，由于拦门沙的制约，大型海船进入江苏受到限制。无论远洋、近洋航线箱量基本以公路喂给上海港为主，物流成本居高不下。随着江苏沿江港口货物吞吐量的高速增长，到港船舶数量将大幅度增加，长江口畅通的海轮深水航道和沿江大型泊位是沿江经济带乃至整个江苏省经济发展的重要保障。

1998 年 1 月 27 日，由交通部、上海市和江苏省三方出资组建的长江口航道建设有限公司（后在建设公司的基础上于 2005 年 6 月 17 日组建成立交通部长江口航道管理局，2010 年更名为交通运输部长江口航道管理局，下简称长江口航道管理局）挂牌成立，一期工程同时开工，2000 年 3 月实现了 8.5 m 目标水深并试通航，2002 年 9 月顺利通过了国家验收。

二期工程 2002 年 4 月开工，2005 年 3 月，10 m 水深北槽双向航道全面贯通，2005 年 11 月通过国家验收，并同期延伸到南京。

三期工程 2006 年 9 月开工建设，原计划工期三年，后因工程实施过程中遇到回淤量大幅超过预期、回淤分布高度集中等情况，一度出现增深困难的局面。对此，长江口航道管理局组织有关研究单位开展回淤原因分析和减淤工程方案研究，通过大量资料分析、数学模型和物理模型试验研究，提出了增加 11 座丁坝的长度、缩窄北槽上中段河宽，以改善水动力沿程分布，加大水流输沙能力的减淤工程方案；还提出了以阻挡九段沙越堤泥沙、减少大风天九段沙及南坝田区风浪掀沙的影响为目的的南坝田挡沙堤工程和航道轴线局部调整等作为辅助减淤措施。2010 年 3 月，全长约 92.2 km，底宽 350～400 m 的三期航道实现了 12.5 m 通航水深的全线贯通。

在长江口深水航道建设的同时，长江口航道管理局还根据沿江社会经济发展的需求开展了深水航道向上延伸至太仓工程。该工程从长江口深水航道三期工程上端至太仓总计约 39 km，以利用自然水深为主，已先期于 2005 年 11 月与长江口深水航道二期工程(10.0 m通航水深)同步实现了10.5 m通航水深的开通(由于潮位利用的关系,维护深度较北槽深水航道深0.5 m),在长江口深水航道三期工程12.5 m通航水深贯通后,该段航道也将进一步实现12.5 m通航水深的向上延伸。

随着长江口深水航道治理工程的逐步推进,如今3万t级的大船都能靠泊江苏各沿江港口,10万t级的船舶能减载靠泊太仓港,不仅集装箱运输可以就近选择码头运输,更多的散货运输成本也大幅降低。长江口深水航道带来的运输成本优势让更多产业选择沿江布局。

目前,长江南京以下深水航道建设工程正式启动,其中一期、二期将在"十二五"期间完成。长江南京以下深水航道建设将采取整治与疏浚相结合的工程措施,实现长江口12.5 m深水航道向上延伸到南京。该项目是"十二五"全国内河水运投资规模最大的工程,也是我国继长江口深水航道治理工程之后的又一重大水运工程。工程将分三期组织实施,一期工程对长江太仓至南通段实施航道治理,辅以疏浚维护措施,基本实现太仓至南通航道水深达到12.5 m;二期工程对长江南通至南京碍航河段实施关键控制工程或航道治理工程,结合疏浚维护措施,初步实现南京以下12.5 m深水航道的建设目标;三期工程将在适当时机实施太仓至南京段航道治理后续工程,保障南京以下12.5 m深水航道安全、稳定运行。工程竣工后,长江口航道将与长江南京以下航道无缝对接,使国际远洋运输向长江深入约400 km,第三、第四代集装箱船和5万t级船舶可以全天候双向通航至南京港,第五、第六代集装箱船和10万t级满载散货船及20万t级减载散货船可乘潮进出太仓港和南通港,长江江苏段货运通过能力将在现有基础上提高1倍以上,相当于沪宁铁路目前货运量的20倍。同时,由于进江海轮大型化,据测算,每年因此可节约燃油约200万t,减少碳排放量超过600万t,每年可为江苏企业节约物流成本90亿元,新增就业岗位34万个,可大大促进长三角经济一体化和江苏的经济转型升级、结构调整,并将为长江中上游、中西部地区物资的转运发挥重大的作用。

五、长三角地区新农村建设

"十二五"规划中明确提出,在工业化、城镇化深入发展中同步推进农业现代化,完善以工促农、以城带乡长效机制,加大强农惠农力度,提高农业现代化水平和农民生活水平,建设农民幸福生活的美好家园。建设社会主义新农村是一个经济、政治、文化和社会建设四位一体的综合性概念。"生产发展、生活宽裕、乡风文明、村容整洁、管理民主"是新农村建设的美好蓝图。

长三角地区是我国经济最发达、最具活力的地区,具备较好的反哺农业、支持农村的经济基础;另一方面,该地区农民收入的持续提高进一步激发了农村的需求,农民要求提高生活质量、改善生活环境的愿望更为迫切,这使长三角地区新农村建设有了更广泛的群众和社会基础。因此,长三角地区新农村建设与工业化、城市化共同展开,立足城乡互动,推进区域整体、协调发展,领跑全国新农村建设,成为当之无愧的排头兵。

(一) 长三角地区新农村发展概况

长三角地区得天独厚的区位优势和长期形成的物质基础与文化底蕴,在我国的农村改革开放过程中,不断引领农村经济的发展,新农村发展获得了巨大成效。

1. 长三角地区农村发展阶段

改革开放以来,长三角地区农村发展可以简单概括为四个阶段(表 4 - 7):

(1) 第一阶段以家庭联产承包责任制为代表,农村生产力获得了第一次解放,农业生产率大幅度提高,农产品质量大幅度增加,农民收入显著增长;

(2) 第二阶段以乡村的工业化为代表,村级集体经济发展迅速,乡村工业大量兴起;

(3) 第三阶段以农村的税费改革为代表,初期用农业税、农业特产税及两税附加代替了原来的两税及村提留、乡统筹,然后逐步取消农业税和农业特产税,进一步推动了区域中相对落后地区的农业发展;

(4) 第四阶段以社会主义新农村建设为代表,以城乡一体化和促进农民富裕为目标,按照"生产发展、生活宽裕、乡风文明、村容整洁、管理民主"的要求推进,以农村城市化、工业化和农村集体产权制度改革为动力,这一轮的村级经济发展方兴未艾。

表 4 - 7　改革开放以来长三角地区村级经济发展的主要阶段

阶段	时间	内容	发展动力
第一阶段	1978—1984 年	农村家庭联产承包责任制	土地包产到户
第二阶段	1985 年起	乡镇企业发展和个体私营企业发展	乡村工业化
第三阶段	2001—2005 年	农村税费改革	农村税费减免
第四阶段	2005 年起	社会主义新农村建设	农村城市化工业化和农村集体产权制度改革

注: 起始时间针对整个长三角地区总体而言,各地实际时间与表中标示可能有差异
资料来源:袁新敏等,2008

2. 长三角地区农村发展形式

长三角地区村级经济在保持经济实力不断增强的条件下,其实现形式也逐渐呈现出多元化的趋势,完全有别于计划经济时期(表 4 - 8)。

表4-8　长三角地区村级经济的主要形式

主要形式	特　点	典　型　村
以农民家庭为单位从事农副业生产为主的农业经济	村级经济发展薄弱,第二、第三产业发展缓慢	江苏苏州官桥、篁村、天池等苗木村(以种植苗木为主)
以村办企业为核心的实体型经济	村办集体企业具有一定的竞争实力,农民主要在村办企业就业	江苏苏州昆山千灯镇大唐村、浙江宁波鄞州区下应街道湾底村
以集体资产发包、租赁的经营型经济	村里没有实体企业,主要依靠出租厂房、商铺、土地、森林、水面等资源和固定资产取得经营性收入	上海闵行区七宝镇九星村、江苏苏州吴江区淞南村
以对特定行业(如旅游、物流)为对象建立的服务型经济	村级经济主要从事或服务于某些特定的服务行业	上海闵行梅陇镇曙建村、上海金山枫泾镇中洪村
以村级组织为依托,对个体企业、民营企业服务的管理型经济	村级经济组织不直接参与生产经营活动,主要负责村民管理	浙江义乌大陈二村、浙江温岭新河镇南鉴村

(二) 长三角新农村发展实例

1. 江阴华西村——天下第一村

华西村位于江苏省江阴市华士镇,1961年建村,20世纪90年代初,就在全国率先成为"别墅村"、"轿车村"、"电脑村"等。从2001年起,将周边的16个村纳入组成了大华西村,面积由原来的0.96 km² 扩大到30 km²,人口由原来的2 000多人增加到3万多人。2010年实现销售超500亿元,每户村民的存款最低600万元～2 000万元。现已拥有40多项"全国第一"。今天的华西村,创造了"五容"(山容、河容、田容、厂容、村容)美丽,"五子"(票子、房子、车子、孩子、面子)幸福,"五业"(农业、工业、商业、建筑业、旅游业)兴旺的发展奇迹(图4-8)。

图4-8　华西村新农村面貌

(1) 发展动力：华西精神

40多年来，华西人在吴仁宝书记的带领下，坚持社会主义原则，发扬"艰苦奋斗、团结奋斗、提升自己、实绩到位"的华西精神，共同建设社会主义现代化新农村，基本实现了农村城镇化、农业工业化、农民知识化。在精神文明方面做到4个方面的结合：新与旧的结合、物质鼓励与精神激励的结合、宣教内容与村民水平的结合、严肃紧张与生动活泼的结合。

(2) 发展模式

华西村40多年来迈出具有历史意义的四大步："70年代造田"，成为农业样板村；"80年代造厂"，实现农村工业化；"90年代造城"，过上了城镇化的生活；"21世纪腾飞"，实现农村现代化。目前，华西村已经形成了"南有钱庄（工业经济区）、中有天堂（村民生活居住区）、北有粮仓（农林科技示范园区）"的社会主义现代化新农村格局。

1) 发源于"农"

华西人凭借苦干实干，对世代农耕的土地进行了治水改土，科学种田。在十分艰苦的条件下，村党支部率领群众起早贪黑，冒严寒、战酷暑，肩扛手推，白天搞田间管理，晚上平整土地、兴修水利，大力发展农业生产，改善华西环境。花了7年时间，硬是用人工重造了华西村地貌。实现了"亩产一吨粮"，建成了一个农业的样板村。

如今，在产业布局上，大力改造传统产业，挖掘农业内部的增收潜力，大力实施产业结构调整。发展茶叶、蔬菜、水果、中药材、畜牧业等主导产业，突出特色经济，搞好农产品深加工，积极发展乡村旅游；以"竹叶青茶业"、"仙芝茶业"、"禾丰米业"、"正源牧业"等龙头企业为依托，培育标准化农产品基地，全面发展科技农业、生态农业和观光农业。

2) 成就于"工"

60年代开始，华西人又致力发展农村工业，创办了小五金厂，这是华西村工业发展的最早源头。华西真正走上工业化之路是在20世纪80年代，当时苏南乡镇企业异军突起。2000～2001年，先后投资8亿元，做强华西的纺织、冶金和三产，2002年，总投资12亿元的化纤、炼钢项目同时启动。工业从无到有，从小到大并形成了规模。目前，华西集团公司拥有固定资产62.77亿元，成为拥有8家上市公司、1 000多个产品的国家大型乡镇企业，在全国大型企业中名列第100位。企业生产涉及钢铁、建材、化纤、毛纺、建筑、旅游等众多领域，产品远销国内外市场。

3) 借助于"市"

一是商业大发展，在华西村经商的累计有1 500多家；二是建筑业，形成了房产开发、建筑装潢一条龙；三是旅游业，1974年实行对外开放后，华西已拥有了天下第一的金塔、忠王、牛王、鼓王以及天下第一的塔群、幸福园、农民公园、世纪公园等 80 多个景点,每年到华西来观光旅游的人超过 200 万人次。

以乡镇企业带动农村全面发展,全力打造将高效生产、休闲服务、改造环境、美化景观等集为一体的示范园,做大做强做优冶金、建筑、纺织、旅游四大产业链。同时,高标准建设"万亩乡村都市农林科技示范园",加大工业对农业的反哺力度,积极推进农业现代化建设。大力实施三产兴村战略,着力建设以旅游餐饮为龙头的服务业体系。走出一条"以工哺农、一二三产业齐头并进、协调发展、良性互动、优势互补"的新型发展道路。

(3) 拓宽农民增收渠道

1) 促进就业创业,增加工资性收入

华西村在持续的改革发展中,积极营造良好的就业环境,着力培养流通、加工、服务业领域的新型农民,使群众在充分就业中实现增收。此外,积极营造农业的创业氛围,鼓励村民自主创业。

2) 发展现代农业,增加生产性收入

华西村重新定位农业,依托强劲的工业实力,加大以工带农的力度,以现代工业的理念谋划农业,以现代工业的生产方式组织农业,按照统一规划、规模经营、效率管理的原则,大力发展现代农业。2004 年开始,华西村投资 5.2 亿元,启动"万亩农林科技示范园区",把分散的农业生产整合起来,实现生态效益、经济效益和社会效益的统一。

3) 鼓励投资融资,增加资产性收入

华西村遵循着"多提积累,少分配;少分现金,多转制"的原则,农民每人每月领取 20% 的工资作为生活费,其余 80% 存在企业作为流动资金,到年底一次性兑现;第二年进行分红,村民称之为"转制"。华西村把村民的奖金年年"转制",鼓励村民参股,享受至少 5% 的利润分红,保证了广大群众在资产的不断增值中获得持续收入。目前,村民的收入以 20% 的速度递增。

4) 完善社保体系,增加保障性收入

华西村把完善社会保障体系作为造福村民的实事来抓。早在 1979 年,华西村就开始建立农村养老制度。建立了完善的医疗保障制度,对大病、重病给予统筹补贴。村有卫生所,小毛小病不出村就可医治。对拆迁农民,坚持"拆进不拆出"的原则,对拆迁房屋按面积及折旧程度给予农户货币补偿,为其统一建造别墅,并代为搬迁,或者村民自己搬迁,村补贴搬迁费。"基本生活包,老残有依靠,优教不忘小,生活环境好,三守促勤劳,小康步步高",成为大华西农民生活的真实写照。

(4) 特色建设

1) 人才战略

华西始终把培养人才、使用人才作为发展的根本。"小才大用,基本有用;大才小用,一般没用;外才我用,关键在用。"这种不拘一格的用人方式为华西村培养和凝聚了大量的现代化科技人才。

2) 创新机制

十一届三中全会后,吴仁宝带领华西村民从村情出发,因地制宜,并没分田到户,而是跨越了家庭联产承包的历史阶段,实行"农业车间式"的集约化生产经营,科学发展,走生态经济、绿色经济的道路,率先在全村实现了农业专业化、农田林网化、灌溉渠系化、耕作机械化、服务社会化、粮菜商品化,农田已向高效益、高附加值的方向发展。

3) 空中旅游

华西村推出"空中看华西"活动,与国内两大专业培养飞行员的高校合作,预计培养 100 名飞行员,目标是在"十二五"期间,拥有五架直升机、一架公务机,其他的飞行航线也在报批之中。让游客享受空中看华西、看江阴、看无锡以及周边城市风貌的新鲜感觉。

2. 常熟蒋巷村——全国文明村

蒋巷村是江苏省常熟市支塘镇的一个村,位于常熟、昆山、太仓三市交界的阳澄水网地区,东濒上海、南临京沪铁路、西接苏嘉杭高速公路、北依常熟港。全村186 户,800 多人,村辖面积约 3 km²。蒋巷村原来是一个由四面八方逃荒逃难而来的移民临时组建的"穷人村",现在建设成为远近闻名的富裕村、文明村,被誉为"看得懂学得会"的社会主义新农村(图 4 - 9)。

图 4 - 9　蒋巷村新农村面貌

(1) 发展动力:蒋巷精神

勤劳朴实的蒋巷人在村书记常德盛的带领下,树立"穷不会生根,富不是天生"的挑战意识,展现"天改不了,地一定要换"的气概,发扬"团结拼搏、务实创新、艰苦创业、艰苦奋斗"的蒋巷精神,改变了贫穷落后的局面,走上强村富民的道路。

(2) 发展模式

1) 治水改土,农业起家

蒋巷人根治贫穷的第一步,是从治水改土开始的。1968 年,蒋巷村 700 多贫困农民在常德盛的带领下,大搞治水改土,形成"水利开道,低圩改造;复垦复耕,土地扩增;绿化林网,生态平衡;农机耕作,效率倍增;规模经营,两田分离;农林渔兴,造福后人"的总体思路,超前提出了一些建设新农村的基本内涵,硬是从低洼地里改造出肥沃的土地。改革开放后,全面实施"储粮于田"的沃土工程,保障粮食高产优质;改革种植模式,创新耕作方法,摸索出一套单季水稻亩产超双季,农业增效、农民增收的经验。如今蒋巷村在1000亩优质粮油生产基地上,以集约化经营、机械化耕作、生态化种植、标准化生产、社会化服务的新模式建设起绿色生产环境,进行休耕轮作,以达到持续稳产高产。

2)转变观念,工业发家

蒋巷村不失时机推进"二次创业",坚定不移地走工业强村、工业富村之路,1985年顺利实现工业过渡,逐步实现工业化、现代化,已处于工业化发展后期。

白手起家、饱受挫折建设起来的"全国诚信守法乡镇企业"江苏常盛集团,成为华东地区规模最大,系列产品配套,服务功能齐全的轻、重钢结构为龙头的新型轻质建材企业,其钢构件产品还参与了北京奥运会场馆建设工程,"常盛"商标为省著名商标,"常盛"产品为全省同行业唯一的名牌产品,产值销售跃过12亿元大关。

3)科学发展,旅游旺家

率先发展绿色田园旅游产业,推出新农村考察游、学生教育游、农家乐趣游、田园风光游与休闲生态游,实现了经济增长方式的根本性转变,2006年取得了第三产业首次超过第一产业的好形势。2008年,蒋巷村被国家环境保护部评为"第一批国家级生态村"。

蒋巷村的旅游业发展模式主要体现为以工业带动,村集体主体开发经营,村民参与发展(图4-10)。开发过程中,村集体统一规划、统一建设,并成立旅游发展公司对旅游日常事务进行管理,村民多渠道参与旅游业利益分配。

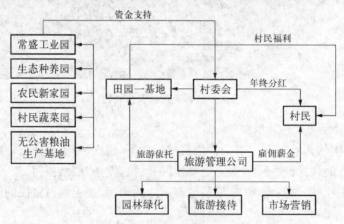

图4-10　蒋巷村乡村旅游发展模式示意图

资料来源:邱玮玮等,2009

（3）拓宽农民增收渠道

1）人均收入大幅增加

蒋巷一直坚持发展集体经济，走全村人民共同富裕的道路。工农业比翼齐飞，农民增收的长效机制得以形成，村民们由此分享辛勤劳动创造的丰硕成果。人均纯收入 1997 年为 6 808 元，到 2000 年达 8 500 元，2010 年增加到 21 000 元。

2）福利措施惠及村民

蒋巷不断加大对基础设施建设的投入，大力发展农村公共事业。全村村级公路主干道全部水泥化，机耕道路、排水沟渠修建完善。蒋巷村的村民新家园由 186 幢别墅和 100 套老年公寓组成，别墅错落有序，老年公寓小桥流水。作为村民新家园的配套设施，建成了商业贸易、医疗服务中心、农民乐园、绿化广场、荷塘长廊以及常熟市第 1 家村级生活污水处理站等，并建有员工公寓楼、职工宿舍楼以及常盛酒家、农民影剧院、俱乐部等。村民家庭的电话、有线电视、有线广播、气化灶具、太阳能热水器、卫生洁具、小水井等生活设施的安装建设，均由集体投资，老年人免费入住老年公寓，统一提供优质粮食，并可按"老"取酬，每月享有养老金等。居住区绿化覆盖率超过了 50%，实现了"学校像花园、工厂像公园、村前宅后像果园、公墓像陵园，全村像个天然大公园"的目标。

（4）特色建设

1）三业并举，生态建设

蒋巷村提出"以发展循环经济为核心，融生态农业、生态工业及生态村建设为一体的环境可持续发展的现代化之路"的口号。

结合种植业、养殖业、副业、渔业结构调整，依托"粮油生产基地"这个平台，依靠"常盛集团"的工业带动，按照科学发展观的要求，合理规划土地、河流、劳动力、资金、技术等资源，蒋巷村建起了集经济效益、生态效益、社会效益于一体的"生态种养园"，并投资建设景点、宾馆、超市、度假村、停车场、服务中心等设施，接受沙家浜红色旅游的辐射，大力发展绿色农业生态旅游经济。

2）四园一基地

以南北 2 km 长的双行柏油马路为中轴，东有生态园、粮油基地相连，西有康居园、蔬菜园、度假村、老年公寓、环湖荷塘长廊相映，南有别墅新区和医疗中心相衬，北有工业园、农民剧场、商贸城、超市相依。四区分明，错落有致，村民新家园、蒋巷生态园、常盛工业园、农民蔬菜园和千亩无公害优质粮油生产基地"四园一基地"相得益彰，城乡一体化成为活生生的现实。

3. 张家港永联村——华夏第一钢村

永联村位于张家港市东北角，1970 年经围垦长江滩涂建村，曾是张家港市面积最小、人口最少、经济最落后的村。40 余年，由江边上一个只有 0.54 km²，700 多人的移民小村，历经以工兴村、轧钢富村、并队扩村、炼钢强村等阶段，发展成为一个土地面积 10.5 km²,村民 10 400 人的现代化新农村。1994 年至 2009 年,永联村土地面积增加了 18 倍,工农业总产值增长了 60 倍,村民人均收入增长了 3 倍(图 4-11)。

图 4-11　永联村新农村面貌

(1) 发展动力:永联精神

在村书记吴栋材的带领下,永联人弘扬"敢破敢立、自强不息、团结奉献、实干争先"精神,打破"以粮为纲"禁锢,挖塘养鱼搞副业;冒着"割尾巴"风险,卷起裤脚"无米之炊"办钢厂;探寻"以工补农"发展道路,实现农业增效农民增收;坚持共同富裕,主动并进周边村庄,谱写了"以工兴村,以钢强村"的发展篇章,昔日的穷村被誉为"华夏第一钢村"。

(2) 发展模式

1) 因地制宜,农业起家

永联于 1970 年由长江边近 700 亩(1 亩≈666.7 m²)芦苇滩地围垦成陆建村。塘浅、坡荒、地洼,遇雨就涝,无雨就旱,迁移来的 200 多户农民走了一半。20 世纪 70 年代,村里挖出 50 亩鱼塘,并将取出的土垫高为地种粮,实现了丰收两旺,掘到了第一桶金。如今,永联村大兴生态建设,有生态林区、农业示范区、生活区,还建造了农耕博览园,美丽整齐的花园住宅遍布全村。

2) 以企带村,村企合一

"无农不稳,无工不富",永联村开始组织村民陆续办起了水泥预制品厂、家具厂、枕套厂等七八个小工厂。1984 年,村里投资 30 万元创办了作坊式轧钢厂,从此步入以钢兴村、以工富民的发展轨道。2002 年,永联人坚持从实际出发,走村企合一之路,在企业改制时保留了 25％的集体股权,以此保证了村集体每年可分得红利。2007 年,永联人再度挑战自我,靠大联强,推动永钢与全国最大的民营钢铁企业沙钢联合重组,村里经济得到了更快的发展。

如今,以永联厂为核心的江苏永钢集团公司已发展成为全国冶金行业百家重点大中型企业集团,并被列入江苏省重点乡镇企业集团,集团总资产近 145 亿元,2010 年销售收入超过 285 亿元,利税达 16 亿元,并且拥有两座万吨级的长江码头——永泰和宏泰码头。

3) 以工促农,多元拓展

永联村不断以工业反哺农业,强化农业产业化经营。2000 年成立永联苗木公司,将全村 4 700 亩可耕地全部实行流转,对土地进行集约化经营,获得了巨大的经济和社会效益;目前,永联村正在规划建设 3 000 亩高效农业示范区,设立农业发展基金,对发展特色养殖业予以补助,促进高效农业加快发展。

此外,永联村将符合社会经济生活发展方向的保健品和中医药产业,作为调整产业结构的重点。2000 年底,建成了张家港市联峰保健食品有限公司,并配套建起了华东地区规模最大的梅花鹿养殖基地,茸杞胶囊、鹿骨粉胶囊、鹿角粉蜂蜜等系列保健品已相继投放市场,产业结构调整取得了阶段性的成果。

(3) 特色建设

1)“五个化”建设

依托“村企合一”的基础,有集体资本的支撑,2005 年起,大力推进永联的社会主义新农村建设,着重解决好“五个化”的问题。一是居住方式城镇化,总投资 15 亿元的钢村嘉园,现代化社区居住环境;二是生活方式社区化,社区服务中心、联峰广场,提高服务层次,“文明家庭奖”引导村民进步;三是生产方式产业化,全村土地流转到苗木公司统一经营,同时,推进工业经济、拓展现代农业、发展旅游产业、促进个私经济发展;四是组织方式自治化,设立园区,楼道,实施民主管理;五是收入方式多元化,工资性、财产性、经营性和福利性收入多元并存。

2) 新农村知识传播平台

2006 年 8 月,永联村投资近 200 万元,改建和扩建了永联图书馆,建起了总面积达 800 多平方米的农家书屋。把农家书屋打造成一个功能设施齐全化、信息流通自动化和服务规范优质化的一流综合型图书馆,充分发挥其功能和作用。

参照现代图书馆标准模式建设,把农家书屋分成服务区、综合借阅区、报刊文学阅览区、和电子阅览区等四个区,每个区域都安装了中央空调及阅览桌椅,真正实现管理系统自动化。此外,书屋积极开展各项读书活动,“读书让生活更美好”座谈会,“努力走在社会主义新农村建设前列——家庭读书竞赛活动”、读者园地等活动真正为永联人搭建了一个知识的平台,也成了农民更新农业种植技术,走向发家致富的有效渠道。

3) 村企合一

以企带村。永钢集团是市场经济的"弄潮儿",始终保持了持续、高效的发展势头,建立了现代企业制度。永钢集团还发挥自身的产业优势,创办了制钉厂等劳动密集型产业,有效吸纳了村里的剩余劳动力。

以村促企。永联村历经数次并队扩村,为永钢的发展提供了巨大的空间。永联集中居住,创建社区的发展使永钢在市场低迷的时候能够实现"自产自销",大大降低了企业风险。与此同时,为保护企业发展环境,2002 年以来,永联将 4 700 亩土地全部种上苗木,为永钢培植"绿肺",使企业成为"绿色工厂",实现企业的可持续发展。

4) 世博会永联展

2011 年 8 月 23 日至 9 月 1 日,永联村与世博牵手的重头戏——"上海世博会苏州案例永联村主题展"在上海世博园城市最佳实践区苏州馆内隆重上演。永联展主题为"城乡一体化,农民更幸福"。这一主题有两层意思:一方面,城乡一体化后,农民享受到城市居民一样的生活,生活质量在原有的基础上会有显著提高;另一方面,城乡一体化后,农民与城市居民相比,生活空间更广阔、环境更优美、空气更清新、交通更畅通、房价更便宜,因此生活更幸福。永联主题展,不仅呼应和丰富了上海世博"城市让生活更美好"的主题内涵,更以永联村建设的生动案例,向国内外游客展示了中国城乡一体化建设的成功前景,呈现了中国新农村建设的前沿风貌,说明了什么才是中国农民的幸福生活。

六、主题公园的发展与规划

改革开放以来,中国经济迅猛发展,人民生活水平显著提高,国民对文化层面和精神领域的追求更加迫切,国内各种主题公园的兴建正反映了国民的这种诉求。据不完全统计,自 1989 年 9 月 21 日中国真正意义上的主题公园——深圳"锦绣中华"诞生开始,全国各地主题公园蓬勃发展,数量达到 2 500 家之多。2004 年 10 月在上海举办的中国主题景点国际峰会披露,在 2 500 多家主题公园中,亏损的占 70%,收支持平的占 20%,只有 10%的主题公园处于盈利,约有 2/3 难以收回投资。是什么原因导致国内大多数主题公园陷入亏损的境地? 影响主题公园发展的因素又有哪些?

(一) 主题公园概述

1. 主题公园的概念

主题公园(theme park)是现代旅游业在旅游资源开发规划过程中产生的新的旅游吸引物或新旅游体,也正因为是随时代发展而产生的新事物,所以对其概念的

定义比较多,其中具有代表性的有:

(1) 主题公园是一种人造旅游资源,它着重于特别的构想,围绕着一个或几个主题创造一系列有特别的环境和气氛的项目吸引旅游者。(保继刚,1994 年)

(2) 主题公园是一种以游乐为目标的拟态环境塑造,或称之为模拟景观的呈现。它最大的特点就是赋予游乐以某种主题,围绕既定主题来营造游乐的内容与形式,园内所有色彩、造型、植被等都是为主题服务,共同构造游客容易辨认的特质和游园线索。(周向频,1995 年)

(3) 主题公园就是以特有的文化内容为主题,以现代科技和文化手段为表现,以市场创新为导向的现代人工景区。(魏小安,1999 年)

(4) 人造景观(我国曾一度以此来称谓主题公园)指现代所建的为满足旅游业需要,经过人工创意新建造的经营性旅游吸引物。(陈光照,2001 年)

从上述观点可以看出,主题公园首先要有主题,其次是一种人造旅游景观,主题公园以创新为导向,为旅游资源贫乏但市场区位优势明显的地区提供了发展旅游经济的可能性,亦为旅游资源相对丰富的地区注入了新的现代文化气息和新的生命力。

2. 主题公园的发展历史

主题公园早在 17 世纪就萌芽于欧洲,经历了街头娱乐形式—城市户外游乐花园—机械游乐园—主题公园的发展过程。主题公园最早可追溯至古希腊、罗马时代的街头市场杂耍,随着经济与社会的发展,这种形式逐渐演变为专门的由绿地、广场、花园与音乐、表演设施组成的户外游乐场地。到 19 世纪末,科技取得了长足的进步,人们开始在娱乐花园中逐步融入一些机械游戏器具,形成了机械游乐园这种主题公园的前身。一般认为现代主题公园起源于荷兰。1952 年,荷兰的一对马都拉家族夫妇为纪念在第二次世界大战中牺牲的独生子,兴建了一个微缩了荷兰 120 处风景名胜的公园。此公园开创了世界微缩景区的先河,开业时即轰动欧洲,成为主题公园的鼻祖。

19 世纪中期主题公园传入美国。1955 年 7 月 17 日,在加利福尼亚州建成开业的迪士尼乐园,标志着世界第一个具有现代概念的主题公园的诞生。迪士尼乐园将迪士尼电影场景、动画技巧与机械设备相结合,将主题贯穿各个游戏项目,由于能够让游客有前所未有的体验,很快风靡美国,并传到世界各地,如法国巴黎迪士尼乐园、日本东京迪士尼乐园、香港迪士尼乐园,以及正在建设的上海迪士尼乐园。我国第一个主题公园——“锦绣中华”于 1989 年 9 月在深圳诞生。

3. 主题公园的特征

主题公园作为一种现代旅游景区类型,具有以下五个特征。

(1) 主题选择的特色性

个性主题是主题公园与普通公园的区别和灵魂。主题公园依靠营造“人无我有"、"人有我异"、"人异我精"、"人精我创新"的特色个性,号召和吸引游客产生好奇心理。在主题定位及选择时,不仅在设计、创意上要有绝对的独特之处,同时还必须充分结合当地的旅游资源,才能形成个性鲜明的具有"点睛之笔"的主题。一旦主题形成,则还要不断提高科技含量和操作门槛,使其他主题公园无法进行模拟和仿建,唯有这样,才能维持主题公园固有的魅力,做到"一直被模仿,从未被超越"。

（2）总体多适性和效益广泛性

主题公园的总体活动能够适合不同年龄段、不同文化层次的人群,大家都能寻找到适合自己的娱乐内容和参与形式,"独乐乐不如众乐乐"才能获得利润与回报。另外,主题公园的效益具有广泛性,这里不仅有经济效益,同时还有对游客群体进行身心文化陶冶的社会效益和对园林绿地景观再造的环境生态效益。主题公园效益是以上三者的高度融合。

（3）产品精致化和表现方式高科技化

"巧妙构思主题,精致施工细节,想人所未及想,能人所未及能",这"24字方针"应该是主题公园成功的基本保证。主题公园里的大部分景物都是供游客在闲庭漫步中近距离观赏的,因此,园内的每个建筑景观、小品陈设、灯光效果等都应做到追求精致。主题公园必须通过运用各种技术手段,把创造性的构想"主题"成功塑造为现实的旅游环境和娱乐氛围,这样才可以获得动态、多彩、互动、参与、立体化的奇妙效果,提高项目的精确性、参与性、娱乐性、难忘性和教益性,使参与其中的游客充分感受到休闲娱乐的美好体验。

（4）投入高、风险大但经营方式多样化

主题公园的建设是一项庞大而复杂的系统工程,需要大量的资金投入,同时也面临巨大的回报风险。如1994年开业的深圳世界之窗,其当年兴建时的投资额为6.5亿元人民币;1998年,二期工程深圳华侨城欢乐谷总投资更是达到8亿元人民币。主题公园的风险也很高,例如上海嘉定于1997年投资7个亿建设的福禄贝尔科幻乐园在同年9月就关门倒闭。基于此,大部分主题公园的经营方式具有灵活多变的特点,不仅涉足旅游,还渗透到餐饮、地产、文化教育与展览会展等,争取利益最大化。

（5）利润周期的延长靠主题活动的时时创新

主题公园不同于传统旅游景区。传统旅游景区的自然风光或历史沉淀是不可复制的,它是凭借丰富的自然或人文价值形成对游客的吸引力。而主题公园不同,由于主题公园所选主题具有一定的时效性,当主题公园开业一段时间后,主题的新颖度、吸引力和游客的好奇心便开始下降,所以生命周期相对较短,而延长生命周期的唯一办法就是不断更新内容和加大旅游项目互动的参与性,这是主题公园永葆青春活力的王道之法。

4. 主题公园的分类

主题公园的分类,归结起来主要有两种:

一是根据旅游体验类型和主题内容划分,将主题公园分为五大类,分别是:游乐型主题公园、情境模拟型主题公园、观光型主题公园、动植物型主题公园和异国民俗型主题公园(图 4 - 12)。

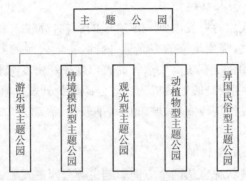

图 4 - 12　主题公园分类

游乐型主题公园亦称游乐园,提供刺激的游乐设施和机械游戏,让寻求刺激感觉的游客特别是年轻人乐此不疲,如北京欢乐谷。情景模拟型主题公园最常见的是各种影视城主题公园,让游客能进入魔幻影视世界,体验影视中的各种情节,如浙江横店影视城。观光型主题公园则浓缩了一些著名景观或特色景观,让游客在短暂的时间欣赏最特色的景观,如深圳的锦绣中华。动植物主题型主题公园如各式各样的水族馆、海底世界、野生动植物公园等。异国民俗风情体验型主题公园,则是将不同的民族风俗和民族特色展现在游客眼前,如深圳的世界之窗。

二是按主题公园的投资规模和占地面积来划分,将主题公园分为四类:大型主题公园、中型主题公园、小型主题公园和微型主题公园。此种分类方法分类指标数据各异。结合主题公园的实际情况和发展状况,我国将投资 1 亿元人民币,占地 0.2 km² 左右的称为大型主题公园;投资在 2 500 万至 1 亿元,占地面积相对较小的称为中型主题公园;投资在 1 000 万元以下的主题公园称为小型主题公园;投资在 300 万元以下,仅为一小型景点的主题公园称为微型主题公园。

(二) 主题公园发展的影响因素

主题公园既具有一般旅游业发展的普遍特点,又具有自身的特殊性。影响主题公园规划发展的因素主要有以下几个方面。

1. 区域经济发展水平

区域经济发展水平从投资能力和消费水平两方面影响主题公园的发展。主题公园是一项高投入、高消费的产业,巨大的投资额需要强大的资本市场为依托。一般而言,作为企业行为的主题公园开发,只有在区域经济比较发达的地区,才具备较大规模的投资能力。我国主题公园发展比较成功的广东、江苏、上海、北京都是经济发达的省(市)。区域经济发展水平,还影响居民的收入水平和游客的消费能力,而游客消费能力的大小又直接关系到主题公园的经济效益。

2. 城市化水平和人口规模

主题公园是现代旅游业发展到一定阶段的产物,高投入和娱乐性特点决定了其发展需要积聚人气,需要足够的客流量,因此,主题公园的发展对所在地区及周边地区的人口规模和密度有较高要求。而人口规模和密度与地区城市化水平有直接的关系,城市化程度较高的地区成为主题公园最具开发价值的游客市场。因此,主题公园选址要求在经济较发达、城市化水平较高、流动人口较多的地方,以保证有良好的客源市场。

3. 区域旅游业发展状况

区域旅游业发展状况也从两个方面影响主题公园的发展。首先区域旅游业发展状况直接影响到进入该区域游览的游客数量,而这部分游客将极有可能成为新建主题公园的重要客源;另一方面旅游业发展良好的区域,旅游接待能力和接待质量比较高,旅游配套设施较为完善,这既是游客生活的必需,又是投资人看重的先决条件。

4. 旅游目的地的感知距离

距离可分为客观距离和感知距离,对旅游点吸引力真正起削弱作用的是感知距离而不是客观距离。客观距离以里程来衡量,感知距离则指往返于客源地与目的地之间所需要的时间和费用,是以克服客观距离所消耗的时间和费用来衡量的。客观距离是感知距离的基础,感知距离还受交通便利程度的影响。主题公园选址需要充分考虑园址所在地区的交通条件,良好的交通条件不仅增强旅游竞争力,还可以缩短旅游目的地的感知距离,不断拓展客源市场。

5. 城市旅游感知形象

城市旅游感知形象指城市旅游者在游览城市的过程中通过对城市环境形体(硬件)的观赏和市民素质、民俗民风、服务态度等(软件)的体验所产生的城市总体印象。城市旅游感知形象是一个综合概念,反映的是整个城市作为旅游产品的特色和综合质量等级。城市旅游感知形象对主题公园的规划发展有较为明显的影响。城市旅游感知形象个性特征很强的城市,如北京,新建主题公园引起轰动效应并成为城市旅游形象标志的困难很大,对于大尺度的游客,特别是第一次出游的游客吸引力则较小;而城市旅游感知形象个性特征尚在变化之中或不明显的城市,如深圳,新建有特色的主题公园能较快成为城市旅游形象的新标志,引起轰动效应,对大、中、小尺度的游客都有吸引力,如锦绣中华。

6. 旅游景点的空间分布状态

旅游景点的空间分布状态给主题公园建设带来竞争与集聚双向动态的影响。一方面,不同性质的旅游资源或主题公园相互聚集,会形成区域规模优势,为游客提供多样化的服务,将大大增强对游客的整体吸引力;另一方面,旅游景区(点)的集聚使客流量增加的同时,游客的选择机会也随之增加,可能产生游客分流现象,特别是主题相近的主题公园。一般来讲,知名度大、地位高、特色鲜明的主题公园可能抑制知名度小、地位低、特色不够的主题公园。总体来看,旅游景点空间集聚的正面作用大于反面作用,主题公园宜同其他旅游景点集聚布局。

7. 政府的宏观政策

主题公园是一种资本密集型的旅游项目。早期主题公园的开发,是纯粹个人或企业的自主行为。但随着经济社会的发展,主题公园日益大型化,投资金额日益攀升,个体的投资行为越来越艰难,政府的扶植作用日益凸显。

(三) 主题公园发展规划原则

1. 强化主题策划

主题是主题公园的灵魂。传统意义上的公园只是普通的休闲娱乐场所,可以不需要主题。而主题公园作为一个旅游目的地形态,必须要为旅游者提供与众不同而又新颖奇特的旅行感受,主题公园对旅游者的吸引力和震撼力很大一部分来自有创意的、高品位的主题思想。主题选对了,开发时就易形成独特个性,而且也能提升旅游者的审美品位。

主题公园的主题定位方法主要有两种:一种是以传统文化为主题,如杭州宋城、开封清明上河园等;另一种是以现代化游乐设施为主题,如美国的迪斯尼乐园和环球影城等。无论哪一种方法,都需要经过科学而充分的市场调研与分析,以当地的经济社会发展水平及文化背景为基础,符合当代旅游审美要求,同时又具有一定的前瞻性,力图成为潮流的领导者。在具体项目主题选择上,要注重参与性、知识性和趣味性相结合,既可以扭转主题公园游憩形式被动的不利影响,也可以给旅游者带来多重的精神享受,从而最大限度地达到旅游者满意。

但是在我国主题公园的发展中,我们不可避免地要面对一个事实:一旦某个主题公园获得成功,国内便迅速有人抄袭,上马相雷同的主题项目,重复建设不仅没能产生良好的经济效益,还会毁掉了一个原本不错的"主题品牌"。例如中国东北部山海关到秦皇岛仅仅 160 千米的海岸线上,3 年之间竟崛起了 30 多个"西游记宫"主题公园,将这一主题放大至全国,15 年间共兴建了 460 多个"西游记宫"主题公园。这一大批主题公园主题雷同,缺乏新意,盲目跟风,肯定难逃日益亏损的命运。

2. 重视科学选址

在假设主题公园的主题、投资规模、项目内容已经确定的前提下,市场因素、投资环境和文化因素是主题公园选址的关键。

市场因素主要包括客源市场状况和市场竞争状况两个方面。客源市场不仅要有充足的"量",而且要有一定的"质"。客源市场的"量"由主题公园所在地常住人口数量和流动人口数量决定。客源市场的"质"由目标客源的消费能力和消费习惯决定。市场竞争状况指在同一空间区域内,竞争对手的集聚程度和竞争状况。集聚经济可以提高整体的竞争力,但过分集聚则会引起恶性竞争。因此主题公园选址时,既要考察所在地竞争对手的数量,是不是具有集聚效应,又要注意是不是竞争过于激烈,没有发展空间。

投资环境主要包括所在地区域经济水平、基础设施、交通状况、土地价格、劳动力成本、法律制度等。一般区域经济水平越高,其潜在的游园群体市场和消费能力就越大;基础设施主要是所在地的通信、服务、银行等基础设施以及与旅游业相关的一些辅助服务设施,如餐饮、住宿、中介组织等设施和组织;交通状况有外部交通和内部交通两种。由于主题公园对近程市场的严重依赖,决定了它不能离开城市太远,要依托大型中心城市和旅游城市,具有足够的辐射影响面积。在中国私人交通并不普及的今天,其客源基本在 200 km 以内,另外会有一部分远程游客;土地价格和劳动力成本直接决定着主题公园的投资成本和经营成本;法律制度是投资的软环境,是进行投资的制度保障。

文化因素主要体现在三个方面:既有的区域形象、社区居民的文化观念和地方政府的政策制度。既有的区域形象指人们对某一地区或城市的总体的经济、社会、文化及历史的印象,主题公园选址时要充分考虑到这一点,尽量避免与当地既有的区域形象相悖。社区居民的文化观念主要体现在其对新事物的接受与悦纳上,主题公园布局时最好能够迎合当地居民的文化观念。地方政府的政策制度是主题公园布局选址的重要考虑因素,地方政府的政策倾斜,财政支持等都将减少主题公园选址的前期成本。

3. 丰富文化内涵

一个主题公园是否拥有持续的生命力,其文化内涵起着至关重要的作用。消费者购买有形产品可以获得某种实用价值,而购买主题公园这种无形产品则获得的是一种精神上的享受,因此,主题公园应该更注重产品的文化内涵,并力图与所在地城市既有的区域形象和历史传统达到和谐一致的效果。例如,一提到香港,人们就会联想到"时尚、前卫、充满活力"等词汇,因此在这里建"迪斯尼乐园"就与城市形象相协调;再如,"杭州宋城",它将封建社会繁荣发展的典型时期——南北宋朝的历史文化与古都杭州进行了完美的融合,从而使其文化内涵进一步丰富和发展。北京作为我国的政治和文化中心,历史悠久,名胜古迹荟萃,许多景点都是中华民族五千年文明的象征,在这里建"世界之窗"之类的主题公园对游人的吸引力就会小很多。

4. 产品创新求变

主题公园持久发展的动力来源于产品的不断创新求变。以迪斯尼为例。迪斯尼有一个著名的口号:"永远建不完的迪斯尼"。这个口号充分显示了迪斯尼的创新精神。迪斯尼长期坚持采用"三三制",即每年淘汰 1/3 的硬件设备,新建 1/3 的新概念项目,每年补充更新娱乐内容和设施,不断给游客以新鲜感。对于主题公园这种以人造景观为主的旅游项目来说,不创新就没有发展。任何旅游产品,不论在策划和建设时多么具有前瞻性,但随着时代的发展必然会落伍,只有不断创新,才能保持旺盛的生命力和吸引力。而我国大部分主题公园则"以不变应万变",在旅游服务项目和旅游产品上停滞不前,导致经营状况不佳。

5. 突出以人为本的基础设施建设

我国一些主题公园往往追求投资、规模等外在的大方面,而在一些基础设施细节方面不够认真用心,没有体现人文关怀的深意,容易在游客心中留下"阴影"。所以主题公园基础设施建设都要本着"以人为本"的原则,切实考虑旅游者的需求。这里的基础设施主要指主题公园内的服务设施(包括工作人员服务)、交通设施和场景布景等,例如在入口区域集中设置一些综合服务设施,包括电子化的接待咨询设施、医疗、出租等服务设施,可使游客入园伊始即解除后顾之忧;交通设施不仅可以为游客代步,减缓游客的疲劳感,同时也可以增加游园乐趣,渲染游园气氛。交通设施的建设要充分体现"立体性"原则,从空中缆车到地面火车,从古老的马车、人力车到现代化的电瓶车,风格各异的交通工具给人以"时空交错"的感觉。需要注意的是,服务设施的外观风格和交通工具的选择要依主题而定,不能破坏精心营造的主题氛围。场景布景的制作则力求真实性和身临其境感,这样才能使游客暂时忘却现实生活的纷繁嘈杂,全身心地融入主题公园设定的情景中去。

6. 完善经营管理与盈利方式

一个主题公园无论选址多么恰当、主题多么鲜明、文化内涵多么丰富,如果没有良好的经营管理作保证,也是不会成功的。我国目前许多主题公园经营管理机制僵化,模式呆滞单一,缺乏主动服务和个性服务。对于主题公园这样一个为旅游者提供游乐、观赏、休憩等综合娱乐活动的企业来说,需要细化与灵活化经营管理的各个方面,采纳国内外先进的管理技术,并根据不同的情况随时进行调整,例如针对门票实行弹性制度等,避免墨守成规。

另一方面,我国目前许多主题公园综合收益缺乏支撑力,门票收入占据了整体收入的 80% 以上,而本应是主题公园主要盈利点的餐饮、娱乐、住宿却只占 20% 左右。反观国外主题公园,门票收入在整体收入中只占 50%～60%,而餐饮、娱乐、住宿和购物则占到了 40%～50% 左右。我们要改变主题公园盈利门票为大的局面,完善组合多种盈利方式,将主题公园游乐、餐饮、住宿、旅游商品开发等结合起来,并推动度假设施及旅行社、歌舞演艺、策划设计、动画、网游、主题消费品等与主题公园相关联的其他产业的综合发展,打造一条完整的主题公园旅游产业链条,真正发挥主题公园的整体效益。

(四) 苏锡常地区主要主题公园

1. 常州:中华恐龙园—春秋淹城

(1) 中华恐龙园

中华恐龙园位于常州新区的现代旅游休闲区内,是一座将博物、高科技声光电、影视特效与多媒体网络等完美结合,融展示、科普、娱乐、休闲及参与性表演于一体、以恐龙为主题的综合性主题游乐园,享有"东方侏罗纪"美誉。园区规划总面积3 000亩,一期占地450亩,2000年9月正式开园。中华恐龙园在主题公园经营上锐意进取,大胆创新,最终形成了核心竞争力,即科普性极强的旅游目的地和游乐性极强的科普教育基地,陆续获得了"国家5A级景区"、"全国科普教育基地"、"中国文化产业示范基地"等殊荣,并通过了ISO9001、ISO14001质量环境一体化管理体系,成为常州对外交流的一张闪亮的城市名片。

中华恐龙园布局选址合理,在沪宁沿线上,占有得天独厚的地理优势,水、陆、空交通十分便捷。恐龙园运用情景营造手段,以飞溅的瀑布、冷峭的山岩、无水的海洋、茂密的丛林、洪荒的洞窟等,再现中生代特有的生存环境。化石陈列运用互不雷同的手法,通过高科技手段和声光电的运用,结合影视成像、卡通动画、恐龙翻模、网络游戏以及各类科技制作等,使中华恐龙馆突破了传统博物馆的观念,成为具有震撼力的,集博物、科普、观赏、游乐、参与为一体的现代新型恐龙博物馆。

恐龙园注重绿色生态环境的营造,在园内栽种70余种、4 000多株树木,园区的绿化占全园总面积的70%以上。园区内围绕恐龙馆设有穿越侏罗纪、恐龙山探险、动感立体电影、高空滑索、高空弹射、夏日雪橇、龙海探秘、模拟攀岩、情侣单车以及水上自行车等20余项刺激、动感的游乐活动,使游客放松身心,流连忘返。

(2) 中国春秋淹城

中国春秋淹城旅游区位于常州市武进区,核心部分为春秋淹城遗址,占地300 hm²,距今已有2 500多年的历史。1988年被列为全国重点文物保护单位,已被国家文物局列入申报世界文化遗产预备名录,是至今保存最完整、最古老的春秋时期地面城池遗址。

淹城城内立足原生态保护,城外保护开发。共有六大功能区:淹城春秋乐园、淹城春秋遗址公园、淹城传统商业街坊、淹城野生动物世界、淹城春秋文化拓展区和宝林禅寺。

淹城春秋乐园里的水影秀项目是目前国内少有的大手笔制作。总设计师为担纲北京奥运会开幕式舞美总设计的韩立勋。项目运用了国内乃至全世界罕有的科技手段,空前显示了春秋时期以及中国文化的壮丽与博大精深,场面宏大,气势磅礴。整个创意采用影像视频与多媒体声、光、电互动技术相结合,展现"烟"、"雨"、"春秋"三个篇章。

第一部分"烟"——金戈铁马、诸侯纷争

该部分以吴、楚、越争霸为主线索,以炫彩灯光、灿烂烟花和震撼人心的立体音响,展示春秋时期列国争雄战事频乱、烽火狼烟的时代特征。

第二部分"雨"——灵秀飘逸、春秋丽人

诸侯割据的夹缝中,也曾有一片宁静安详的乐土! 桃红柳绿、小桥流水、轻雾飘渺中隐现出一幅秀丽的江南水乡风光。清波上荡来一叶扁舟,那位容貌清秀的女子,轻舒曼长的水袖,可是淹城百灵公主在戏水,抑或西施在浣纱。画面折射出人们对美好生活的向往……

第三部分"春秋"——百家争鸣、千古经典

水幕上映出取自《诗经》、《论语》、《老子》等经典著作中的名言、警句;耳畔响起莘莘学子的琅琅书声;滚滚的车轮碾出"兵圣"孙武的经典;提篮荷锄的村姑、农夫在诠释墨家、农家的宗旨;阴阳太极八卦是道家、阴阳家的精髓!

2. 无锡:三国城—水浒城

(1) 三国城

无锡三国影视城坐落在葱茏苍翠的军嶂山麓、风景秀丽的太湖之滨,是中央电视台为拍摄 84 集电视连续剧《三国演义》而兴建的大型影视文化景区,"刘备招亲"、"火烧赤壁"、"横槊赋诗"、"草船借箭"、"借东风"、"诸葛吊孝"、"舌战群儒"等 10 多集重场戏均在此拍摄。根据剧情的需要,三国景点内建造了具有影视文化特色和具有浓郁汉代风格的"吴王宫"、"甘露寺"、"曹营水旱寨"、"吴营"、"七星坛"、"跑马场"、"点将台"等几十处大型景点,建筑面积达 8.5 万 m²。后因发展需要,又陆续添置了"桃园"、"九宫八卦阵"、"火烧赤壁特技场"、"竞技场"、"赤壁古栈道"等景点,丰富、充实了景区文化内容,弘扬了民族传统文化。占地 35 hm²,是中视股份继唐城景区之后推出的又一座集影视拍摄、旅游功能于一体的影视城。

(2) 水浒城

水浒城是继唐城、三国城之后,中央电视台为拍摄大型电视连续剧《水浒传》而投资建造的又一个影视拍摄基地,1996 年 3 月《水浒传》剧组进驻开拍,1997 年 3 月 8 日正式开放。水浒城南面与三国城相邻,西濒太湖,占地 580 亩,可供拍摄的水上面积达 1 500 亩。城内建筑风格统一而形式多样,上自皇宫相府,下至民宅草屋,衙门监牢、寺院宗庙、街市店铺、酒楼客栈以及水泊梁山大寨,从各个不同的阶层,充分再现了宋代独特的历史背景和浓郁的风土人情。水浒城主体景观分为州县区、京城区、梁山区三大部分。

水浒城和唐城、三国城一样,是影视拍摄基地,又是旅游胜地,游客们除了可以参观影视剧的制作过程外,还能看到丰富多彩的节目表演。水浒城每天的节目表演有 10 余场。这些根据《水浒传》片段精心编排的节目,既精彩刺激,又生动感人,有大型攻城演出《义取高唐州》,活泼的街头表演《兄弟相会》《杨志卖刀》,展示中华武术文化的《燕青打擂》《武松醉打蒋门神》《梁山英豪》等,随时随地都可看到水浒故事,令游客流连忘返。

3. 苏州:苏州乐园

苏州乐园地处苏州新区中心,规划面积 94 hm²,以名闻遐迩的狮子山为依托,由加拿大多伦多福莱克公司进行总体规划,由苏州新区经济发展集团总公司、香港中旅建筑有限公司、东方电视台、香港金宁有限公司等中外合资企业于 1997 年联合投资建成。主要经营建设娱乐、餐饮及其他旅游配套设施。苏州乐园地理位置优越,距苏州火车站、沪宁高速苏州新区出口均 8 km 左右,城市轻轨、公交及旅游专线均在苏州乐园设立停靠站,形成了十分便捷的旅游交通网络。

苏州乐园以东方迪斯尼为主题,集西方游乐园的活泼、欢快、壮观和东方园林的安闲、宁静、自然为特点,融参与性、观赏性、娱乐性、休闲健身于一体的现代化主题乐园。现有游乐项目及景点 80 多处,且精心打造了啤酒节等节庆文化活动,充分显示了国际现代化游乐高科技与深刻的文化内涵兼具的特点。乐园以游客为中心,各类服务设施齐全,为游客营造了欢乐的游园氛围。

苏州乐园旅游资源独特,狮子山形如雄狮蹲伏且蕴藏着千年人文景观,具有很高的观赏价值和历史价值,又是登山健身的好去处,是现代游乐园内不可多得的自然旅游资源。乐园的卡通狮子栩栩如生,各种狮子雕塑形象逼真、形态各异,代表了全世界不同的信仰和观念,与狮子山的传说互为呼应,体现了苏州乐园所蕴涵的独特文化气息。

游乐项目是苏州乐园的主体旅游资源,乐园从欧美引进了悬挂式过山车、夏威夷海浪、豪华波浪、高空弹射、龙卷风、天旋地转等一大批惊险刺激的高科技游乐设施。乐园的游乐项目依山傍水,与山水自然景观水乳交融,彰显了景观的独特性,构成了一幅具有生态特征的动态山水画卷。狮山脚下的过山车犹如神龙穿山戏水,雄狮与神龙在大自然中和睦相处,象征着天地吉祥。

苏州乐园还具有丰富的人文景观,全园分为苏迪广场、狮泉花园、欧美城镇、加勒比风暴、百狮广场、威尼斯水乡、苏格兰庄园、天狮湖、未来世界、夏威夷世界、儿童世界等景区。秀美怡人的天狮湖、建筑精美的欧美城镇、别样风情的威尼斯水乡、充满田园气息的苏格兰庄园,使游客既能感受到自然醇厚的东方情调,又能领略到缤纷绚烂而优雅的欧陆风情。

七、湿地及其开发保护

(一) 湿地生态系统

1. 湿地的概念与特点

地球上有三大生态系统,即森林、海洋与湿地,其中湿地因其强大的生态功能,被称为"地球之肾"。关于湿地的定义有很多种,国际上公认的是1971年2月2日《国际湿地公约》中的定义:湿地指不论其为天然或人工、长久或暂时性的沼泽地、湿原、泥炭地或水域地带,带有或静止或流动、或为淡水、半咸水或咸水水体,包括低潮时水深不超过6 m的水域。

尽管湿地的概念目前尚无统一,但其共同特点是:湿地是介于陆地和水生生态系统之间的过渡生态系统,最明显标志是有水的存在。通常可以根据水、植物和土壤等基本特征来识别湿地:① 水:地表具有常年积水、季节性积水或土壤过湿;② 植物:水生、沼生和湿生植物;③ 土壤:以排水不良的水成土为主,多富含有机质。

基于湿地的成因和演化过程,其具有以下特点:

(1) 系统的生物多样性

由于湿地是陆地与水体的过渡地带,因此同时兼具丰富的陆生和水生动植物资源,形成了其他任何单一生态系统都无法比拟的天然基因库和独特的生境,特殊的水文、土壤和气候提供了复杂且完备的动植物群落,对于保护物种、维持生物多样性具有难以替代的生态价值。

(2) 系统的生态脆弱性

水文、土壤、气候相互作用,形成了湿地生态系统环境主要素。每一因素的改变,都会导致生态系统的变化,特别是水文要素。当受到自然或人为活动干扰时,生态系统稳定性受到一定程度破坏,进而影响生物群落结构,改变湿地生态系统。

(3) 生产力高效性

湿地生态系统同其他任何生态系统相比初级生产力较高。据报道,湿地生态系统每年平均生产蛋白质9 g/m²,是陆地生态系统的3.5倍。

(4) 效益的综合性

湿地具有综合效益,既具有调蓄水源、调节气候、净化水质、保存物种、提供野生动物栖息地等基本生态效益,也具有为工业、农业、能源、医疗业等提供大量生产原料的经济效益,同时还有作为物种研究和教育基地、提供旅游等社会效益。

(5) 生态系统的易变性

易变性是湿地生态系统脆弱性表现的特殊形态之一。当水量减少以至干涸时,湿地生态系统演替为陆地生态系统,当水量增加时,该系统又演化为湿地生态系统,水文决定了系统的状态。

2. 湿地的成因与分类

湿地形成发展的主要因素是水分,而地貌和湿润气候条件决定了地表水的状况。从地貌条件来看,地势低平,排水不畅,地表有多条径流汇集,地下有隔水层或冻土,不利于地表水下渗,使地表常年处于过湿状态形成湿地;从气候条件来看,降水较为丰沛地区易形成湿地,降水虽少,但气温较低,蒸发微弱地区,因原有水分便于保存,也易形成湿地。

湿地形成原因繁多,因海洋潮汐导致的周期泛滥形成沿海湿地,如海洋沼泽、泥质滩地、红树林沼泽等类型;许多冬季及春季的河水泛滥则形成高纯度的内陆湿地;因暴风雨、地下水的渗流或其他自然因素可能形成淡水沼泽、池塘、灌木沼泽落叶森林低地、森林沼泽、泥炭沼泽以及含盐分或高酸碱值的沼泽及池塘等。

人类活动也直接或间接地制造了许多湿地环境,但与天然形成的湿地在诸多特性上不尽相同。大部分人造湿地包括水库、水田、湖泊、凹洞以及因采矿所挖掘的炕洞;或是因道路、灌溉系统、河海堤及其他建筑工程造成排水不良的区域,也有可能会演变为湿地。此外,政府会因环境保护或污水处理的需要而建造湿地。

一些自然力量或因素,也可能造成湿地。例如在美国中部内布拉斯加州沙丘内的湿地就是风力所造成的,佛罗里达州的大沼泽湿地则是地下水与地面水的交互作用所形成的。也有许多湿地是因"下沉洞"以及流水所共同形成,田纳西州的Reelfoot湖是因地震造成的沉降所形成的,旧金山湾是因San Andreas断层活动所形成。

我国湿地分布较为广泛,受自然条件的影响,湿地类型的地理分布有明显的区域差异。一个地区内可能有多种湿地类型,一种湿地类型也可能分布于多个地区。依据《国际湿地公约》的湿地分类系统,我国湿地分为滨海湿地、河流湿地、湖泊湿地、沼泽湿地和人工湿地五大类28种类型。

沼泽湿地分布以东北地区、四川若尔盖和青藏高原为多,各地河漫滩、湖滨、海滨一带也有沼泽发育,山区多木本沼泽,平原则草本沼泽居多。湖泊湿地主要分布于长江及淮河中下游、黄河及海河下游和大运河沿岸的东部平原地区,蒙新高原地区,云贵高原地区,青藏高原地区和东北平原地区的湖泊地带。河流湿地因受地形、气候影响,在地域上的分布很不均匀,绝大多数河流分布在东部气候湿润多雨的季风区,西北内陆气候干旱少雨,河流较少,并有大面积的无流区。滨海湿地以杭州湾为界,以北除山东半岛、辽东半岛的部分地区为岩石性海滩外,多为沙质和淤泥质海滩,由环渤海滨海湿地和江苏滨海湿地组成;以南以岩石性海滩为主,主要河口及海湾有钱塘江—杭州湾、晋江口—泉州湾、珠江口河口湾和北部湾等。人工湿地主要分布于我国水利资源比较丰富的东北地区、长江中上游地区、黄河中上游地区以及广东等。

(二) 湿地对生态环境的作用及开发保护

1. 湿地对生态环境的作用

杭州西溪湿地在电影《非诚勿扰》拍摄中因其优美的生态环境而出名。从某种意义上讲,湿地是一种重要的生存环境和自然界富有生物多样性的景观,在维护区域生态平衡方面有着其他系统所不能替代的作用。

(1) 影响气候

作为气候的下垫面,湿地具有特殊的热学性质,可形成独特的湿地小气候,包括湿地的土壤温度、贴地气层温度和湿度、冻结和解冻等。湿地水分通过蒸发成为水蒸气,然后又以降水的形式降到周围地区,保持当地的湿度和降雨量,保持一个地方的小气候,从而影响当地人民的生活和工农业生产。同时湿地植物会通过光合作用、分解、堆积等一系列过程改变大气的 CO_2 的浓度,进一步影响全球气候。

(2) 调节流量

湿地是巨大的蓄水库、泄洪区、缓冲带,可以在暴雨和洪水期储存过量的降水而形成洪峰,泄入湿地,再平缓的把径流释出,削弱危害下游的洪水。因此,保护湿地就是保护天然储水系统和环境水量平衡,就是保护工业、农业生产和人民生命财产的安全。

(3) 净化水质

湿地有利于减缓水流的速度,当含有毒物和杂质(农药、生活污水和工业废水)的流水经过湿地时,流速减慢,有利于毒物和杂质的沉降和排除。

(4) 保护堤岸

湿地中生长着多种多样的植物,这些湿地植被可以抵御海浪、台风和风暴的冲击力,防止对海岸的侵蚀,同时它们的根系可以固定、稳定堤岸和海岸,保护沿海工农业生产。如果没有湿地,海岸和河流堤岸就会遭到海浪的破坏。

(5) 防止盐水入侵

沼泽、河流、小溪等湿地向外流出的淡水限制了海水的回灌,沿岸植被也有助于防止潮水流入河流。但是如果过多抽取或排干湿地,破坏植被,淡水流量就会减少,海水可大量入侵河流,减少了人们生活、工农业生产及生态系统的淡水供应。

(6) 低碳(碳汇和碳源)的作用

湿地中有机质的不完全分解导致湿地中碳和营养物质的积累,湿地植物从大气中获取大量的 CO_2,成为巨大的碳库,在全球碳循环中发挥着重要作用。湿地又通过分解和呼吸作用以 CO_2 和甲烷的形式排放到大气中。

独立的湿地是水禽觅食及其筑集的栖息地,提供陆地及湿地物种生境,缓冲洪水,有利于沉积物及营养物质吸收、转化及沉积,具有景观美学意义。湖滨湿地除了具有上述作用外,还具有去除流域内流水体的沉积物和营养物功能,同时也是鱼类孵化产卵区。河滨湿地除了具有独立湿地服务功能外,还具有沉积物控制、稳定河岸以及洪水疏导功能。河口及滨海湿地除了具有独立湿地的服务功能外,还可提供鱼类、甲壳类动物栖息地及产卵区,提供海洋鱼类的营养物,防止风暴潮的侵蚀。岛屿湿地提供沙生物种生境,防止高能波的侵蚀,具有景观美学意义。泥炭沼泽,特别是贫营养泥炭沼泽还有一种特殊的防腐保鲜功能,埋没在泥炭层中的人与动物的尸体能完好保存数百年甚至数千年,泥炭中埋藏数千年的树木仍可制作家具。

2. 湿地的开发保护

长期以来人们单纯以经济利益为评判标准,湿地本身具有的低成本高产出潜力,使得人们通过围垦和筑坝引水等进行了大量改变湿地特征的开发建设活动,破坏了湿地系统,使其自然环境价值严重退化甚至丧失殆尽,造成了不可弥补的损失。我国湿地破坏最主要的原因之一是土地开发,使大量湿地改变用途;另一个原因是因各种需要兴建的水利水电工程,进行大江大河的大规模治理改造,使湿地的水文自然循环被打乱。

从某种程度上说,湿地保护与开发在本质上是一致的,但在现实中却常常表现为对立,造成开发的不可持续。湿地开发中保护不力的主要原因是法制和政策缺失,因此湿地保护与开发建设的重点是:

(1) 加快湿地保护立法,依法做好湿地的登记、确权、发证工作,建立湿地资源档案,为保护管理提供依据。

(2) 建立合理的湿地生态效益补偿机制、湿地生态补水制度、湿地土地占补平衡等制度。

(3) 推进利益相关者广泛参与,建立保护管理与利益相关者良好的双向互动机制。

(4) 把国际重要湿地纳入主体功能区规划的禁止开发区范畴,明确湿地在全国土地利用规划中的地位。

(5) 实施湿地生态保护和恢复工程,加强对外来物种的监测和控制,以及加强湿地周边地区和上游的综合治理。

湿地公园指拥有一定的规模和范围,以湿地景观为主体,以湿地生态系统保护为核心,兼顾湿地生态系统服务功能展示、科普宣教和湿地合理利用示范,蕴涵一定文化或美学价值,具有一定的基础设施,可供人们进行科学研究和生态旅游,并予以特殊保护和管理的湿地区域。其建设目标是在对湿地生态系统有效保护的基础上,注重挖掘湿地的人文资源,示范湿地的保护与合理利用;开展科普宣传教育,提高公众生态环境保护意识;为公众提供体验自然、享受自然的休闲场所。近年来湿地公园成为湿地保护、生态恢复与资源可持续利用的有机结合体,是推动区域社会经济可持续发展的"催化剂",也是湿地保护管理体系的重要组成部分和实践成果。

目前我国的湿地公园有林业部门的湿地公园和住房与城乡建设部门的城市湿地公园两种,林业部门的湿地公园又分为国家湿地公园和地方湿地公园。这两种湿地公园由于主管部门的不同,其定义、建设要求与条件、主导功能等都不尽一致(表 4 - 9)。

表 4 - 9　湿地公园和城市湿地公园比较

比较项目	湿 地 公 园	城市湿地公园
主管部门	林业部	住房与城乡建设部
管理主体	县级以上人民政府设立专门的管理机构	县级以上人民政府设立专门的管理机构
客 体	不限(各类湿地生态系统)	纳入城市绿地系统规划范围的天然湿地
面积要求	20.0 hm² 以上	33.3 hm² 以上
建立条件和要求	① 湿地生态系统在全国或区域范围内具有典型性;或区域地位重要,湿地主体功能具有示范性;或湿地生物多样性丰富;或生物物种独特。 ② 自然景观优美和(或)具有较高历史文化价值。 ③ 具有重要或者特殊科学研究、宣传教育价值。	① 能供人们观赏、游览,开展科普教育和进行科学文化活动,并具有较高保护、观赏、文化和科学价值。 ② 纳入城市绿地系统规划范围。 ③ 能够作为公园。
功能	湿地保护、恢复、宣传、教育、科研、监测、生态旅游	湿地保护、科普、休闲
景观要求	具有显著或特殊生态、文化、美学和生物多样性价值的湿地景观,湿地生态特征显著	具有天然湿地类型,或具有一定的影响及代表性
行 业 规范、标准	主要包括: 《关于加强湿地保护管理的通知》(国办发[2004]50 号)《关于做好湿地公园发展建设工作的通知》(林护发 [2005]118 号) 《国家湿地公园评估标准》(LY/T 1754—2008) 《国家湿地公园建设规范》(LY/T 1755—2008) 《国家湿地公园管理办法(试行)》(林湿发[2010]1 号) 《国家湿地公园总体规划导则》(林湿综字[2010]7 号) 《国家湿地公园试点验收办法(试行)》(林办湿字[2010]191 号)	主要包括: 《国家城市湿地公园管理办法(试行)》(建城[2005]16 号) 《城市湿地公园规划设计导则(试行)》(建城[2005]97 号)
土地利用变化	变化不大,通过恢复增加湿地面积	湿地转变为城市绿地
保护程度	较高,是国家湿地保护体系的重要组成部分	较 低

注:根据相关资料整理

截止到 2011 年,我国国家湿地公园试点总数已达 145 处。这些试点国家湿地公园通过建设与发展,湿地生态系统得到了有效恢复,水质明显改善,生物多样性显著增加。经过验收,在 2011 年举行的第二届中国湿地文化节暨亚洲湿地论坛开幕式上,国家林业局向 12 处湿地公园正式授了牌(表 4 - 10)。我国自 2004 年批准第一个国家城市湿地公园以来,至 2010 年,共有八批 41 处(表 4 - 11)。

表 4 - 10　首批国家湿地公园名录

所在省(市、自治区)	名　称
黑龙江(2个)	安邦河国家湿地公园、白渔泡国家湿地公园
江苏(4个)	姜堰溱湖国家湿地公园、苏州太湖国家湿地公园、扬州宝应湖国家湿地公园、无锡梁鸿国家湿地公园
浙江(1个)	杭州西溪国家湿地公园
江西(1个)	东鄱阳湖国家湿地公园
重庆(1个)	彩云湖国家湿地公园
陕西(1个)	千湖国家湿地公园
宁夏(2个)	银川国家湿地公园、石嘴山星海湖国家湿地公园

注：根据相关资料整理

表 4 - 11　国家城市湿地公园名录

批次	名　称	批准时间
第一批 (1个)	山东荣成市桑沟湾国家城市湿地公园	2004 年 2 月 11 日
第二批 (9个)	北京市海淀区翠湖国家城市湿地公园，河北唐山市南湖国家城市湿地公园，江苏无锡市长广溪国家城市湿地公园、常熟市尚湖国家城市湿地公园，浙江绍兴市镜湖国家城市湿地公园，山东东营市明月湖国家城市湿地公园、东平县稻屯洼国家城市湿地公园、湖南常德市西洞庭湖青山湖国家城市湿地公园，安徽淮北市南湖国家城市湿地公园	2005 年 5 月 20 日
第三批 (12个)	江苏常熟市沙家浜国家城市湿地公园，浙江临海市三江国家城市湿地公园，宁夏银川市宝湖国家城市湿地公园，河南三门峡市天鹅湖国家城市湿地公园，黑龙江讷河市雨亭国家城市湿地公园，河北保定市涞源县拒马源国家城市湿地公园，山东临沂市滨河国家城市湿地公园、海阳市小孩儿口国家城市湿地公园、安丘市大汶河国家城市湿地公园、沾化县徒骇河国家城市湿地公园，安徽淮南市十涧湖国家城市湿地公园，湖北武汉市金银湖国家城市湿地公园	2007 年 2 月 6 日
第四批 (4个)	江苏南京市绿水湾国家城市湿地公园，山东省临沂市双月湖国家城市湿地公园，山西长治市长治国家城市湿地公园，河南南阳市白河国家城市湿地公园	2007 年 6 月 11 日
第五批 (4个)	吉林镇赉县南湖城市湿地公园，江苏昆山市城市生态公园，江西新余市孔目江城市湿地公园，广东湛江市绿塘河城市湿地公园	2008 年 6 月 26 日
第六批 (7个)	浙江台州市鉴洋湖国家城市湿地公园，河南平顶山市平西湖国家城市湿地公园、平顶山市白鹭洲国家城市湿地公园，贵州贵阳市花溪国家城市湿地公园，甘肃张掖市城北国家城市湿地公园，辽宁铁岭市莲花湖公园国家城市湿地公园，黑龙江哈尔滨市群力国家城市湿地公园	2009 年 12 月 3 日
第七批 (1个)	山东省潍坊市白浪绿洲国家城市湿地公园	2010 年 7 月 9 日
第八批 (3个)	江苏南京市高淳县固城湖国家城市湿地公园，山东昌邑市潍水风情湿地公园，福建厦门市杏林湾湿地公园	2010 年 12 月 20

注：根据相关资料整理

（三）苏州、无锡地区主要湿地公园的开发保护

长三角沿江地区是我国淡水湖泊分布最集中和最具代表性的地区，水资源丰富，农业开发历史悠久，是我国重要的粮、棉、油和水产基地，是一个巨大的自然—人工复合湿地生态系统。2005～2006 年间长三角地区兴起一股"湿地热"，纷纷建立湿地公园，开展生态旅游。在 2011 年正式批准的 12 处国家湿地公园里，长三角地区就有 5 处，分别是江苏姜堰溱湖、苏州太湖、扬州宝应湖、无锡梁鸿国家湿地公园、浙江杭州西溪国家湿地公园。同时，长三角地区有无锡市长广溪、常熟市尚湖、绍兴市镜湖、浙江省临海市三江、江苏省常熟市沙家浜、江苏省南京市绿水湾、江苏省昆山市城市生态公园、浙江省台州市鉴洋湖、南京市高淳县固城湖城市湿地公园等 9 处国家城市湿地公园。姜堰溱湖国家湿地公园在第三章镇扬泰实习区已作介绍，本实习区重点介绍无锡、苏州的三个国家城市湿地公园。

1. 长广溪国家城市湿地公园

长广溪国家城市湿地公园位于无锡市蠡湖西南岸石塘桥塊，是连接蠡湖和太湖的生态廊道，总长 10 km，占地约 260 hm²，其中水面约 80 hm²。西依军嶂山，东邻大学城，北连蠡湖，南靠太湖，依山傍湖，无锡主要入湖水系可流经长广溪，之后汇入太湖，具有典型的环太湖地区生态系统和湿地景观。2005 年 5 月被住建部列入第二批国家城市湿地公园名录。

20 世纪 50 年代以前，长广溪具有典型的环太湖湿地景观，城市化进程的加速，使其污染负荷增加，生态功能降低，湿地自然景观被破坏。2002 年，长广溪及其两侧地区被无锡城市总体规划确定为生态用地，定性为湿地生态公园，结合国家综合治理太湖水的阶段目标，无锡市决定建设长广溪湿地公园。湿地类型包括河流、滩涂、池塘、沟渠、稻田等多种，动植物资源丰富，其中植物资源类型包括森林沼泽型、草丛沼泽型、漂浮植物型、浮叶植物型、沉水植物型 5 个植物类型，23 个群系组，29 个群系。常见的鸟类主要有白鹭、池鹭、牛背鹭、树麻雀、金药燕等。长广溪湿地公园形成了湿地生物的多样性，成为无锡城市的景观亮点，对水质改善、涵养水源、调节区域气候、保护生物多样性、环境保护和美化，产生了良好的生态效益。

长广溪湿地公园的建设具有三大优势：（1）距离无锡中心城区仅 6.5 km，湿地修复后城区同时受益，这对城市化发展进程中的中国多数城市具有示范效应；（2）现状条件好，长广溪尚未遭受大的破坏，稍加修复即可恢复；（3）当地政府的高度重视。

长广溪国家城市湿地公园的规划设计目标为：（1）创造地域性及水生动植物生态栖息地；（2）提供民众生态教育设施；（3）提供静态的休憩野趣公园设施；（4）设置水质及生态环境的监控追踪设施；（5）创造河系独有的丰富生态系统并维持其可持续发展。

结合无锡太湖新城规划,长广溪打造成贯通新城的生态廊道和进入主城区的清水通道。在湿地修复后,这里成为无锡最大的天然植物园和鸟园,充分体现生物多样性,也是无锡市的自然科学馆和科普教育基地。

2. 尚湖国家城市湿地公园

尚湖位于苏州常熟市西部,被当地人民称为"尚湖湾",因商末姜太公为寻访仲雍在此隐居垂钓而得名。建于 1986 年初,景区面积 21.74 km^2。2005 年 5 月被国家住建部命名为第二批国家城市湿地公园。宽广的湖面与十里虞山山水相映,环湖长堤横卧湖中,荷香洲、钓鱼渚、鸣禽洲、桃花岛等七个洲岛形成湖中有岛、岛中有湖的独特景观。尚湖生态环境为苏南地区翘楚,湖的四周有 21 km 的环湖绿带,成片的湿地和森林。良好的生态使尚湖成为鸟禽的天堂,目前景区鸟禽达 100 多种,其中不乏国家一、二类保护珍禽。

尚湖几千年来历经沧桑。十年动乱,尚湖也遭劫,一万九千亩水面被"围湖造田",只剩下两千多亩零星水泽。围填之处说是农田,其实种过几熟以后,因地质、地势和肥力诸多原因,大多成为薄地日渐抛荒。更严重的是,生态环境失去平衡,湖中原有的大量鸟禽离开了。

1985 年初,当地政府为恢复尚湖生态平衡和山水景观,开发旅游风景区,决定退田还湖。特地请同济大学风景园林专家共同规划设计,调集万名民工筑成了长 21 km 的环湖大堤和 1.4 km 的穿湖大堤,开始放水"还湖",之后初具规模的尚湖湾风景区开始对外开放。2003 年政府对尚湖周围污染点源展开拉网式调查,对 52 个电镀、化工、禽畜污染源"一刀切",全部依法取缔,800 亩围网养殖也被清除。从此尚湖水质有了根本改变。曾培炎曾称赞:"尚湖是太湖流域水域治理的典范。"

经过多年的建设和经营,如今的尚湖,12 000 亩的湖面碧波荡漾。水上森林是尚湖湿地的特色,一处在钓鱼渚,一处在荷香洲旁,总面积有 100 多亩。鸟类对环境是十分敏感的,如果空气或者水质不好就要迁移。但目前这里共有鸟类 89 种两万多只,其中属于国家重点保护的一、二级鸟类就有 15 种,迷恋这里的环境,做起了"留鸟"。

尚湖公园先后投资 5 100 多万元,遵循边建设边开放的原则,先后建成并开放了由荷香洲、桔香洲共同形成的荷香洲公园和烟雨洲、渔乐洲共同形成的钓鱼渚公园。景区临山孕湖,与古城浑然一体,含山川之秀,汇城乡之交,得天独厚,自然美色与人文景观相融合,气象开阔,内涵丰实。

3. 沙家浜国家城市湿地公园

沙家浜国家城市湿地公园位于苏州常熟市阳澄湖边,与苏州市相城区、昆山市交界,以红色样板戏《沙家浜》著称。2007 年 2 月被批准为第三批国家城市湿地公园。其中芦苇荡生态湿地景区占地 2 500 亩,以突出水、渔、米、耕、戏为特色,芦苇活动区是整个景区的核心,分成水上和陆上芦苇迷宫两大区域,纵横交错的河港和茂密的芦苇,构成辽阔、狭长、幽深、曲折等多种形态的水面或陆上芦苇空间,形成一个个迷宫。沙家浜景区北扩之后,占地 4 000 余亩以水面为主的土地,建成湿地生态保护区,与芦苇荡风景区连成一片,使之成为华东地区最大的湿地生态保护区和旅游观光胜地之一。

沙家浜湿地可利用和可开发资源丰富。在退渔还湿地后,建立了完好的植被和生态环境体系。东北部区域大面积的芦苇荡成了越冬野鸭理想的栖息地,大量的候鸟南来北往,形成了极具特色的生态环境资源。据专家测定,目前湿地中鸟禽在 63 种以上,其中国家级保护鸟类有中华秋沙鸭、黑鹳、白鹳、黄嘴白鹭等。沙家浜湿地植物种类包括了药用、材用、观赏、油类等,水生沼生植物多达 37 科 59 属 93 种。各类挺水、浮生、沉水及岸边湿生植物相互干扰作用,形成了水生植物占优势的生态单元。

2009 年 11 月,《沙家浜湿地公园总体规划》通过专家评审。规划以芦苇湿地为湿地公园重点,形成生态保护、景观修复、观光游赏、科普教育的主要游览区域。其中,生态湿地保育区是沙家浜湿地的核心区域,以原有的自然生态风貌建立完善的湿地构架生态系统,建设科普观鸟基地和湿地科普基地。宣传教育展示区主要展示亚热带地区湿地植被、水生动植物和鸟类,使游客认识湿地、了解湿地,达到科普教育的目的。拓展休闲游览区主要营造广阔的水岸空间,设置丰富的参与性项目,满足游客的不同活动需求。绿色服务接待区设置于公园入口处,主要提供餐饮、购物、停车等服务。各区布局科学合理,建筑以江南民居为主,整个湿地公园风格统一,人工景观与自然景观互不干扰,形成了与湿地相容的生态文化景观。

八、常州 BRT 系统

BRT 是快速公交系统(bus rapid transit)的缩写。能源基金会(Energy Foundation)对快速公交系统的定义是:利用改良型的公交车辆,运营在公共交通专用道路空间上,保持轨道交通运营管理特性且具备普通公交灵活性的一种便利、快速的公共交通方式。美国交通部的定义为:快速公交系统是一个高品质、坚持以乘客为本的公共交通系统,能够提供快捷、舒适、经济的城市交通服务。国际运输与发展政策中心的定义是:快速公交系统就是利用现代公交技术配合智能交通和运营管理,使传统的公共交通系统达到轻轨交通(light rail transport, LRT)系统服务水平的一种交通系统。

世界 BRT 起源于巴西的库里蒂巴市,后被拉丁美洲所发扬,目前拉美已有多个城市通过仿效库市的经验开发建设了不同类型的快速公交系统,比如哥伦比亚波哥大市的中央专用道路,厄瓜多尔基多市的反向车道等。世界其他国家的城市和地区,如美国尤金市、洛杉矶市、印度尼西亚的雅加达和苏腊巴亚、孟加拉国的达卡、印度的班加罗尔、澳大利亚的悉尼、加拿大的渥太华等,都开通了 BRT。中国首个 BRT "北京快速公交1线"于 2004 年 12 月 24 日在北京开始试运营,从前门到木樨园,并于 2005 年 12 月 30 日正式全线通车,由前门开往德茂庄。

(一)快速公交系统的优点

1. 投资少、建设周期短

通常情况下,BRT 的造价往往只有轨道交通的 1/10 左右,以相对较少的投资取得接近于轨道交通的服务水平。BRT 的建设周期也相对较短,一般单条 BRT专用道的建设从开始到完成只需要 1~2 年的时间,而同样长度的地铁最快要 5年,一般情况下需要 8~10 年。因此,世界上大多数 BRT 在发展中国家建成运营。

2. 灵活性大

BRT 不需要像轨道交通那样必须在线路、车站、车辆、运营控制系统等完全建成后才能投入运营,它可以在系统部分功能设施建成以后先投入运行,然后分阶段、分路段地逐步完成。BRT 灵活性的另一个特点就是可以兼容常规公交线路,而轨道交通(包括地铁和轻轨)只能在固定的线路上运行。

3. 速度快、可靠度高、安全性好

由于 BRT 车辆运行在专用道路上,受其他交通方式的影响比较小,车辆运行的速度就会较常规公交快,事故发生的可能性也会减小。此外,站台与车辆地板的良好匹配能够实现乘客水平上下车,以及上车前售票也提高乘降速度,减少时间消耗。

4. 服务友好、耗能低、利于环保

BRT 采用的车辆一般采用一级踏步底盘,有的甚至采用铰接式公交车。铰接式车功耗相对于传统的单机车增加不了多少,因而人均功耗和排放量相对较低,并且宽敞舒适,乘客水平上下车,尤其对于携带行李的乘客和残障人士来说,十分方便。车辆控制信息系统能够提供清晰的信息并增加乘客对快速公交系统的信赖。公交隔离道或专用道以及交叉口优先技术可以避免车辆频繁地加、减速和停车,这也有助于减少排放和能耗。

(二)常州 BRT 系统

常州是一座历史悠久的文化古城,也是一座充满现代气息的新兴工业城市。随着常州市经济社会迅速发展,交通需求不断增长,城市交通压力很大。2006 年,常州市政府决定加大公交优先政策实施的力度,希望通过优先发展公共交通来引导人们合理的出行方式,形成新的城市客运交通主格局。轨道交通由于建设周期

长,投资规模大,近期难以承担公交的骨干作用,因此,建设 BRT 便成为常州市政府优先发展城市公共交通,提升公交的服务水平的首选方案。

常州 BRT 设计具有以下特点:

1. 半封闭道路系统

利用既有主干道,采用道路中央快速公交专用车道,对其他车辆干扰较少,不设物理隔离带,而采用概念性隔离。专用道之间用双黄线隔离。全线道路外侧设 2 cm 厚反光道钉。道路面层采用抗滑耐磨、密实耐久的 SMA。为防止其他车辆进入 BRT 专用车道,特沿线设置了 28 套电子警察监控系统,还安装了多套视频监控系统,抓拍违章外,电子监控设备和 GPS 定位系统,将帮助交巡警及时监控路面情况,应对突发事件。BRT 专用车道还允许消防车、医疗急救车、正在执行警务的警车等特种车辆进入,保证突发事件能够在第一时间得到处理。

2. 国内第一条真正意义的"中央侧式站台"快速公交

中央布局 BRT 车道,较路侧布局对快速公交线路整体运行系统更有利,道路交通组织方便,与其他机动车和行人、非机动车干扰小。常州 BRT 站台设置在靠近路口的道路中央,并选择了较为符合常规公交乘客习惯的侧式站台,乘客可由斑马线进入。站台高出路面 34 cm,实现水平登车。站台还安装了乘客信息服务系统,同时具有良好的遮阳、避雨功能。

3. 智能信号系统

常州 BRT 采用国际先进的 CTCS 系统,通过线圈、微波、红外线等检测设备,实时将快速公交车辆信息传到路口信号控制机,对快速公交车辆实行信号优先策略。在路口埋有 34 套感应线圈。当快速公交车辆经过线圈时,会产生感应信号,信号灯处理器会按照既定程序提供一定的优先权。当快速公交车辆离路口的距离少于 80 m,申请"绿灯延长"的请求才能得到批准,绿灯会延长 5~8 秒。当路口为红灯时,智能系统会适度缩短红灯时间,减少等候时间。但当申请"红灯早断"时,程序会考虑行人能否安全横穿马路,只在红灯最后 10 秒内才批准优先。

4. 全新"两高两低两化一鲜"公交车辆

"两高两低两化一鲜"指的是高容量、高性能,低排放、低底板,智能化、人性化,外观鲜亮。一号线主线一期总共投放了 60 台 18 m 车长的铰接客车,每车核载客数 180 人。其中,25 台是采用瑞典先进技术生产的常隆城市客车,还有 35 台是引进德国 MAN 技术生产的丹东黄海高档快速公交客车,平均价格约 200 万元。三条支线投放车台为 12 m 车长的单机车,共 100 台。

5."组合线路"运营模式

常州 BRT 系统选择性地引入常规公交作为支线,形成"一主多支"快速公交系统,使部分走廊外的客流可以通过支线直达 BRT 站台,实现主线与支线的同台同方向换乘,吸引更多客流。

6. 低廉票价

BRT 售票系统与现有常规公交相同,各种 IC 卡在 BRT 线上同样使用。乘坐 BRT 线,和常规公交车完全同价,即投币一元,刷卡六折,学生卡三折,老年卡二折,其他免费群体一样享受优惠。BRT 实行同站同向换乘免费,即在 BRT 站台内,同方向换乘不同的线路不再收取费用。

2008 年 1 月 1 日常州 BRT 开通运行后,经济、社会、生态效益明显。公交出行率由 2006 年的 8.9% 提升到 2010 年的 25.5%。许多私家车主周末或者晚间放弃开车,改坐 BRT 去逛街、休闲,还避免酒后驾车。目前,虽然常州每百户家庭拥有汽车 22 辆,高于全国平均水平 2 倍,但是市区主干道周期性严重阻塞率仅为 0.3%,高峰时机动车速度达 29.2 km/h,市民对城市道路交通状况满意率达 95%。BRT 的开通还减少了不文明行车走路的行为。社会车辆不再驶入专用道,过马路闯信号灯的情况也大幅减少。常州也因此成为全国"优先发展城市公共交通示范城市"中唯一的一个地级市。常州 BRT 系统以及发达的城乡公交系统,成为全国乃至世界治理城市交通问题的典范之一。

九、苏州工业园区

苏州工业园区位于苏州古城东侧,于 1994 年 2 月经国务院批准设立,同年 5 月实施启动,是中国和新加坡两国政府间合作的旗舰项目。园区行政区划 288 km²,其中,中新合作区 80 km²;下辖三个镇,户籍人口 35.2 万,常住人口 69.5 万。

苏州工业园区是改革开放试验田、国际合作示范区,开创了中外经济互利合作的新模式。园区自 1994 年设立以来到 2010 年末,经济水平以年均 30% 左右的速度增长,GDP 比开发之初增长近 100 倍,地方财政总收入增长 500 多倍,平均每天吸引外资近 600 万美元,每两天设立一家外资企业,每两周有 10 万 m² 建筑竣工交付。而且,园区在政府效率、城市规划、基础设施建设、招商引资、客商服务、环境保护、社会保障、社区管理、职业教育等诸多方面在国内树立了典范,被中新两国领导人誉为"中国改革开放的重要窗口和国际合作的成功范例",被海内外公认为亚洲顶级开发区之一。

(一) 发展条件与发展过程

1. 发展条件

(1) 良好的国际国内形势

随着经济全球化进程的加快,我国工业化进程也不断加速,根据国内和国际市场的需要,不断调整和优化产业结构及出口商品结构,强化经济竞争力;同时,我国吸引和利用外资能力得到加强,并引进世界先进管理理论和经验,实现管理的创新。经济全球化为我国企业提供了在更广泛领域内积极参与国际竞争的机会,通过发挥比较优势实现资源配置效率的提高,拓展海外市场,提高企业的竞争力。而制造业由发达国家向发展中国家转移,为我国制造业的发展提供了一个千载难逢的机遇,也为我国高新技术产业的发展提供广阔的空间。

(2) 优越的区位条件

苏州工业园区处于长三角中心腹地,位于中国沿海经济开放区与长江经济发展带的交汇处,东靠上海,南临太湖,北依长江,距上海仅 80 km,通过周边发达的高速公路、铁路、水路、航空网及跨区域快速交通网络与我国和世界的各主要城市相连。随着长三角一体化步伐加快推进,苏沪同城化效应将加快显现,具双核形态的"沪苏经济走廊"将是国家层面最具竞争力的发展轴线,园区作为长三角重要的节点和苏州东部新城,将站在更加有利的发展平台上。

(3) 人才资源与城市环境

全区大专以上人才近 19 万,总量居全国开发区之首。园区有 15 人进入国家"千人计划",64 人入选"姑苏领军人才",成为中组部"国家海外高层次人才创新创业基地"。中科大、人大、西交大以及英国利物浦大学、新加坡国立大学等知名院校在园区纷纷设立研究所,使这里成为高端科技人才密集的区域,实现产、学、研,"门对门"的合作模式。全区集聚金融及准金融机构 212 家,中外银行 30 余家,外资银行数量占江苏省 2/3。各类专业服务机构 43 家,企业地区总部 46 家。园区已累计建设国际科技园、创意产业园、生物科技园、中新生态科技城、纳米产业园等科技载体超 300 万 m²,拥有苏州国际博览中心、苏州文化艺术中心、金鸡湖高尔夫俱乐部等国际一流的商务活动场所,环金鸡湖区域成为苏州新的商业文化中心,拥有多家商业旗舰项目,成为购物休闲的天堂。

(4) 资源瓶颈与制约

土地资源是园区发展的最大资源瓶颈,此外,水、电资源的限制也日益成为发展瓶颈。园区的集约度、产出度不够,创新能力也不十分强。如园区的基础设施、生态环保是第一位的,但土地集约利用度跟国内、特别是国际上一些先进开发区比,还有明显的差距;园区人才总量是第一位的,但是人才占就业人口的比例还有差距;园区的到账外资、进出口总额是第一位的,但加工贸易占比太高。2010 年第二产业产值仍占到 66.43%,等等。国家对单位 GDP 产出的资源消耗,对环境保护的要求,正从原来的软约束逐步"变硬",这对园区发展的影响尤其明显。

2. 发展过程

1994 年 2 月,中国与新加坡政府在北京签署协议,共同合作开发建设苏州工业园区。这一协议的签署,源于邓小平在南巡讲话中对新加坡发展、管理经验的高度评价,出自"新加坡的设计师"李光耀在中国克隆一个裕廊工业园的设想,在昔日的水田地上建造起了国际化现代化新城区。苏州工业园区的发展经历了奠定基础、跨越发展和转型优化三个阶段。

（1）奠定基础阶段

园区借鉴新加坡城市建设规划、管理经验，共同编制了园区发展总体规划和各类专业规划，构建了"中新联合协调理事会—双边工作委员会—新加坡软件办和苏州工业园区借鉴办"的合作模式组织架构。"中新联合协调理事会"是最高层的协调机构，总结过去的成绩，明确未来的发展方向；中间是双边工作委员会，负责日常事物的协调、沟通；下面是苏州工业园区专门成立的"借鉴新加坡经验办公室"和新加坡贸工部专门成立的"软件转移办公室"。园区组建了中新苏州工业园区开发有限公司（CSSD）开发主体，全面展开首期重大基础设施及水、电、气及供热等大型源厂建设，基本完成了首期约 12 km² 的开发建设和工业地块招商任务，并按照"精简、统一、高效"的原则，正式建立了园区行政管理主体—园区工委、管委会及相关管理体制，初步建立了专业招商队伍和招商网络。

（2）跨越发展阶段

中新苏州工业园区开发有限公司实施股比调整，中方财团股比由 35％ 调整为 65％，园区进入了中方控股时期，并于 2003 年彻底消除累积亏损。以全面启动二、三区开发建设为重要标志，园区迎来了大动迁、大开发、大建设、大招商、大发展时代，基本完成了中新合作区基础设施开发及周边各镇主要路网与配套基础设施建设任务，科技园、物流园、出口加工区、高教区、环金鸡湖商圈等功能区加快发展，成功引进了一大批上亿美元、十亿美元大项目，GDP、一般预算收入、工业产值、进出口等经济指标都实现大跨越。

（3）转型提升阶段

园区以更高的起点、更高的标准、更大的力度加快开发建设步伐，从"全力向东开发挺进"转到了"制造业升级、科技跨越、服务业倍增三大计划"战略实施，把推进独墅湖科教创新区、环金鸡湖金融商贸区、东部高新产业区"三大主阵地"建设作为加快转型升级的重点，全力争创"全国水平最高、竞争力最强园区"和科技、生态、物流、服务外包"四个示范区"，各项经济指标保持持续快速健康发展，开发开放水平和竞争能力显著提升。

（二）园区建设与苏州的关系

《苏州市城市总体规划纲要（2008—2020）》确定了苏州中心城区的"T 轴双城两片"结构：T 轴指主城城区（古城和高新区）、新城城区（主要是园区）构成东西向横轴，相城和吴中片组成南北向纵轴；双城由主城城区和新城城区组成；两片指围绕吴中和相城形成的城市功能片区（图 4 - 13）。《规划》指出，东部为苏州首要发展方向，形成与主城区地位相等的东部新城。规划明确了苏州工业园区"苏州新城"地位,把以工业园区为基础建设的苏州东部新城,定位于"高新基地,宜居城市",即把园区建设成为长三角地区重要的总部经济和商务文化活动中心之一,建成与苏州东部新城和苏州市域 CBD 地位相匹配的苏州都市核心商圈。

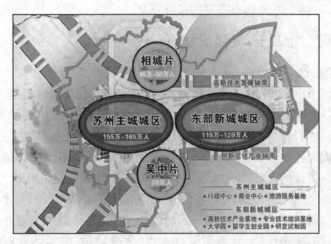

图 4-13　苏州中心城区"T 轴双城两片"结构

目前园区已成为苏州现代化城市的一张名片。园区很好地学习借鉴了新加坡城市规划的理念,始终坚持国际化的特色定位,按照国际化、现代化的标准推进城市建设、功能配套、环境美化等,打造了国际博览中心、科技文化艺术中心、李公堤等一批代表苏州城市形象城市地标的名片工程,营造了一流的投资、创业和居住环境。

苏州工业园区也是苏州经济的重要组成部分。园区以全市 3.4％土地和 5％的人口创造了 15％左右的经济总量,已成为苏州经济社会发展重要增长极。作为改革开放和国际合作的试验田和示范区,园区把借鉴新加坡等发达国家和地区的先进经验和自身特色融合起来,在发展先进制造业中起步,已基本形成了以电子信息制造、机械制造、化学制品及医药制造、造纸及纸制品制造、金属及非金属制品制造等产业为主的制造业生产体系。其中电子信息制造和机械制造两大产业更以高度产业集聚规模,成为引领园区工业经济发展龙头,成为园区主导产业。园区从20 世纪 90 年代大规模集聚外资企业,到 21 世纪初高新技术产业优化升级,再到近几年来现代服务业的快速倍增。2010 年底,园区累计引进外企 4 000 余家、合同外资 403 亿美元、实际利用外资 189 亿美元,其中,世界 500 强项目 137 个、上亿美元项目 112 个。利用外资连续多年名列中国开发区第一;在集成电路、液晶显示、汽车及航空零部件、软件和服务外包、生物医药、纳米新材料新能源等领域形成了具有一定竞争力的产业集群,初步形成了以高新技术产业为主导、先进制造业为支柱、现代服务业为支撑的现代产业体系,成为区域发展强劲引擎和主要增长极。

苏州工业园区已经成为我国改革开放的窗口和开发区建设的典范,也是苏州经济社会发展的最大亮点。在新的历史时期,园区在加快转型升级、提升发展水平方面的经验,对整个苏州具有重要的指导意义。

(三) 园区"十二五"发展规划

1. 目标定位

"十二五"为园区转型发展时期,园区将按照中新合作理事会提出的率先建设"四个示范区"(国家创新型科技园区、区镇一体化园区、公共服务均等化示范园区、国家生态文明示范园区)的总要求,围绕苏州市"三区三城"的总定位(即要加快把苏州建设成为科学发展的样板区、开放创新的先行区、城乡一体的示范区,成为以现代经济为特征的高端产业城市、生态环境优美的最佳宜居城市、历史文化与现代文明相融的文化旅游城市),全面实施"六大战略"(创新引领、人才强区、文化兴区、区镇一体、民生优先、可持续发展),深入推进"九大计划"(制造业升级、服务业倍增、科技跨越、生态优化、金鸡湖双百人才、金融翻番、纳米产业双倍增、文化繁荣、幸福社区),加快建设成为具有国际竞争力的高科技园区和国际化、现代化、信息化的创新型、生态型、幸福型新城区,力争率先基本实现现代化。

2. 发展规划

(1) "新产业"领路

以产业优化升级作为转型发展的首要目标,加快落实制造业升级、服务业倍增、科技跨越计划,努力实现"3+5"产业规划目标。即主导产业(电子信息制造、机械制造)积极向高端化、规模化发展;现代服务业以金融产业为突破口,发挥服务贸易创新示范基地优势,重点培育金融、外包、文化、商贸物流、旅游会展等产业;新兴产业以纳米技术为引领,重点布局发展光电新能源、生物医药、融合通信、软件动漫游戏、生态环保五大新兴产业,力争到2015年末五大新兴产业产值达千亿级。根据这一规划,"十二五"期间园区产业发展的重点是:

1) 以两大主导产业为依托,提升发展先进制造业

加强与跨国公司新一轮战略合作,进一步提升电子信息、精密机械产业在园区的主导产业地位以及在国内外的竞争优势。鼓励跨国公司本土化深耕发展,大力推进驻区企业增设研发、销售机构,加快向"微笑曲线"两端延伸;积极引导区内企业抢抓国家扩大内需政策机遇,努力提高终端产品和内销产品比重。瞄准产业链的关键缺失环节和急需引进的行业、产品和技术,积极实施"补链工程",进一步完善产业链,提升高端项目在新增项目中的比重。

2) 以纳米技术为引领,加快打造新兴产业基地

在园区各新兴产业发展中,定位以纳米技术为引领,重点在纳米新材料、纳米

光电子、纳米生物医药、微纳制造和纳米节能环保五大领域进行产业布局,建立完善的上中游产业链,形成以纳米技术为纽带的重点产品群,并推动纳米技术相关产品标准、测试标准和安全性评价标准等的建立,建成代表中国纳米科技发展水平的纳米技术产业创新基地。同时,根据园区产业基础,结合国家战略,重点布局发展光电新能源、生物医药、融合通信、软件动漫游戏、生态环保等新兴产业,打造一批百亿级新兴产业集群,形成一批新兴产业产品群。

3) 以发展金融产业为突破口,加快打造现代服务业聚集区

抢抓国际高端服务业转移、苏沪同城效应逐步显现、"东部新城"加快建设等发展机遇,发挥服务贸易创新示范基地的政策优势,大力发展服务型经济,加快打造长三角重要的现代服务业集聚区。积极发展总部经济,加快引进国际性、全国性和大区域性的企业运营总部以及国内外大企业的管理中心、研发中心、采购中心、物流中心和共享服务中心等职能性总部。推进制造业企业分离发展服务业,发展产品创意、设计、研发、营销、品牌推广等各类专业化服务企业。以中心城市 CBD、综合保税区、阳澄湖半岛等为主阵地,着力培育金融、文化、外包、商贸、物流、会展、旅游等重点产业。

(2) "新城市"领跑

1) 城市布局上,呈现"五个转型"和"3+2+3"的发展新格局

"五个转型":即由平面开发向立体开发转型,由单体设计向整体布局转型,由地下重基础设施、地上重城市建设向地上地下空间综合利用转型,由区镇分散开发向无缝衔接转型,由服务产业、服务企业向服务市民、服务社会转型。

"3+2+3"格局:即努力打造金鸡湖金融商贸区、独墅湖科教创新区、阳澄湖生态养生区三大功能板块,沪宁高铁园区站和综合保税区两大枢纽节点,娄葑、唯亭和胜浦三大城市副中心。

2) 城市功能上,打造具有"三化"的东部新城

所谓"三化",即更加现代化、信息化和生态化。现代化方面,加快推动湖西世纪广场成片综合开发,加快东方之门、新鸿基等商务商业项目建设步伐;信息化方面,加快信息化与工业化融合,推进"地理、人口、企业法人"三大信息库建设,实现光纤到户全覆盖、无线网络全覆盖,打造"智慧园区",建成全国领先的信息化示范区;生态化方面,实施生态优化计划,积极倡导绿色交通、绿色建筑、绿色消费等绿色发展模式,构建低碳化的生产生活体系,以中新生态科技城、中节能环保产业园、阳澄湖旅游度假区等为重点,打造各具特色的绿色、节能、可持续的生态文明样板区。

3) 城市文化上,培育塑造开发区文化

在城市文化上,园区将丰富弘扬"借鉴、创新、圆融、共赢"的园区经验,培育塑造"多元包容、大气开放、精致和谐、充满活力"的开发区文化,不断提高城市软实力。

（3）"新人才"领军

"十二五"期间,园区将把人才工作的重点放在"特"字上,关注特殊产业、特殊群体,实施特殊扶持,凸显"人才特区"的独特优势。为此,园区将重点抓住"四个环节":

一是"引":制定了"金鸡湖双百人才"计划和"纳星人才"计划,力争每年引进和培养各级创新创业领军人才200名、高技能领军人才200名,5年内硕士和高级职称以上高层次人才总量增长两倍。

二是"育":变"短板"为"亮点",继续推进25 km²的独墅湖科教创新区建设,筹划建设桑田岛世界名校区,搭建国内与国外高校跨国合作的平台桥梁,努力培养更多的高端人才以及创新创业人才。

三是"留":加大人才政策的磁吸效应,设有国内领先的人才专业服务体系,包括人力资源管理和服务中心、培训管理中心、一站式服务中心、中小企业服务中心和优租房管理中心等。

四是"扶":继续完善打造以"孵化器＋技术平台＋产业基地"为模式的一条龙产业孵化体系,以国际科技园、生物纳米园、创意产业园等特色产业园区为依托,为创业创新人才搭建一批纳米技术、生物医药、综合数据中心、动漫影视等公共技术平台和高校公共实验室。

十、苏州园林意境及主要园林

苏州古典园林的历史可上溯至公元前6世纪春秋时吴王的园囿,私家园林最早见于记载的是东晋(公元4世纪)的辟疆园。16~18世纪全盛时期,苏州有园林200余处,现在保存尚好的有数十处。作为江南私家园林的典型代表,苏州园林可谓是中国古典园林中的一朵奇葩,以历史悠久、布局精巧、意境雅致、造艺精湛而名闻中外。苏州园林"妙在自然,巧于人工",运用"咫尺山林,多方造景",在有限的空间,以山池、亭阁、花木为素材,参差点缀,虚实相间,聚散相错,夷险互见,创造出"园中有园,小中见大,曲折幽深,引人入胜"的艺术空间。

（一）苏州园林之情趣意境

苏州园林主要集中在苏州城内,以城西北的观前与阊门之间为最多。其情趣意境主要体现在"静幽自然、淡雅朴素、含蓄曲折"。

1. 静幽自然

苏州园林的主人主要有三类:贬谪、隐逸的官吏,无心爵禄的吴中名士和崇尚风雅、修养有素的文人官僚,他们大都倦于仕途,疲于官场,欲觅得一处清静幽雅之地作为市隐之所,所以苏州园林中逍遥无为,追求自在生活,渴求亲近自然的意境较为浓重。如耦园在住宅东西两侧各有一处园林,寄寓了园林主人夫妇双双归隐,共度晚年的美好愿望(图 4-14);西园有"藏书楼"与"织帘老屋",意为夫妇可在山林老屋读书明志,织帘劳动;东园筑有"城曲草堂",喻示不羡"华堂锦幄"的豪华,而自甘草堂白屋的清贫。

图 4-14 耦园的静幽自然

2. 淡雅朴素

苏州园林追求淡雅朴素的艺术境界,与传统山水画有异曲同工之妙,体现了我国造园艺术的民族风格,集中表现了江南园林建筑艺术的精华。园林中多采用黑、白、灰等冷色,正如刘敦桢先生在《苏州古典园林》中所言:"园林建筑的色彩,多用大片粉墙为基调,配以黑灰色的瓦顶,栗壳色的梁柱、栏杆、挂落,内部装修则多用淡褐色或木纹本色,衬以白墙与水磨砖所制成灰色门框窗框,组成比较素净明快的色彩。"颜色对比强烈又协调,既与近旁传统民居色调相谐,又与江南多见的灰白天色互和。灰白的江南天色,秀茂的花木,玲珑的山石,柔媚的流水,配合调和,给人以淡雅幽静朴素的感觉。如留园,建筑色彩朴素淡雅,能与以山石、花木、水池所构成的环境统一协调,让人身临其境,顿有幽雅宁静之体会。

3. 含蓄曲折

中国传统艺术讲究含蓄,苏州园林似乎都有一个特点,含蓄而不张扬,园林正门建造得朴素且普通,幽静淡雅,散发浓厚但又朴素的江南乡土气息。苏州园林在造景上有一种处理手法,叫抑景,好的景色往往藏在后头。通过"欲扬先抑,欲露先藏"的手法,体现"犹抱琵琶半遮面"的意境。如拙政园的园门是邸宅备弄的巷门,经长长的夹道而进入腰门,迎面一座小型黄石假山犹如屏障,免使园景一览无余

（图4-15）；山后小池一泓，渡桥过池或循廊绕池便转入豁然开朗的主景区，大小空间转换、开合对比、曲折含蓄，完整地体现了苏州园林的特色。再如，进入留园后游人要先经过一段迁回曲折的狭小空间，然后穿过寒碧山房，空间骤变，视野顿时开阔（图4-16）。

图4-15 拙政园"欲露先藏"的曲折夹道　　　　图4-16 留园的寒碧山房

（二）苏州园林之造园特点

1. 虽由人作，宛若天成

苏州园林以自然山水为临摹蓝本，模山范水，取局部之景而非缩小，构静幽之趣而非矫揉。山贵有脉，水贵有源，脉源相通，意趣相融，达到虽由人作，宛若天成的境界。

2. 空间衬托，小中见大

苏州园林由于面积较小，所以常用小中见大的造园手法来给人无限风光之感。

图4-17 网师园中"小"拱桥衬托出水面的"大"

如网师园东南角布置的小型"平石桥"和"小拱桥"，运用尺度对比和对角线布置来衬托水面的大（图4-17）；网师园中体量大的主体建筑退离水边，小体量的建筑皆贴水而建，来衬托水面的开阔。

3. 布局巧妙，园中有园

将封闭和空间相结合，使山、池、房屋、假山的设置排布，有开有合，互相穿插，以增加各景区的联系和风景的层次，达到移步换景的效果，给人以"柳暗花明又一村"的印象。

4. 巧妙运用对比、漏景、借景等造园手法

（1）对比

① 山水格局对比

苏州园林将山与水的对比展现得淋漓尽致，让游客漫步在山水之间，体会来自心灵的震撼。如留园中部是以水体为主、四周假山开敞的景观，而西部形成以山体为主、水体为辅的山林景观，中西部空间对比，形成疏密相间的空间景观。

② 空间开合对比

苏州园林在空间布局与置景上采用开合对比，于细微处彰显空间灵动。如拙政园的中部有山水为主的开敞空间，有山水与建筑相间的半开敞空间，也有建筑围合的封闭空间（图4-18、4-19、4-20）。丰富多变、大小各异的园林空间，产生对比与反差，发挥开合变幻的趣味。

图4-18　拙政园中部以山水为主的　　　　　图4-19　拙政园中部以山水和
　　　　　开敞空间　　　　　　　　　　　　　　　　　建筑相间的半开敞空间

图4-20　拙政园中部以建筑围合的封闭空间

③ 明暗对比

明光暗影,水动山静,在对比中苏州园林意境尽显,心灵涤荡。如留园从大门到古木交柯、花步小筑一段极好地利用了忽左忽右忽大忽小的天井,开凿在屋顶的明瓦,形成富有光线变化、明暗对比的空间(图 4-21)。

图 4-21　留园明暗对比的古木交柯

(2) 漏景

苏州园林在造园上的另一大特点,就是恰到好处地运用漏景手法,让各景致间相映成趣,增加园林整体的空间感和层次性。例如留园古木交柯处,通过漏窗欣赏窗外若隐若现、或藏或露的景色;沧浪亭的复廊,利用漏窗沟通内外山水景色,园内园外,似隔非隔,似隐非隐,使水面池岸、廊榭山石相互衬托,融为一体。

(3) 借景

在苏州园林中,借景手法也运用得恰到好处。如在拙政园中,水廊的檐和柱将"与谁同坐轩"及周边景色框入画中,以简洁的景框作为构图前景,把最美好的景色展现在画面的高潮部分,给人以强烈的视觉冲击力和深刻的印象(图 4-22);沧浪亭利用复廊上的漏窗,将园内的山和园外的水互相引借,使山、水、建筑构成整体。

图 4 - 22　拙政园中漏窗借景

（三）苏州园林之四大名园

沧浪亭、狮子林、拙政园和留园分别代表着宋、元、明、清四个朝代的园林艺术风格，被称为"苏州四大名园"。

1. 沧浪亭

沧浪亭位于苏州城南三元坊附近，是苏州造园史上最早的园林。宋代著名诗人苏舜钦在此地以四万贯钱买下一处别墅，傍水造亭，因感于"沧浪之水清兮，可以濯吾缨；沧浪之水浊兮，可以濯吾足"，题名"沧浪亭"。元、明时期，此地荒废，为佛寺所有。清康熙三十五年（公元 1696 年）巡抚宋荦重建此园，把傍水亭子移建于山之巅，形成今天沧浪亭的布局基础，并以文征明隶书"沧浪亭"为匾额。清同治十二年（公元 1873 年）再次重建，遂成今天之貌（图 4 - 23）。

作为宋代私家园林的代表，沧浪亭体现了那个时代主体所彰显的园林艺术风格。宋代在我国历史上是诗词文学的极盛时期，绘画也甚流行，出现了许多著名的山水诗、山水画。文人画家陶醉于山水风光，借景抒情，把缠绵的情思从一角红楼、小桥流水、树木绿化中泄露出来，形成文人构思的写意山水园林艺术。这种对山水画的看法也深刻反映了造园的观点。可行可望只是一般的欣赏，可居可游才能"得其欲"，"快人意，实获我心哉"。因此，宋代的造园由单纯的山居别业转而在城市中营造城市山林，由因山就涧转而人造丘壑。大量的人工理水，叠造假山，以画设景，以景入画，寓情于景，寓意于形，以情立意，以形传神，成为宋代造园活动的重要特点。

图 4-23　沧浪亭

　　沧浪亭入口很有特色,有一条小溪从门前而过,东连水池,木桥横架水溪之上。入口既可船来,又可步入,顺应自然,布局灵活,显出了江南水乡的特点。

　　沧浪亭的总体布局以"崇阜广水"、"杂花修竹"为特色,富有自然情趣。竹是沧浪亭自苏舜钦筑园以来的传统植物,亦是沧浪亭的特色之一。现植各类竹 20 余种。园林分为南北两个部分,中心是一座隆起的由东往西的土石假山。环山随地形高低绕以走廊,配以亭榭。假山最高点偏西有方亭,上悬有"沧浪亭"三字匾额。园中利用粉墙窗框来划分空间,使闭合、开敞、明暗、左右、纵深相结合,达到有变化、有层次的园林艺术空间体系。

　　沧浪亭的借景颇有妙处。园外有一湾河水,在面向河池一侧不建园墙,而设有漏窗的复廊。长廊曲折,敞一面,封一面,间以漏窗,空间封而不绝,隔而不断。外部水面开朗的景色破壁入园,使沧浪亭园内的空间顿觉开朗扩大。人游廊内,扇扇花窗,步移景换,动静结合,处处有情,面面生意。漏窗敞露外向,使沧浪亭与封闭的私家园林形成迥然不同的特点。漏窗建筑朴素无华,但造型图案精美生动,无一雷同,冠于苏州名园(图 4-24)。

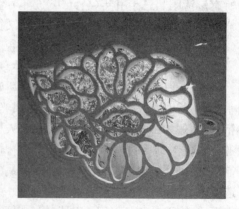

图 4-24　沧浪亭园中的漏窗

2. 狮子林

狮子林位于苏州市城东北园林路,是元代江南园林的代表。园始建于元代至正二年(公元 1342 年),由天如禅师维则的弟子为奉其师所造,初名"狮子林寺",因园内"林有竹万,竹下多怪石,状如狻猊(狮子)者",又因天如禅师维则得法于浙江天目山狮子岩,为纪念佛徒衣钵、师承关系,取佛经中狮子座之意,故名"狮子林"。明洪武六年(公元 1373 年),大书画家倪瓒途经苏州,曾参与造园,并题诗作画(绘有《狮子林图》),使狮子林名声大振,成为佛家讲经说法和文人赋诗作画之胜地。清乾隆初,寺园变为私产,与寺殿隔绝,名涉园,因园内有五棵松树,故又称五松园。公元 1917 年,上海颜料巨商贝润生(世界著名建筑大师贝聿铭的叔公)花 80 万银元购得狮子林,用了将近 7 年的时间整修,新增了部分景点,并冠以"狮子林"旧名,成为今貌(图 4 - 25)。

作为元代寺庙园林的代表,狮子林反映了元代园林艺术的风格。元朝在蒙古族统治下,隐世的佛教禅学,消极的循世思想,以及复古主义观念得到发展。这种思想也影响到了园林的构建与布局。狮子林以假山著称,寓佛教禅理于推山理水之中。狮子林的假山,通过模拟与佛教故事有关的人体、狮形、兽像等,喻佛理于其中,以达到渲染佛教气氛之目的(图 4 - 26)。其山洞作法也不完全是以自然山洞为蓝本,而是采用迷宫式作法,体现了一种遁世思想色彩。

图 4 - 25 狮子林一隅

图 4 - 26 狮子状怪石

狮子林平面成东西稍宽的长方形。东南多山,西北多水,四周高墙深宅,曲廊环抱。以中部的水池为中心,叠山造屋,移花栽木,架桥设亭,使得全园布局紧凑,富有"咫足山林"意境。狮子林既有苏州古典园林亭、台、楼、阁、厅、堂、轩、廊之人文景观,更以湖山奇石,洞壑深邃而盛名于世,素有"假山王国"之美誉。

狮子林假山是中国园林大规模假山的仅存者,具有重要的历史价值和艺术价值。园内假山遍布,长廊环绕,楼台隐现,曲径通幽,如入迷阵,有"桃源十八景"之称。长廊的墙壁中嵌有宋代四大名家苏轼、米芾、黄庭坚、蔡襄的书法碑及南宋文天祥《梅花诗》的碑刻作品。

狮子林假山用"情"、"趣"二字概括更宜。园东部叠山以"趣"为胜,全部用湖石堆砌,并以佛经狮子座为拟态造型,进行抽象与夸张,构成石峰林立,出入奇巧的"假山王国"。山体分上、中、下三层,有山洞二十一个,曲径九条。崖壑曲折,峰回路转,游人行至其间,如入迷宫,妙趣横生。山上古柏、古松枝干苍劲,更添山林佛教禅趣。园林西部和南部山体则有瀑布、旱涧道、石磴道等,与建筑、墙体和水面自然结合,配以广玉兰、银在、香樟和竹子等植物,构成一幅天然图画,使游人在游览园林,欣赏景色的同时,领悟"要适林中趣,应存物外情"的禅理。

3. 拙政园

拙政园位于苏州市东北街,是苏州园林中面积最大的古典山水园林。其历史可以追溯到明朝正德四年(公元 1509 年),御史王献臣仕途失意归隐苏州后将其买下,聘著名画家、吴门画派的代表人物文征明参与设计,历时 16 年建成,借用西晋文人潘岳《闲居赋》中"筑室种树,逍遥自得……灌园鬻蔬,以供朝夕之膳(馈)……是亦拙者之为政也。"之句取园名。

拙政园占地面积约 83.5 亩,开放面积约 73 亩,其中园林中部、西部及晚清张之万住宅为晚清建筑园林遗产,约 38 亩。拙政园与避暑山庄、留园、颐和园并称为中国四大名园,被誉为"中国园林之母"。1997 年被联合国教科文组织(UNESCO)列为世界文化遗产。

始建于明代的拙政园,在一定程度上带有那个时代园林艺术风格的烙印。明代是我国园林建筑艺术的集大成时期之一,园林艺术水平比以前有了提高,文学艺术成了园林艺术的组成部分,所建之园处处有画景,处处有文意。早期拙政园 31 景中,2/3 景观取自古典文学植物题材。至今,拙政园仍然保持了以植物古典诗词取景观的传统。

拙政园的布局疏密自然,其特点是以水为主,水面广阔,景色平淡天真、疏朗自然。以池水为中心,楼阁轩榭建在池的周围,其间有漏窗、回廊相连,园内的山石、古木、绿竹、花卉,构成了一幅幽远宁静的画面。拙政园形成的湖、池、涧等不同的景区,把风景诗、山水画的意境和自然环境的实境再现于园中,富有诗情画意。整个园林建筑仿佛浮于水面,加上木映花承,在不同境界中产生不同的艺术情趣,如春日繁花丽日,夏日蕉廊,秋日红蓼芦塘,冬日梅影雪月,处处有情,面面生诗,含蓄曲折,余味无尽,不愧为江南园林的典型代表。

4. 留园

留园位于苏州阊门外,原是明嘉靖年间太仆寺卿徐泰时的东园。清嘉庆三年(公元 1798 年),刘恕(官至广西右江道)以故园改筑,名寒碧山庄,又称刘园。同治十二年(公元 1873 年),盛旭人(其儿子即盛宣怀,清著名实业家政治家,北洋大学

(天津大学)南洋公学(上海交通大学)创始人)购得,重加扩建,修葺一新,取留与刘的谐音,始称留园。科举考试的最后一个状元俞樾作《留园游记》称其为吴下名园之冠。1997 年,作为苏州古典园林的重要组成部分被列为世界文化遗产(图4-27)。

　　作为封建王朝最后一个时代——清朝的代表性园林,留园体现了那个时代的园林风格。清朝后期国运不济,达官贵人则倾向于经营自己的一方"小天地",特别是经济发达的江南地区,成了私家园林的集中地,官僚地主争相造园,一时成为风尚,留园也在此时期大兴土木。明朝徐泰时创建之初,林园平淡疏朗,简洁而富有山林之趣。至清代刘恕时,建筑虽增多,仍不失深邃曲折幽静之趣,部分地方还保留了明代园林的气息。到盛氏时,经大规模修建,园貌显得富丽堂皇,昔时园中深邃的气氛则消失殆尽。相比宋、元及明朝的园林,艺术风格有所逊色,文学气息和写意山水有所不足,建筑物规模和数量有所增多,而且更趋于实用性和生活性,如建有住宅、祠堂、家庵等。

　　因此,留园内建筑的数量在苏州诸园中居冠,厅堂、走廊、粉墙、洞门等建筑与假山、水池、花木等组合成数十个大小不等的庭园小品。其在空间上的处理,充分体现了古代造园的高超技艺。

图 4-27　留园掠影

图 4-28　留园小蓬莱

　　留园占地 30 余亩(1 亩≈666.7 m²),以园内建筑布置精巧、奇石众多而知名。集住宅、祠堂、家庵、园林于一身,以建筑结构见长。善于运用大小、曲直、明暗、高低、收放等,吸取四周景色,形成一组组层次丰富、错落相连,有节奏、有色彩、有对比的空间体系。

　　全园分为四个部分,在一个园林中能领略到山水、田园、山林、庭园四种不同景色:中部以水景见长,是全园的精华所在;东部以曲院回廊的建筑取胜,有著名的佳晴喜雨快雪之厅、林泉耆硕之馆、还我读书处、冠云台、冠云楼等 10 余处斋、轩,院内池后立有三座石峰,居中者为名石冠云峰,两旁为瑞云、岫云两峰;北部具农村风光,并有新辟盆景园;西区则是全园最高处,有野趣,以假山为奇,土石相间,堆砌自然。池南涵碧山房与明瑟楼为留园的主要观景建筑。还有表现淡泊处世之坦然的"小蓬莱"以及远翠阁、曲溪楼、清风池馆等(图4-28)。

十一、太仓港港口开发区

苏州太仓市东北濒临长江,东南连接上海,西靠昆山和常熟,是长三角经济区的组成部分。改革开放以来,太仓市依靠优越的地理位置,有利的国家政策,实现了经济的高速发展,已成为中国经济实力最强的县级市之一。2010年,太仓市土地面积823 km²,年末户籍人口46.89万人,实现地区生产总值730.32亿元,人均地区生产总值达到104 413元。该市的太仓港拥有长江黄金岸线38.8 km,不仅建港条件优越,而且腹地经济发达,已发展成为长江中下游重要的港口之一。

(一) 太仓港港口开发区概况

太仓港港口开发区地处长江南岸,太仓市东北部,陆域规划控制面积262 km²,是上海国际航运中心的组合港和集装箱干线港、江苏第一外贸大港太仓港的直接经济腹地。

太仓港港口开发区前身为江苏省太仓刘家港港口开发区,于1993年经江苏省人民政府批准设立,1996年更名为江苏省太仓港港口开发区。2008年经国家海关总署等部委批准设立保税物流中心,规划面积1.39 km²。2011年获国务院批复同意,太仓港港口开发区所在的江苏省太仓港经济开发区正式升级为国家级经济技术开发区。近年来,太仓港港口开发区按照"港口码头、临江工业、现代物流、新港城"四位一体、整体推进的发展路径,围绕建设创新型开发区的发展目标,加快实施"135"("一龙头",即以港口码头建设为龙头,加快集装箱、散杂货和产业码头建设;"三板块",即提升传统产业,发展新能源、新型装备制造业、新材料、新光源等新兴产业,拓展港口物流、信息咨询、休闲旅游、总部经济等现代服务业;"五载体",即在沿江地区打造先进制造业园区、重装备园区、现代物流园区、新材料园区、休闲旅游度假区等五大载体,并加快建设太仓市中小企业创业园)的发展战略,开发建设取得了明显成效。到2010年,太仓港港口开发区实现地区生产总值172亿元,完成工业总产值565.2亿元,完成全社会固定资产投资115.4亿元,实际利用外资3.1亿美元。

(二) 太仓港港口开发区发展条件

1. 区位优越,交通便利

太仓港港口开发区地处长江三角洲东部,长江南岸,不仅东部邻近沿海沿江的国际大都市上海,西部邻近经济发达的苏锡常地区,而且既沿江又靠海,是江海联运极佳结点,区位条件十分优越。太仓港区已初步形成高等级公路、铁路和水水中转等全方位的集疏运网络,交通极为便利。公路方面,太仓港区具有便捷的公路运输网,太仓港区的辐射范围绝大多数在公路的优势服务方位内,且太仓港区的货物绝大多数为集装。公路运输可实现"门到门"的直达运输,在太仓境内各地基本可以保证 15 分钟内上高速公路。太仓每 100 km² 拥有 45.5 km 的高等级公路,密度列江苏省首位。沿江高速、苏昆太高速、锡太公路缩短了太仓与上海、南京、无锡、苏州市区、昆山等地的时间距离。铁路方面,太仓距沪宁铁路昆山站 30 km,距上海南翔站 30 km,距上海站 50 km。江苏省规划建设的沿江铁路(镇江—南翔)穿越太仓境内,并在港区设编组站。水运方面,太仓市域内有三条河道与长江航道、京杭大运河相贯通,形成了便捷的水上交通网。另外,港区内供电、给排水、通信、消防等基础设施全部到位;海关、海事、边防、检验检疫等口岸联检一条龙服务网络已基本形成。

2. 直接经济腹地发达,间接经济腹地辽阔

太仓港直接经济腹地苏锡常地区,不仅是我国经济最发达、综合实力最强的地区之一,而且也是我国对外贸易最活跃的地区之一。2010 年,苏锡常地区实现地区生产总值 18 067.10 亿元,进出口总额达到 3 575.20 亿美元。苏锡常地区经济快速发展和对外贸易高速增长为太仓港港口开发区的开发和建设提供了强大的发展动力。特别是苏州高新区和昆山开发区等国家级开发区和众多省级开发区的外向型经济发展,外内贸货源充足,为港区提供了足够的箱源保障。太仓港区依托港口快速发展临港产业,初步形成了石油化工、电力能源、轻工造纸、基础原材料和现代物流等 5 大特色主导产业。一方面"以港兴市"促进了港区产业的迅速发展,另一方面临港产业也反过来为太仓港带来了稳定的货源。

太仓港间接经济腹地长江沿线地区,近年来经济发展尤为迅猛。在沿长江工业经济快速增长的带动下,同时由于国际市场多元化和大宗物资运输增多,再加上西部大开发、中部崛起的快速发展等因素均将进一步促进长江水路运输的发展。长江沿线外贸经济的迅猛增长和内贸物资运量的增加都将促进和带动太仓港的吞吐量增长及太仓港区经济的快速增长。

3. 港口条件优良,发展迅速

太仓港港口开发区拥有长江岸线 38.8 km,可建万吨级以上泊位的优良深水岸线长 25.7 km,且岸线平直、边滩稳定、不冻不淤、前沿水深达 13 m。太仓港港口开发区紧靠长江主航道,航道宽度 3～5 km,能够满足 5 万吨级船舶和第 3 代集装箱船舶全天候进出,可建第 4 和第 5 代集装箱船泊位,具有与上海外高桥港区同等的通航条件,是建设集装箱枢纽港的优良港址。

太仓港自 1992 年开发建设以来,先后被批准为国家一类口岸、集装箱运输干线港,并被明确定位为全国沿海集装箱、矿石、液化石油气重点发展的港口、江苏省

重点建设的外贸大港，以及上海国际航运中心"一体两翼"中北翼的重要组成部分。尤其是近年来，港口建设和发展的速度不断加快，建成大小泊位 48 个，其中万吨级以上泊位 28 个，集装箱泊位 10 个，建成各类仓库 25 万 m²，堆场 200 多万 m²。太仓港集装箱作业区已初步具备了集集装箱装卸、转运、仓储和综合物流服务于一体的集装箱枢纽港功能。

（三）太仓港港口开发区发展布局

1. 临港产业区

2003 年，江苏省实施新一轮沿江开发战略，太仓市开始实施"以工兴港、以港兴市，接轨上海，服务苏南"的发展战略，充分发挥港口优势进行境内外招商，促进临港产业的快速发展，目前已形成石油化工、电力能源、造纸、装备制造等重要支柱产业。

（1）石油化工产业。以化学原料及化学制品制造业以及石油加工为主的石油化工产业作为太仓市发展较早的产业，已吸引了埃克森美孚、中石油华东润滑油厂、苏州华苏塑料、碧辟液化石油气、碧辟（中国）工业油品、中化环保化工等一大批国际国内知名龙头企业入驻，并形成了五大特色产业基地：国内最大的高级润滑油生产基地，省内最大的 PVC 生产基地，华东地区大型清洁能源基地，国内新型合成材料基地和前景广阔的精细化工和医药中间体基地。

（2）电力能源产业。华能太仓发电有限责任公司、太仓港协鑫发电有限公司、国华太仓发电有限公司三大火力发电厂形成了太仓电力能源产业，三大电厂主要以国内先进的 60 万 kW 超临界发电机组为主，热电联产以 30 万 kW 大型机组为主，12 台机组总装机容量达到 473 万 kW。

（3）造纸产业。玖龙纸业是亚洲第一大造纸基地，生产的高强瓦楞纸每平方米克重只有 65～90 g，属于低克重高档包装用纸，是国际上包装用纸发展的方向和新趋势，在它的带动下临港地区的高档造纸及纸制品产业发展较快。

（4）以专用设备制造业、电气机械及器材制造业、交通运输设备制造业、通信设备等行业为主导的太仓临港装备制造业发展态势强劲。

2. 太仓港物流园区

太仓港物流园区位于太仓港港口开发区，规划面积 20 km²，由国际集装箱码头、保税物流中心和入驻的物流贸易企业组成，具有运输、仓储、包装、配送信息等功能。为了加快太仓港物流园区的建设，太仓港港口开发区不但重点建设了太仓港码头、港口集疏运体系，还积极引进了一大批知名物流贸易企业。太仓港保税物流中心 2009 年正式封关运作，先后引进了国际集装箱码头、现代货箱码头、武港码头、长江石化、阳鸿石化等一大批知名物流贸易企业，拓展了国际采购、进口分拨、城市配送、转口贸易等业务。至 2010 年，共有 830 家商贸物流企业在港区开展业务,建成、在建和拟建物流项目,总投资约 195 亿元,港口物流产业链初步形成。

3. 滨江新城

滨江新城规划总面积 52.42 km²,人口 20 万,是太仓港生产、生活的配套区和综合性的城市新区。总体布局结构为"一心、两轴、三廊、四区"("一心"即城中心,"两轴"即长江路生活发展轴和七浦塘生态景观轴,"三廊"即杨林塘、七浦塘、浪港天然生态廊道,"四区"即港口物流、工业开发、生活居住、配套服务四大功能区),集港口物流、工业开发、生活居住、配套服务、旅游观光等功能于一身。滨江新城核心启动区面积 3.6 km²,规划建设总部经济区、商务配套区、精品住宅区、科教文卫区、生态休闲区五大中心。滨江新城总部经济区 5 幢大楼内外部装修已于 2009 年底完成,投用后将成为世界 500 强及"中字头"企业、大中型规模企业和港口配套服务业集聚区。滨江新城累计完成绿化面积约 300 万 km²,累计建成公寓房面积超过 100 万 m²,安置失地农民达 3.5 万人。

为了科学、合理地利用好太仓港宝贵的岸线资源和土地资源,太仓港港口开发区始终坚持长远发展与现实利用相结合,资源保护与合理开发相结合,经济效益与社会效益相结合的原则,提高规划水平,完善规划体系,为合理有序开发太仓港奠定了基础。从 1992 年以来,先后编制了《太仓港总体布局规划》《太仓港港口开发区综合布局规划》等一系列规划。近年来,为加快沿江开发和新港城的启动建设,又编制完成了《太仓沿江地区发展规划》、《太仓港港城分区规划》以及《太仓港港城中心区控制性详规》等。

十二、昆山市 IT 产业集群

苏州昆山市地处长江三角洲东部,市域面积 927.68 km²,常住人口 130.8 万人,下辖 2 个国家级开发区、2 个省级开发区和 9 个镇。2010 年人均地区生产总值达 142 185 元,是中国经济实力最强的县级市之一。昆山 IT 产业发展起步于 20 世纪 90 年代初,经过多年的发展,不仅产业特色、规模优势、集聚效应明显,而且发展潜力大,科技含量不断提高,已成为全国重要的 IT 产业基地之一。

(一)昆山 IT 产业集群发展条件

1. 地理位置优越,基础设施完善

昆山地处长江三角洲东部,东邻上海,距上海 50 km,西连苏州,距苏州仅为 37 km,不但沪宁高速铁路、沪宁高速公路、沪宁铁路和 312 国道穿境而过,而且邻近苏南硕放国际机场、上海虹桥国际机场、上海浦东国际机场、太仓港、上海港和张家港港,地理位置极为优越。昆山为了打造良好的投资环境,除积极发展网络化交

通外，还重点建设和完善了电力、通讯、能源、医疗、供水、文化、体育、环保等基础设施，为吸引外资和发展经济提供了良好条件。

2. 产业基础良好，承载配套能力强

昆山 IT 产业经过 20 多年的发展，已形成良好的产业基础，已由开始的生产技术层次较低的低端制造逐步向生产技术层次较高的高端创造转变。昆山还拥有较强的承载配套能力，不仅拥有基础设施齐全的昆山经济技术开发区，而且拥有全国首家封关运作的昆山出口加工区。另外，昆山各镇都规划建设了 $1\sim2$ km^2 的专业配套小区，形成了各具特色的产业配套生产基地。

近年来，昆山围绕"五个十"建设目标（即十个特色产业基地、十大主导产业链、十大科技创新载体、十个服务业聚集区、十大人才聚集工程），以开发区、高新区、花桥经济开发区为核心，正逐步形成光电产业园、传感器产业基地、高端装备制造业基地、电路板产业基地、模具产业基地、昆山工业技术研究院、阳澄湖科技园、清华科技园昆山分园、留学人员创业园、昆山软件园等一批特色产业基地和创新创业载体，大大提高了对大型 IT 项目和高技术 IT 项目的承载配套能力。

3. "率先发展，勇于创新"的精神

抓住机遇就能率先发展。在改革开放的大潮中，昆山总是善于抢抓机遇，做到能快则快，能超则超，能先则先。在全国还在争论是否发展工业园区的 20 世纪 80 年代初期，昆山人大胆探索并创造出江苏省第一块有偿出让土地、全国唯一自费创办的国家级开发区、第一个封关运作的出口加工区等多项"全省率先"、"全国第一"。昆山先后抓住了中央批准创办沿海经济开发区、邓小平南方谈话、上海浦东开放开发、台湾产业转移等重要机遇，及时实施外向带动、民营赶超、服务业跨越三大战略，做到了在发展外向型经济中始终处于领先地位，在对外开放中牢牢保持先发优势。

（二）昆山 IT 产业集群空间布局

昆山市已形成以笔记本电脑、显示器、数码相机、自动交易系统等计算机及周边设备生产为龙头，接插件、连接线等计算机零部件，印刷电路板、覆铜板、传感器、真空元件等电子元器件为基础，以及不间断电源、手机电池等一系列配套较全、规模较大的 IT 产品制造业体系。特别是近年来，昆山 IT 产业集聚度不断提高，集群发展速度不断加快。

昆山 IT 产业集群主要分布在昆山经济技术开发区和昆山国家高新技术产业开发区，其中又以昆山经济技术开发区最为集中。昆山经济技术开发区的大型电子信息企业主要集中布局在两个区域：一是 2000 年成立的出口加工区，二是沿 20 世纪 90 年代沪士电子、仁宝电脑、四海电子等大型企业发展轴线前进东路向东发展。目前沿路开发了 3 个园区：欧美工业园、精诚科技园和光电产业园。而作为电子信息高级产业的软件产业则集中布局在出口加工区留学人员创业园与前进东路上的企业科技园。

1. 光电产业园。位于昆山经济开发区东部,南起栈泾河、北至太仓塘、西起东城大道、东至太仓与上海交界处,总规划面积约 12 km²。光电产业园规划引入 TFT－LCD 液晶面板、玻璃基板、平板电视等三个核心项目,在其周边引进半导体、彩色滤光片、驱动 IC、偏光板、背光源组件等上下游配套支持企业,为各生产厂家提供广阔的发展空间。产业链的合理布局和有效连通,实现了资源的合理配置和高效共享,从而促成上中下游产业有效联动、共同发展的良性循环。光电产业园以生产液晶显示面板(TFT－LCD)项目为核心,积极吸引国内外著名光电产业上下游配套厂商进驻区内,力争通过 3～5 年的开发建设,打造国内第一、全球一流的光电产业基地。光电产业园还规划两个较大规模的园区综合服务区,为园区科技研发、教育培训、生活配套和娱乐休闲等提供了极佳的条件,与产业园互为依托,为光电产业的发展提供了强有力的配套支撑。

2. 昆山留学人员创业园。位于昆山经济开发区中的出口加工区,是吸引海外留学人员回国创业的科技园区。1998 年由江苏省人事厅、科技厅和昆山经济技术开发区联合创办,是全国首家设在县级市的留学人员创业园。创办以来,昆山留学人员创业园以科教兴市战略目标为指导,促进经济与科技的快速发展,形成了比较完善的科技企业培育体系,并且以优质的服务、优美的环境、优惠的政策受到留学人员的青睐,成为海外学子投资兴业、报效祖国的一方热土。园区拥有孵化面积 13.8 万 m²,吸引留学英、美、法、德、日等国学者创办了科技企业 230 家,引进了一批高层次科技人才,开发了一批技术领先并拥有自主知识产权的产品,推动了与大院大所的项目合作,培育了华恒、网进、攀特等一批 IT 明星企业。昆山留学人员创业园先后被命名为全国首批"国家留学人员创业园"、"国家火炬计划先进管理单位"、"国家先进高新技术创业服务中心"、"江苏省先进科技企业孵化器"、"江苏省火炬先进管理单位"等称号。

3. 昆山国家高新技术产业开发区。昆山国家高新技术产业开发区围绕"增强自主创新能力、提升可持续发展能力"目标,以创建昆山创新科技园为核心,整合昆山高新技术创业服务中心、工业技术研究院、清华科技园昆山分园三大创新平台,加速培育 IT 产业创新集群。近年来,以液晶平板显示器(TFT－LCD)和有机发光二极管(OLED)为重点,加快了以新型平板显示为特色的电子信息产业集群建设。2008 年中国大陆第一条自主设计建设的 OLED 大规模生产线在昆山国家高新技术产业开发区投产,这是我国在显示产业领域第一次依靠自主掌握的技术实现大规模生产,标志着新型平板显示技术领域通过多年自主创新已取得重大突破,显示产业由"中国制造"开始走向"中国创造"。

主要参考文献

安怀起.1991.中国园林史.上海：同济大学出版社.

保继刚.1997.主题公园发展的影响因素系统分析.地理学报,3：237-244

北京中城捷工程咨询有限责任公司,常州市规划设计院,常州市公共交通集团.2006.常州市快速公交线网规划.

蔡健臣.2009.常州市快速公交一号线规划设计特点.城市交通,3：18-21

陈国栋.2004.苏锡常地区城市化进程中的环境地质问题.资源调查与环境,2：111-115

邓淑华.2011.昆山高新区：培育"五虎将"特色产业 打造"国字号"招牌载体.中国高新技术产业导报,2：1-6

董观志.2000.旅游主题公园管理原理与实务.广州：广东旅游出版社.

董观志.2006.主题公园选址的层次结构分析.商业时代,2：79-80

樊奇,陈凯,唐强荣.2011.太仓港发展现代物流策略研究.港口经济,10：20-23

冯正明.2008.常州市快速公交(BRT)道路改造工程研究.江苏技术师范学院学报(自然科学版),2：92-96

傅军.1999.主题公园区位选址分析.南方建筑,3：77-78

龚士良.1999.长江中下游环境地质问题及对防洪工程的影响.中国地质灾害与防治学报,3：19-23

龚士良.2005.长江三角洲地质环境与地面沉降防治.第六届世界华人地质科学研讨会和中国地质学会二零零五年学术年会论文摘要集.

韩慎予.1986.苏州地貌概况.苏州教育学院学刊,1：37-40,42

江苏省计委会.2003.江苏省沿江开发总体规划(2003—2010).

江苏省人民政府.2007.江苏省沿江地区"十一五"产业空间布局规划(2006—2010).

江苏太仓港口管委会.2007.得天独厚太仓港——发展中的太仓港优势明显.中国港口,3：14-15

姜月华,戴庆嘉,汪迎平.2000.长江三角洲地下水开采的负环境效应及其防治.火山地质与矿产,3：214-225

蒋新春.2009.常州市BRT一号线规划的新理念和新方法.城市道桥与防洪,7：8-11

交通部规划研究院.2005.江苏省沿江港口布局规划.

金学智.2005.中国园林美学.北京：中国建筑工业出版社.

李金宇.2005.苏扬园林风格差异及其成因初探.浙江林学院学报,3：335-339

廖仲毛.2003.昆山IT产业渐成规模.中外企业家,8：79

芦宝英.2005.国内主题公园开发存在的缺憾和反思.西华师范大学学报(哲学社会科学版),1：75-79

邱玮玮,程道品.2009.新农村建设型乡村旅游地发展模式探析.小城镇建设,5：102-104

司徒贺聪.1998.诗意的栖居——浅谈苏州园林的文学观.南方建筑,3：52-55

宋丁.2003.中国主题公园发展中的价值取向分析.特区经济,1：41-44

宋平.1998.对主题公园的经济学与美学思考.中国园林,3：41-43

陶春柳.2010.提升太仓港竞争力的发展策略研究.交通企业管理,2：22-23

陶思明.2003.湿地生态与保护.北京：中国环境科学出版社.

陶毅烈.2008.保护尚湖湿地维护生态安全.江苏政协,4：54

王海燕.2011.太仓港物流园区发展问题与对策研究.硕士毕业论文.南京：南京农业大学.

王妮.2010.太仓港区发展集装箱运输竞争力策略.水运管理,4：28-30

王万同.2007.国内主题公园开发中存在的问题及其对策.濮阳职业技术报,1：34-35

文立玲.2002.主题公园走向何方——21世纪中国主题公园发展论坛纪要.旅游学刊,4：78-79

吴必虎. 2001. 区域旅游规划原理. 北京：中国旅游出版社.

伍亚光. 2010. BRT 中国本土化之常州经验与启示. 中外建筑，9：93-94

谢国桢. 1982. 明末清初的学风. 北京：人民出版社.

徐叔鹰，徐德馥. 1989. 苏州地区地貌发育与第四纪环境演变. 铁道师院学报(自然科学版)，S1：4-13

杨晨睿. 2009. 苏州电子信息产业空间组织研究. 硕士毕业论文. 苏州：苏州科技学院.

杨鸿勋. 1994. 江南园林论. 北京：中国建筑工业出版社.

易耀秋. 2003. 江苏跨江联动开发对长三角区域经济发展格局的导向价值. 现代经济探讨，9：45-48

袁新敏，张海燕. 2008. 长三角地区村级经济发展的新阶段、新环境与新定位分析. 华东经济管理，22
　　(3)：9-12

张雷. 2001. 加强政府服务功能精心营造良好环境把昆山建成投资创业的乐园. 透过互联经济体系创造财
　　富——第 12 届世界生产力大会北京阶段会议文集，493-497

张丽，龙翔，苏晶文. 2011. 长江三角洲经济区工业用地地质环境适宜性评价. 水文地质工程地质，3：
　　124-128

张曼胤等. 2011. 无锡长广溪湿地公园建设规划研究. 农学学报，3：50-54

张志华，沈跃新，肖宁. 2011. 转型升级背景下长三角地区县(市)域经济产学研合作模式与路径选择——以江
　　苏省昆山市为例. 南京邮电大学学报(社会科学版)，3：20-26

赵魁义. 2002. 地球之肾——湿地. 北京：化学工业出版社.

赵思毅等. 2006. 湿地概念与湿地公园. 南京：东南大学出版社.

赵文涛，李亮. 2009. 苏锡常地区地面沉降机制及防治措施. 中国地质灾害与防治学报，1：88-93

周世忠. 2003. 江苏的长江大桥建设与展望. 江苏建筑，S1：45-47

周世忠. 2005. 江苏长江大桥建设综述. 上海公路，2：27-31

周向频. 1995. 主题园建设与文化精致原则. 城市规划汇刊，4：13-21

周中明. 2008. 推进经济社会又好又快发展的成功经验和启示——以江苏昆山为例. 科协论坛(下半月)，9：
　　112-113

朱军贞等. 2011. 苏州市湿地公园发展现状. 现代园艺，1：34-36

朱骊，盛龙寿. 2008. 禁采以来无锡地下水位变化分析. 江苏水利，10：39，43

朱松节. 2009. 沙家浜旅游资源开发的思考. 旅游研究与进展，11：76-77

朱天舟，王雅蕾. 2007. 基于 SWOT 分析法的太仓港发展战略研究. 水运工程，11：1-5

自钊义. 2005. 曲径通幽——论中国古典园林的意境与内涵. 山西大学学报(哲学社会科学版)，3：124-126

第 5 章　太湖流域实习区

第一节　实习目的与实习要求

一、实习区概况

太湖古称震泽,是我国第三大淡水湖,湖面 2 000 多 km²,有大小岛屿 48 个,峰 72 座,山水相依,层次丰富。太湖流域分属江苏、浙江、安徽、上海三省一市,其中江苏省面积为 19 399 km²,占 52.6%;浙江省为 12 093 km²,占 32.8%;上海市 5 178 km²,占 14%;安徽省 225 km²,占 0.6%。太湖流域地势西南高、东北低,周高中低,形似碟子(图 5-1)。太湖的来水,主要为来自浙江天目山脉的东、西苕溪和来自苏皖界山和茅山山脉的荆溪;太湖的出水,主要通过梁溪口、沙墩口、胥口、鲇鱼口、瓜泾口、南厍等出水口,经黄浦江、吴淞江和太仓、常熟间大小 72 条溇港入江,其中以太浦河—黄浦江泄量最大。关于太湖的成因,主要有构造成湖说、泻湖成因说、河成湖说、火山喷爆说以及陨石冲击成湖说等。

太湖流域的开发治理已有几千年的历史,是我国较早的经济发达、物产丰饶的地区,自古就有"上有天堂,下有苏杭"之美誉。太湖流域是我国重点淡水渔业基地,鱼虾多达 30 多种,其中以银鱼、白壳虾、鲚鱼为水产珍品。淡水鱼产量约占全国的 10%。20 世纪 90 年代末在东太湖以及阳澄湖地区发展了螃蟹养殖。改革开放以后,凭借良好的经济基础、强大的科技实力、高素质的人才队伍和日益完善的投资环境,太湖流域成为我国经济发达、城镇体系较为完善的地区之一。流域内产业门类齐全,生产水平高、规模大,冶金钢铁、石油化工、机械电子、轻纺、医药、食品等工业在全国占有举足轻重的地位。

由于地势低洼,水网稠密,洪涝灾害对太湖流域造成了严重的威胁。据历史资料记载,公元 317~1911 年,太湖共发生大水灾和特大水灾 96 次,平均 16 年左右就发生一次。民国以来,1931 年、1954 年、1991 年、1999 年洪涝灾害,造成了巨大的经济损失。因此,加强太湖流域水利建设与管理工作,提高流域防洪能力极其重要。另一方面,改革开放以来,太湖流域工业化、城镇化进程加快,大量污水入河入湖,导致水质急剧下降,太湖流域水环境问题相当突出,成为典型的水质型缺水地区。2007 年太湖蓝藻暴发,引发无锡市供水危机。因此,流域水环境治理是太湖流域一项长期而艰巨的任务。另外,太湖地区还面临着地表沉降、水土流失等问题。

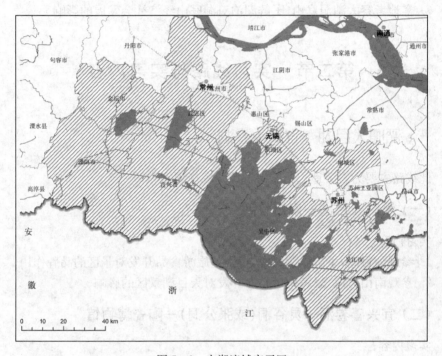

图 5-1　太湖流域实习区

二、实习目的

本实习区为流域地理综合实习。了解太湖的起源与形成;太湖流域经济社会发展,特别是旅游业发展;流域开发中存在的问题,特别是水环境治理。为流域可持续发展提出对策建议。

三、主要实习要求

1. 查阅文献与实地考察相结合,了解太湖起源与形成的主要学说。
2. 实地考察宜兴溶洞,结合相关文献,分析影响宜兴岩溶地貌发育的主要因素。
3. 参观宜兴陶瓷市场与陶瓷博物馆,了解宜兴陶瓷发展历史及艺术内涵。

4. 实地考察无锡太湖新城,了解太湖流域经济社会发展情况。

5. 考察无锡太湖国家旅游度假区和苏州太湖国家旅游度假区,比较两者的发展条件与特点。

6. 抽样调查太湖流域工业企业类型、规模及分布情况,了解其对太湖水环境的影响。

7. 实地考察太湖洞庭山,了解湖泊对洞庭山经济社会发展的影响。

第二节　实习线路与实习内容

一、溧阳天目湖—宜兴善卷洞

此线路主要为岩溶地貌与旅游资源开发规划实习。

(一) 溧阳天目湖—南山竹海

实习内容:

1. 参观天目湖,了解旅游资源,特别是旅游食品开发对景区的品牌作用。
2. 参观南山竹海,思考南山竹海开发对天目湖景区的影响。

(二) 宜兴善卷洞—灵谷洞(或张公洞)—陶瓷博物馆

实习内容:

1. 观察善卷洞石灰岩地貌发育情况,考查影响岩溶地貌发育的主要因素。
2. 观察善卷洞上下两层溶洞温度湿度的变化,分析原因。
3. 比较善卷洞、灵谷洞(或张公洞)岩溶景观的不同特色。
4. 参观陶瓷博物馆。

思考与作业:

1. 通过溧阳天目湖及南山竹海旅游开发调查,结合国内其他景区成功或失败案例,分析如何通过开发新景点分散客流、增加游客逗留时间。
2. 归纳宜兴岩溶地貌的发育条件和岩溶景观的不同特色。
3. 谈谈你对溧阳或宜兴旅游资源整合开发的建议。

二、太湖环湖实习

此线路主要为流域地理综合实习。

实习线路：

宜兴父子岭—无锡鼋头渚—无锡望亭水利枢纽—苏州瓜泾口

实习内容：

1. 观察宜兴父子岭湖蚀崖，了解其成因。

2. 观察无锡鼋头渚湖蚀龛壁，了解其成因。

3. 了解望亭水利枢纽的作用和运转模式。

4. 观察瓜泾口湖岸，了解太湖水利建设情况。

5. 每到一地，观察太湖水质状况，并提取水样进行化验和分析。

思考与作业：

1. 基于地理学的视角，谈谈流域经济与流域开发的总体思想。

2. 太湖蓝藻污染对流域经济社会发展可能产生哪些影响？

3. 结合太湖流域具体情况，谈谈流域综合治理的原则与措施。

三、无锡太湖新城—无锡太湖国家旅游度假区

此线路主要为经济地理实习。

实习内容：

1. 参观无锡太湖新城，分析其发展条件。

2. 考察太湖新城 1~2 家企业，了解企业发展的不同模式、存在问题与发展前景。

3. 参观无锡太湖国家旅游度假区。

思考与作业：

1. 分析无锡太湖新城的选址、功能定位及其对无锡城市空间结构的意义。

2. 分析高新技术发展的条件与特点。

四、太湖洞庭山—苏州太湖国家旅游度假区

此线路主要为自然地理与旅游地理实习。

实习内容：

1. 实测与调研相结合，了解太湖洞庭山局部小气候特点。

2. 调研洞庭山亚热带水果生产与布局特点。

3. 参观苏州太湖国家旅游度假区。

思考与作业：

1. 分析洞庭山亚热带水果生产与布局的特点与形成原因。

2. 思考洞庭山旅游业发展存在的问题与进一步发展的措施。

3. 比较苏州太湖国家旅游度假区和无锡太湖国家旅游度假区的发展条件与特点。

第三节　背景资料与实习指导

一、太湖的起源与成因

长期以来,太湖的起源与成因一直受到学者的广泛关注。不同学者提出过众多假说,其中主要包括构造成湖说、潟湖成因说、河成湖说、火山喷爆说以及陨石冲击成湖说等。

(一) 构造成湖说

构造成湖说认为,在地貌上,太湖并不是一个四周被山地围绕的构造盆地,北、东、南三面的潜山与地表山岭一起远不能组成完整的环抱湖盆的形势。并且阶地在太湖的东部不发育,一般只能在个别地方如无锡鼋头渚、望亭湖滨和阳山一带看到第一级高度不超过 10 m 的阶地,在大多分布于平原之上的孤山残丘的山麓仅有极薄的坡积网纹红土被覆而缺乏阶地存在,这说明太湖东部是个典型的沉降地貌区。在湖区西部,阶地也发育得不是很好,一般只能见到二级由网纹红土组成的阶地,反映出一种微弱上升的地貌景观。正是由于这种微弱的抬升,使湖滨平原缓缓露出水面,以致目前西部形成了圆滑的湖岸线。而东部由于缓缓沉降,湖水入侵陆地,造成湖岸线参差不齐,港湾并列。在新构造运动中,太湖与整个长江三角洲一起强烈沉降。

长江三角洲的沉降从上新世开始,这时曾发生短暂的海侵而影响及于太湖、杭州一带。沉降主要还是在第四纪之初。迄今,太湖地区的沉降幅度已达 200 m。太湖—吴淞断陷是从第三纪晚期开始逐渐形成的。如果不考虑第四纪沉积,长江三角洲地区实际上属于大陆斜坡的一部分,包括在我国大陆向太平洋断落的范围之内。而太湖又更处于构造的转折地带。所以这里地震活动频繁。据公元前 288 年以来不完全记载,不少地点的破坏性地震一般在 5 次左右。而且,自新第三纪以来还曾有过火山喷发。这些都表明这个看似平静的地区,实际上新构造运动相当剧烈。

早更新世,随着第一次断块差异运动来临,太湖西侧的山块开始上升,在第一级夷平面上升的同时,太湖本身沉降。这时太湖北、东、南三方面的断块也开始上升,形成了太湖盆地,尽管不很完整,但已聚水成湖,接受了数十米的湖积层。中更新世,随着第二次断块差异运动的发生,在湖盆四周第二级夷平面上升的同时,太湖以及长江三角洲的其他地区沉降,发生了第四纪以来的第一次海侵。太湖亦成一片岛海,至少也已成海湾。晚更新世,第三次断块差异运动来临,第三级夷平面升起,长江三角洲海水退出,沉积了所谓"中部陆相层"。这个时期的太湖地区或许是一片河流泛溢平原,或许有时出现淡水湖泊。全新世早期长江三角洲在块断差异运动的影响下又发生了第四纪以来的第二次海侵。据研究,海岸线直达太湖—吴淞断陷的西缘,南京、杭州地区均成滨海,太湖再度变为岛海或海湾。此后,在长江与钱塘江两大三角洲及其砂嘴的围合下,太湖从原来的岛海、海湾,经潟湖阶段,最后形成现今的淡水湖泊(图 5-2)。

(二) 潟湖成因说

"潟湖说"一直占据太湖成因的主导地位。晚更新世末期发生了全球性的海面大幅度下降,随着气候的转暖,海面开始迅速回升。在距今 7 500 年前后,气候较湿热,海面继续上升。大约在距今 7 000~6 500 年前达到近于目前海面高度,以后虽略有波动,但基本上保持稳定。这时太湖地区大片台地被浅水浸淹,处于潮坪及浅水潟湖环境。古太湖与海洋间有宽阔的河—海通道,当时古太湖的面积远比现在的大。今日的洮滆湖群、淀泖湖群、芙蓉湖群、菱湖湖群等都属于古太湖的范围。距今 4 000~2 500 年前,西侧的河口湾进一步缩窄,南缘的浅海湾相继淤浅成陆,湖州—杭州间的湖海通道逐渐淤浅,太湖随之封闭成为淡水湖泊。

潟湖说虽然可以解释太湖平原的地形、地质上的海相沉积,却不能解释另一个重要的事实,即太湖平原上的一百多处新石器文化遗址,如果是分布在半咸水的"潟湖"之中的话,那么当初先民们又是怎么生活的呢?

(三) 河成湖说

河成湖说认为,在成陆之初,西部茅山、天目山来水汇入荆溪和苕溪,顺着自然坡度入江、入海。那时荆溪主流穿过洮滆湖群,循今孟河北注长江;苕溪主流则循今吴淞江东流入海。到全新世中期,长江挟带的泥沙在河口及沿海地带沉积,滨江临海一带地形抬高,孟河口逐渐淤塞,荆溪改道东流,经滆湖流入太湖;苕溪也因吴淞江海口淤塞而注入太湖,这就是太湖、滆等湖泊形成和扩大的主要原因。吴淞江也于此时一分为三,发育为东江、娄江和吴淞江。全新世晚期以来,随着长江口泥沙堆积,海岸线不断东伸,三江的比降日趋平缓,出口淤塞日甚,加之三江中段地区,地面沉降,导致河道沿线的沼泽地积水成湖,今日的澄湖、阳澄湖、淀山湖等便相继形成。

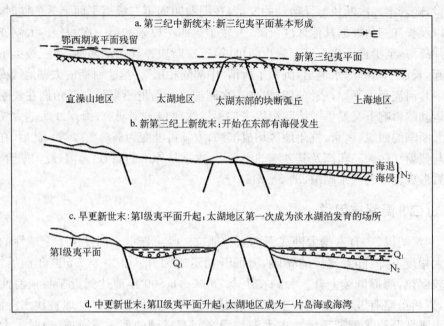

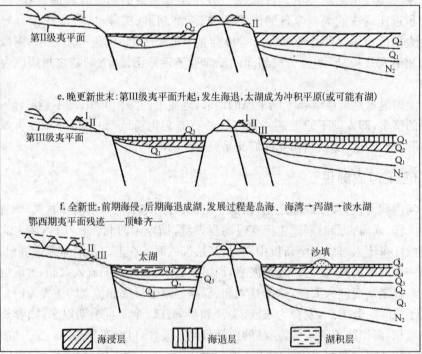

图 5-2　构造成湖说太湖形成与发展示意图

资料来源：黄第藩等,1965

（四）火山喷爆说

火山喷爆说在太湖周边发现了一些证据，首先是太湖各岛及周边的石英岩中的石英晶粒中广布着微裂隙与变形纹；其次，三山、泽山、蕨山岛上及宜兴的南阳山上存在着很多喷爆凝灰岩和凝灰角砾岩，广布着火山喷发后遗下的岩屑、角砾、集块、浮岩和各形态的火山弹，且下至湖滨，上至山顶，形态各异，小可数毫米，大成小山体；再次是整个西太湖岩盆均为火山岩，而位于太湖中心的大、小雷山岛已被确证为火山喷发后形成的岛屿（图 5-3、5-4）。

上述中生代末（或是新生代初）的岩浆火山活动一定会降低太湖及其周边的地下热压与容重，产生负压，其结果带来该地区新生代缓慢的沉降，从而积水成湖。

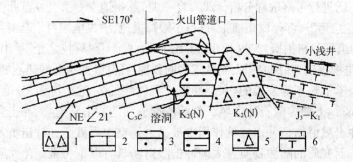

1. 喷爆角砾岩（地面滚石层）；2. 船山灰岩；3. 凝灰岩；4. 凝灰质粉砂岩；5. 凝灰角砾岩；6. 熔结凝灰岩

图 5-3 三山岛东泊山地质剖面

资料来源：沈自励，2003

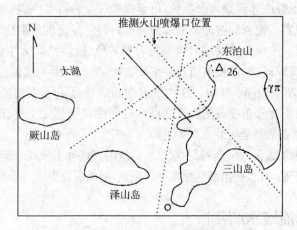

图 5-4 火山喷爆口位置示意图

资料来源：沈自励，2003

（五）陨石冲击成湖说

陨石冲击成湖由已故著名地质学家彭志忠教授于 1970 年代提出。最早根据太湖西南侧浑圆的形态特征推测太湖可能为冲击坑；后来根据卫星遥感资料，太湖被选择为中国最有可能的冲击坑之一。太湖地区基岩志留系茅山组砂岩及泥盆系五通组石英砂岩的石英晶体中发现的冲击变形微结构表明太湖冲击坑有存在的可能。2003 年 10 月，苏州陨石爱好者王来金、王家超，在太湖的内湖——苏州石湖中发现大量"疑似陨石"，2006 年，苏州地质专家孙绳宗等初步判断为陨石。2008年初至 2009 年夏，南京大学地球科学系陨石专家王鹤年、谢志东、钱汉东等在南京大学及国家自然科学基金联合资助下，作为重点研究课题立项研究，对三山岛及太湖中多个岛屿进行考察取样分析。2009 年 7 月，苏州地学专家又在苏州太湖三山岛发现大量"铁疙瘩"，《苏州城市商报》进行了跟踪报道，中央电视台十套"科学之光"栏目也派摄制组到苏州拍摄，2009 年 12 月 16 日，央视十套"科技之光"播出了《它到底是什么》的电视报道，并探究了太湖铁疙瘩的各种可能成因，引起较热烈的反响。

南京大学王鹤年等发表的《太湖冲击坑溅射物的发现及其意义》论文，确定石湖石棍为陨石，太湖为陨石冲击坑。判断依据分别是冲击溅射物、冲击角砾岩和冲击靶岩。冲击溅射物指冲击成坑作用中被抛射到空中再溅落在冲击坑及其周边地区的受冲击而变质的陆源物质。太湖冲击溅射物具有以下特征：含铁质高的溅射物中的胶结体以菱铁矿为主，贫铁溅射物中以方解石胶结体为主。溅射物中的岩屑、晶屑及粉尘的成分以砂岩或石英岩的石英碎屑为主，少量为中酸性侵入岩、喷出岩的长英质碎屑和黏土页岩的黏土矿物碎屑。溅射物多呈旋转扭曲形态，并具有熔壳层和表面气流刻蚀纹，充分显示典型的熔融和塑性-半塑性变形特征。溅射物的大小，从较大的厘米级块体到毫米级颗粒，再至微米级尘粉都有。溅射物的物源是来自太湖冲击坑的靶岩。靶岩即被冲击的陆源物质。目前发现的溅射物基本上散布于太湖及其邻近地区。按成分太湖溅射物一类为黑灰色、以菱铁矿为主胶结晶屑的溅射物，晶屑多含石英碎屑，少量长英质及黏土矿物碎屑；另一类为浅黄色，以长英质碎屑为主、方解石胶结形成的溅射物。这些溅射物的成分显示了太湖靶岩相应的成分。太湖冲击溅射物主要分布在石湖和太湖湖底较硬的黄土层之上的淤泥层中，说明太湖冲击坑建设物形成于全新世一万年之后。

考虑到太湖的大、浅、平、新特征，很难从传统的直接冲击模式来解释太湖周边所发现的冲击证据，于是，有人提出高空爆炸冲击模式，但尚需要更进一步的工作来证实。

二、太湖流域水利建设

太湖流域河网如织，湖泊星罗棋布，水面总面积约 5 551 km²，水面面积在

0.5 km² 以上的大小湖泊共有 189 个,湖泊面积 40 km² 以上的 6 个(表 5-1)。

表 5-1　太湖流域大中型湖泊形态特征

湖泊名称	湖泊面积 (km²)	湖泊水面 (km²)	湖泊长度 (km)	平均宽度 (km)	平均水深 (m)	总容蓄水量 (亿 m³)
太　湖	2 425.00	2 338.11	68.55	34.11	1.89	44.30
滆　湖	146.50	146.50	24.00	6.12	1.07	1.74
阳澄湖	119.04	118.93	—	—	1.43	1.67
淀山湖	63.73	63.73	12.88	4.95	1.73	1.59
洮　湖	88.97	88.97	16.17	5.5	0.97	0.98
澄　湖	40.64	40.64	9.88	4.11	1.48	0.74

资料来源:国家发展和改革委员会,2008

流域内河道总长约 12 万 km,河网密度 3.3 km/km²。出入太湖河流 228 条,其中主要入湖河流有苕溪、南溪和洮滆等;出湖河流有太浦河、瓜泾港、胥江等;人工调控河道主要有望虞河等。

自古以来太湖流域洪涝频发,有记载的包括明成化十七年(1481 年)、明正德五年(1510 年)等 20 余次洪水。如明正德五年,江南、太湖、浙西 25 府县大水为灾。据明《吴江水考》载:"旧水未消,春雨连注,至夏季四月,横涨滔天,水及树杪,陆沉连海,官塘市路,弥漫不辨,舟筏交渡,吴江长桥之不没者尺余耳。浮尸积骸,塞途蔽川,凡船户悉流淮扬泰之间。吴江田有抛荒自此始。"近年来太湖流域也经常发生洪涝灾害。如 1991 年夏季太湖超过警戒水位长达 80 天,洪涝发生时正值夏作物成熟秋粮插植之际,据不完全统计,整个太湖流域受灾农田 941 万亩,成灾627 万亩,粮食减产 8.12 万亿 kg,倒塌房屋 10.7 万间,冲毁桥梁 1 940 座,受灾人口 1 182 万人,直接经济损失约 114 亿元。再如,1999 年太湖平均水位自 6 月 10日超过警戒水位,7 月 1 日突破历史最高水位 4.81 m,7 月 8 日最高达 5.08 m,超过 1991 年的历史最高水位 0.27 m,在历史最高水位以上维持 19 天之久,太湖流域受灾人口 746 万人,直接经济损失高达 141.25 亿元。

太湖流域宣泄不畅的排洪格局,形成于明清,根源在南宋。千百年来太湖人民为治理洪涝灾害进行了不懈的努力,取得了巨大成就。

(一) 太湖流域洪涝灾害易发的原因

1. 流域降水集中

太湖流域成灾降雨类型主要有两类:一为梅雨型,其特点是降雨总量大、历时长、范围广,往往造成流域性洪灾;二为台风暴雨型,其特点是降雨强度大、暴雨集中,易造成区域型洪灾。

如1999年,太湖流域6月7日进入梅雨期,受切变线和静止峰的影响,出现了三次明显降雨过程,6月7日到30日全流域梅雨量600 mm,超过1991年、1954年最大30天梅雨量(1991年梅雨量535 mm、1954年497 mm)。尤其是6月23日至7月1日,全流域第三场降雨量达368 mm,暴雨中心在苏浙交界的访贤,月雨量达927 mm,江苏吴江市雨量也达到760 mm,是常年梅雨量的三倍。太湖流域降雨发生后,太湖及各地河网水位迅速上涨,6月1日08时太湖水位3.08 m,14日上升至3.63 m,日平均涨幅0.14 m;6月30日突破环湖大堤设计洪水位4.65 m,7月1日平历史最高水位(1991年4.79 m),7月4日突破5.00 m大关,8日达最高5.08 m。日涨幅最大出现在6月9日～10日,一天达0.23 m。

再如,2009年8月台风"莫拉克"给太湖流域尤其是宜兴带来罕见降雨。从8月10日凌晨至11日8时,宜兴太华桥涯、大涧等地降雨量均超出200 mm,部分地区达到236 mm,为历史罕见。当地河道全面突破警戒水位,其中11处小水库溢洪,横山水库超汛限水位1.41 m,刷新建库以来最高水位纪录。"莫拉克"使太湖平均水位跃升至4.08 m,创下自2000年来最高纪录。

2. 汇水迅速而排泄不畅

太湖来水主要为发源于茅山的荆溪和发源于天目山的东西苕溪,河流流程短,河床坡降大,汇水迅速;主要排水河道是望虞河、太浦河等,江河水位比降极小,并且受潮水顶托和长江洪水影响,排水不畅甚至出现江水倒灌现象。

3. 太湖本身水深有限,蓄水能力不强

太湖虽然是一个天然的巨大水库,但是周高中低,形似碟子,平均水深仅为1.89 m,在水位2.99 m时的库容为44.23亿 m^3,水位4.65 m时的库容约83亿 m^3,洪枯水位变幅小,一般洪枯变幅在1～1.5 m之间。而鄱阳湖水位洪枯变幅在7 m以上,库容变化在420亿 m^3左右。

4. 人类不合理活动造成洪涝加剧

太湖地区人口稠密、经济繁荣,土地压力巨大。围湖造地,导致太湖调蓄洪水的能力降低。建国以来围垦总面积为528.5 km^2,其中,20世纪60年代和70年代围垦面积占总围垦面积的94%(图5-5)。大量围湖以及联圩并圩不仅削弱了洪水调蓄容积,同时也切断了原有水系,堵塞湖荡通联的河道,阻碍洪水排泄。目前流域内圩区面积已达14 500 km^2,圩区巨大的排涝水量使得流域在遭遇20年一遇降雨时,出现50年一遇的水位。另一方面,太湖流域的城市化率已超过70%,城市化使地面渗透率减小,地表径流率增大,汇流时间缩短。此外,由于超量开采地下水,太湖流域地面出现大范围不同程度下降。据统计,苏州、无锡、常州和嘉兴市沉降中心累计沉降量已分别达到1 450 mm、1 140 mm、1 100 mm和750 mm,防洪标准因而降低。20年一遇的防洪设计标准与10年一遇标准之间,只相差15 cm左右,若以年沉降速率为2 cm计,20年一遇的防洪标准经过7年就降到10年一遇,降低了防洪设施的标准。这些人为因素致使太湖流域更加容易发生洪涝灾害,并且由于经济发达,洪涝造成的损失往往更加严重(图 5-6)。

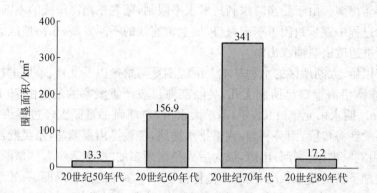

图 5-5 太湖流域湖荡围湖面积

资料来源:勾鸿量等,2010

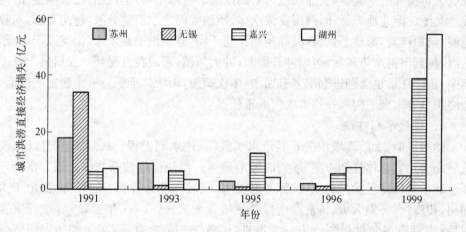

图 5-6 太湖流域洪涝损失

资料来源:勾鸿量等,2010

(二)太湖流域水利建设

1. 古代水利建设

太湖流域自南宋起泄水通道逐步淤塞,围绕东北和东南通江港浦排泄太湖洪水问题出现了较多意见。就东北港浦而言,其主流意见是:东北港浦的主要作用是引潮水灌溉沿江高田,兼泄地区涝水;太湖之水若经东北港浦排入江海,是"导湖水经由腹内之田,弥漫盈溢,然后入海,当潦岁积水,而上源不绝,弥漫不可治也"。这时已经有了洪涝不分、无法根治水患的认识,成为现代圩区治理方法中"高低分开、洪涝分治"思想的先驱。对于太湖地区向东南方向的排水通道,在东江湮塞之后已由很多港浦分担,有"柘湖十八港"、"华亭沿海三十六浦"之说,足见当时东南沿海的港浦很多。由于受当时水利技术水平限制,随着东南海岸线的不断内缩,在填筑海塘过程中逐步封闭了东南海口,加上黄浦江的不断发展,东南地区大面积的排水逐渐被迫改由黄浦江出海。

两宋以后,太湖地区的水利基本上围绕围垦与禁垦以及乱垦、争垦进行。到元代后期,东南沿海港口已所剩无几,吴淞江海口段严重淤塞的范围由 70 km 发展到 130 km。明永乐元年(1403 年)苏松大水后,户部尚书夏原吉经过详细查勘,决定放弃吴淞江海口段,因势利导,调整排水出路,疏浚昆山夏驾浦,掣吴淞江水北达浏河,改由刘家港(现浏河)出海,成为后人争议颇多的"掣淞入浏"。"掣淞入浏"顺应当时太湖下游的排水状况,使刘家港保持了 300 多年的通畅局面,有效解决了当时的排水出路问题,但随着黄浦江的逐渐扩大,终于也淤成普通一港。为了改善淀山湖一带众水汇集壅积、出路不畅的局面,开挖了范家浜,颇具效果,也从此使吴淞江成为黄浦江的支流,而黄浦江成为太湖地区的排水干河,呈现出"江衰浦盛"的局面。吴淞江南北地势低洼,两岸支流众多,所纳太湖之水沿途分散,越向下游,水势越弱,淤积越甚,形成恶性循环;而黄浦江则不同,它承纳上游来水,由支入干,由干入海,越到下游水势越壮,可以冲开淤滩,冲大河槽,形成良性循环。此后的 100 多年中,黄浦江虽也因潮进潮出多有回淤,多次疏浚,但大体能保持一个稳定的段面,始终担负着太湖下游唯一排水大河的重任。

2. 现代水利建设

建国以后,太湖流域积极开展治水实践,兴建水利工程。1987 年 6 月,《太湖流域综合治理总体规划方案》成为流域治理第一个法律性依据文件。该方案确定了流域治理以防洪除涝为主,统筹考虑供水、航运和环保等利益的任务,提出了太浦河、望虞河、环湖大堤、杭嘉湖南排等流域骨干工程。1991 年、1999 年洪涝灾害以后,太湖流域防洪规划作进一步推进,国务院先后批复了《关于加强太湖流域2001～2010 年防洪建设的若干意见》、《太湖流域防洪规划》,太湖流域防洪规划体系得以进一步完善。

(1) 防洪目标

根据《太湖流域防洪规划》,防洪目标分为三个层次:

① 流域防洪目标:近期到 2015 年,达到防御不同降雨典型年的 50 年一遇洪水标准,重点防洪工程按 100 年一遇防洪标准建设。远期到 2025 年,达到防御不同降雨典型年的 100 年一遇洪水标准,遇 1999 年实况洪水,能确保流域重点保护对象防洪安全。

② 城市防洪目标:上海市黄浦江干流及城区段按 1 000 年一遇高潮位设防,城区段海堤按 200 年一遇高潮位加 12 级风设防;杭州市钱塘江北岸海堤按 100 年

一遇洪潮高水位加 12 级风设防,老城区段堤防按 500 年一遇高潮位设防;苏州市、无锡市、常州市、嘉兴市、湖州市按 100 年一遇洪水位设防,其中苏州市、无锡市和常州市中心城区按 200 年一遇洪水位设防;其他县级城市按 50 年一遇洪水位设防。

③ 区域防洪目标:近期到 2015 年,防洪标准达到 20~50 年一遇,除涝标准达到 10~20 年一遇。远期到 2025 年,除山丘区等部分区域外,有条件的区域达到防御 50 年一遇洪水标准。

(2) 防洪工程

按照"蓄泄兼筹、洪涝兼治"和"引排结合、量质并重、综合治理"的流域治理原则,构筑流域防洪与水资源调控工程体系,实现"排得出、引得进、蓄得住、可调控"。太湖流域防洪工程总体布局是:以一期治太骨干工程为基础,以太湖洪水安全蓄泄为重点,充分利用太湖调蓄,妥善安排洪水出路,完善洪水北排长江、东出黄浦江、南排杭州湾的流域防洪工程布局;同时实施城市防洪工程、疏浚整治区域骨干排水河道、加固病险水库,建设上游水库,实施水土保持,形成流域、城市和区域三个层次相协调的防洪格局,健全工程与非工程措施相结合的防洪减灾体系。

流域重点防洪工程主要包括利用太湖调蓄工程、北排长江工程、东出黄浦江工程,实施太浦河后续工程、南排杭州湾工程等。

(3) 城市防洪

太湖流域主要城市防洪建设以重点提高城市的自保能力为主,形成与城市规模、功能、地位相适应的防洪除涝体系。与本实习区相关的主要城市防洪工程有:

① 上海市:以黄浦江防汛墙及外围海堤为防洪屏障,分片控制,挡潮除涝。主要防洪工程建设包括海塘防洪(潮)工程,区域防洪除涝工程以及市区防汛墙除险加固工程等,并结合流域防洪进一步研究论证黄浦江河口建闸工程。

② 苏州市:采用分片设防,城市中心区建设大包围,新区局部洼地修建圩区,工业园区南部、吴中区、相城区设大包围、浒关区采用包围格局。主要防洪工程建设包括新建控制建筑物,新建排涝泵站,拓浚整治河道,加高加固护岸等。

③ 无锡市:采用分片设防,运东片在现有小包围基础上实现大包围,按两级控制设防,运西片加高加固圩区自保。主要防洪工程建设包括运东片大包围、运西片防洪工程,山洪防治工程等。

④ 常州市:外围以长江堤防、武澄锡西控制线等为防洪屏障,城区分片治理。主要防洪工程建设包括新建和改建水闸,新建排涝泵站,疏浚整治河道、堤防护岸工程等。

(4) 水土保持

太湖流域属于南方红壤丘陵区,水土流失形式以水力侵蚀为主。2002 年太湖流域共有水土流失面积 1 624.7 km²,占流域总土地面积的 4.4%。

流域水土保持的总体目标是：用 20 年左右时间,使流域水土流失地区基本得到整治,适宜绿化的土地植树种草,植被基本得到恢复,建立比较完善的生态环境预防监测和保护体系,大部分水土流失区农业生产条件得到改善,生态环境实现良性循环。具体如下。

① 山丘区:以水力侵蚀为主,水土流失治理以小流域为单元,重点治理浙江安吉县、长兴县和江苏溧阳市、宜兴市山丘区水土流失。

② 平原区:平原地区的水土流失与山丘区有着显著不同的特点,主要因地面冲刷、水流淘刷、船行波、人类活动等引起水土流失。水土流失治理对策主要是依法预防和治理新的水土流失,并积极探索平原区水土流失防治的新途径。

(5) 防洪非工程措施

加强流域防洪调度管理,建立健全流域水管理法规和制度,维护流域水工程设施的良性运行,逐步建立集防洪减灾、水资源合理配置与保护为一体的水利管理保障体系和政策法规保障体系,初步实现流域水利现代化。

① 流域防洪与水资源调度系统建设

采用现代化的手段,应用通信、计算机、遥感等高新技术,建设太湖流域防洪与水资源调度系统,实现流域管理信息化。流域防洪与水资源调度系统建设包括覆盖全流域的信息采集系统、通讯系统、计算机网络系统、防汛决策支持系统。同时,建设流域主要控制线监控及重点水利工程自动控制系统,提高流域统一调度能力和洪水调度水平。

② 防洪安全管理

理顺流域统一管理和分级管理的体制,强化流域防洪安全管理。主要包括:河湖水域管理,如禁止围湖和侵占水面,有计划地实施退渔(田)还湖;保护湿地,改善生态环境,恢复河湖调蓄洪水能力;加强对水利工程管理范围内建设项目的管理;制定河道的疏浚计划,加强河湖动态监督管理等。圩区建设管理,如合理控制圩区排涝标准,加强圩区在汛期的合理调度,使圩区治理与流域、区域治理相协调等。地下水管理,如严格控制地下水开采,划定禁采区和限采区范围。超采区实行全面封井,建立超采区地下水动态监测体系和水资源管理监督机制等。

③ 流域防洪调度管理

流域调度组织机构建设:按照《防洪法》的要求,成立流域防汛抗旱指挥协调机构,建立相应工作制度,形成流域防洪和水资源有效协调机制,组织深入研究并细化防洪调度方案及应急预案等。

流域工程调度管理:以太湖洪水安全蓄泄为重点,在保证流域防洪安全的同时,合理利用雨洪资源,改善水环境,促进水资源的合理利用。通过水利工程的优化调度,协调上下游、省市间、洪与涝、流域与区域的关系。专项研究制定流域防洪和水资源调度方案。

④ 超标准洪水防御对策

重点保护环湖大堤安全及上海、杭州、苏州、无锡、常州、嘉兴、湖州等大中城市和重要基础设施的防洪安全,尽可能减少洪涝灾害损失。遇超标准洪水时,流域防洪需努力保证环湖大堤不溃堤。各城市防洪也应制定相应的超标准洪水防御对策。

三、太湖度假旅游资源开发

休闲度假旅游已成为当今国际旅游业发展的主题,一些发达国家已陆续进入休闲度假旅游时代。我国自改革开放以来,随着社会经济的快速发展和人民生活水平的显著提高,旅游业得到快速发展,特别是度假旅游业增长迅速,也越来越成为我国旅游业的重要组成部分。1992 年至今,我国正式建立了 12 个国家级旅游度假区(表 5-2),在这其中,太湖及其周边区域可谓是我国度假旅游业发展的佼佼者,像苏州、无锡、常州、湖州等环太湖地区都凭借靠近太湖的有利区位条件大力发展休闲度假旅游业,促进了当地经济社会的发展。

表 5-2　中国国家旅游度假区名录

名　　称	所属省市
大连金石滩国家旅游度假区	辽　宁
上海佘山国家旅游度假区	上　海
苏州太湖国家旅游度假区	江　苏
无锡太湖国家旅游度假区	
杭州之江国家旅游度假区	浙　江
武夷山国家旅游度假区	福　建
湄洲岛国家旅游度假区	
青岛石老人国家旅游度假区	山　东
广州南湖国家旅游度假区	广　东
北海银滩国家旅游度假区	广　西
三亚亚龙湾国家旅游度假区	海　南
昆明滇池国家旅游度假区	云　南

注:根据国务院针对设立国家级旅游度假区的相关批复文件整理

(一) 太湖度假旅游资源开发优势

1. 气候条件优越,旅游资源特色鲜明且集聚度高

太湖地区处于我国东部,属亚热带季风气候,四季分明,年均气温在 15～17℃,10～28℃的适宜气温日占全年的 60%,且受太湖地区热岛效应的影响,冬季

气温比同纬度地区偏高,年平均降雨量为 1 100~1 150 mm,气候条件优越,适宜度假旅游业的发展。

太湖地区旅游资源丰富,自然景观与人文景观相映成趣,相互点缀,兼具水之灵秀与山之凝重,是一个融风光游览、休闲游憩及科学文化活动等功能于一体的山水湖泊型度假旅游区。其度假旅游资源具有五大特色:以太湖山水自然风光为主的自然景观特色,以吴越文化为深厚底蕴的人文资源特色,以历史名镇为代表的江南水乡古镇风貌特色,以湖鲜花果为优势的名优物产特色,以苏绣、苏画、苏雕为代表的独特的江南民间艺术文化特色。

太湖地区自然景观以太湖水域、岸线、岛屿、湿地和山林植被为主,"湖不深而辽阔,山不高而清秀",呈现一派"平山远水"、"山长水阔"的"吴中山水"景色。湖面烟波浩渺,气势磅礴。湖中岛屿星罗棋布,错落有致。沿湖低山丘陵,逶迤连绵,山水相间,湖岸线曲折蜿蜒,大小水湾串联套合,山重水复与飘渺浩瀚相得益彰,构成一个个千姿百态的天然山水画面。其人文景观以吴越史迹为文化脉络的吴越文化古迹、典型的江南水乡古镇和珍贵的明清园林、建筑为主,历史文化悠久,文物古迹众多,特别是文风之盛,在全国有一定地位。太湖地区大量明清时期古城、古镇、古村落、古建筑、古墓葬和古文物遗存,以及内涵深厚的吴地文化和水乡民俗与秀美的太湖自然风光交相辉映,造就了独特的吴文化人文景观特征。

太湖地区苏州、无锡和常州 3 市拥有国家级太湖风景名胜区的全部 13 个景区,还有苏州枫桥、虎丘山、常熟虞山和茅山 4 个省级风景区以及苏州西山、宜兴国家森林公园等 7 个国家级森林公园。国家级、省级和市级文物保护单位达到 163 个,度假旅游资源丰富且集中程度高。

2. 区位优势明显,水陆空交通体系完善

太湖地区区位优势明显,地处以上海为中心的长三角大都市圈的中心位置,与苏州、无锡、常州城市密集带紧密联系。京杭大运河贯穿太湖地区南北,河网密布,水运十分便捷。沪宁铁路、沪宁高速公路横贯太湖地区并且与上海相连通,绕城高速公路、苏嘉杭高速公路、312 国道贯穿全区,且有与上海虹桥国际机场相连的苏沪快速公路。太湖地区距上海虹桥国际机场 120 km、上海浦东国际机场 150 km、南京禄口国际机场 240 km、无锡硕放机场仅 10 km,而苏州光福机场就在该区域内,水陆空交通体系完善,交通条件十分优越。

3. 经济发达,度假旅游客源市场巨大

太湖地区度假旅游资源开发的一个最大优势就是拥有非常巨大的客源市场。太湖地区位于我国东部沿海地区中心区域,经济发达,城市化水平高,城市分布均匀,大都沿交通线和环太湖分布。其周边的上海、南京、苏州、杭州、无锡、常州等城市人均国内生产总值都超过 10 000 美元,游客旅游意识、旅游消费力强,这标志着一个拥有巨大人口的度假需求市场已经形成。另外从全球视野来看,通过上海可沟通全球主要国家、地区和城市,特别是我国最大的客源市场地——日本、韩国、东南亚、港澳台地区,旅游客源市场巨大且层次较高。

4. 基础设施完善,度假旅游品牌效应明显

除交通便利外,区内各种档次宾馆、酒店及度假村一应俱全,电力、供水、交通、邮电通讯等功能设施完善,能够满足度假旅游的需求。另一方面,太湖地区拥有两个国家级度假旅游区,为本地度假旅游的重要品牌,增强了太湖地区度假旅游业的国内与国外影响力,品牌效应凸显。

(二) 太湖度假旅游风景区发展概况

太湖地区度假旅游资源的正式大规模开发始于 20 世纪 90 年代初。1992 年,国务院正式建立了 12 个国家级旅游度假区,其中就包括苏州太湖国家旅游度假区和无锡(马山)太湖国家旅游度假区。在此带动下,太湖地区的度假旅游业迅速发展,又建立起常州太湖湾省级旅游度假区和湖州太湖省级旅游度假区(表 5 - 3)。下面介绍与本实习区相关的几个度假区。

表 5 - 3　太湖地区旅游度假区概况

名　　称	级　别	总体面积 (km²)	规划面积 (km²)	主 要 景 点
苏州太湖国家旅游度假区	国家级	1 027	11.2	西山景区、光福景区、东山启园、灵岩山、甪直古镇等
无锡(马山)太湖国家旅游度假区	国家级	51.4	13.5	灵山胜境景区、龙头渚自然风景区祥符寺、云居道院、三老屋等
常州太湖湾旅游度假区	省　级	39.6	30	太湖湾广场、环球动漫嬉戏谷、中华孝道园等
湖州太湖旅游度假区	省　级	300	8	温泉、长田漾湿地、弁山风光、法华寺等

注:根据政府相关部门资料统计

1. 苏州太湖国家旅游度假区

苏州太湖国家旅游度假区拥有陆地面积 173 km²,太湖水面 854 km²,规划面积 11.2 km²,下辖香山街道和金庭、光福两镇,人口约 11 万。

苏州太湖国家旅游度假区区位条件优越,距苏州市区 15 km、距上海 95 km、距无锡 42 km,沪宁、沪杭高速,苏州绕城高速和 312 国道四通八达,上海虹桥、浦东和无锡硕放机场相距不远,拥有便捷的水、陆、空立体交通体系。

苏州太湖国家旅游度假区旅游资源丰富,拥有太湖风景名胜区中的 2 个主要景区、1 个国家森林公园、1 个国家现代农业示范园区、1 个国家地质公园、2 个省级历史文化名镇、4 个省级文保单位以及 36 个各类旅游景点,山水湖泊、园林宅第和文物古迹互相渗透,各具特色,秀山丽水,举目如画,是苏州环太湖旅游经济产业带

的龙头和中心区。

苏州太湖国家旅游度假区基本形成了以优美的太湖山水和深厚的吴文化底蕴为依托的"文化太湖、绿色太湖、健康太湖"品牌,陆续建成了太湖明珠水上乐园、太湖水星游艇俱乐部、明珠酒店、太湖大桥、太湖之星、景观大道等旅游观光设施,形成了太湖山水、古吴文化、桥岛风光、田园野趣、度假休闲等特色景观,成为集国际会展、休闲度假、绿色生态、观光旅游于一体的环太湖旅游经济产业带。近年来,苏州太湖国家旅游度假区以发展旅游服务业为主线,全面加快旅游项目的引进和开发,以缥缈峰景区、苏州太湖公园、苏州海洋馆、香山国际大酒店、牛仔乡村俱乐部、苏州太湖国际会议中心为代表的一批功能性项目建成投用。每年一届的太湖梅花节、太湖开捕节和太湖龙舟赛等20余项专题活动的成功举办,促进了太湖旅游品牌的不断提升。目前,苏州太湖国家旅游度假区旅游功能日益完善,旅游要素日趋完备,越来越受到社会各界和广大旅游爱好者的关注。2010年接待游客621万人次,旅游总收入达到33.8亿元。

2. 无锡(马山)太湖国家旅游度假区

无锡(马山)太湖国家旅游度假区位于无锡市西南端的马迹山半岛,总面积51.4 km²。区内拥有"一级空气,二级水质,三十八处津湾,四十一条溪流,五十七座山峰,六千亩大湾,七种农副特产(白鱼、银鱼、白虾、杨梅、芋艿、鸡蛋、牛奶),八十八米高大佛,九十八湾的观光公路,十里观湖景明珠堤,百花园(龙头渚),千波桥,万浪堤(沿湖七里观光堤)"。这里青山如屏,绿水覆盖率达56%,植物460余种,动物百余种,是个具有良好生态环境和极具旅游业发展潜力的天然公园。此外,马山地区历史悠久、文化灿烂,在与湖光山色交相辉映中有56处人类文化遗存。祥符寺、云居道院、赵翼墓、三老屋、吴王避暑宫等均闪烁着中华民族智慧与思想的光芒。该度假区距无锡市区17 km,度假区高速通道与锡宜、沪宁、宁杭高速公路相沟通,乘车至上海、南京、杭州均1小时30分钟。

无锡(马山)太湖国家旅游度假区自1992年经国务院批准为国家级度假旅游区以来,在"旅游推动、资源启动、建设拉动、外资带动、改革联动、创建互动、教育鼓动、宣传促动"发展思路的指导下,旅游事业得到了快速发展。以"灵山胜境"为主要品牌的旅游事业方兴未艾,涌现出一批特色鲜明,具有旅游生命力的旅游产品,年接待游客300万人次以上。

3. 常州太湖湾旅游度假区

常州太湖湾旅游度假区位于常州市武进区南部的雪堰镇境内,太湖湾旅游度假区地处长三角经济圈中心,距上海、南京、杭州2小时行程。其东临无锡马山,南至太湖,西接宜兴周铁,北至锡宜公路。太湖湾地区以低山丘陵为主,山脉来自浙江天目山,余脉由宜兴入湖,低山丘陵占土地总面积的66%。共有山头19座、山坞11个,大小水库8个,湖岸线长约7 km,临湖有7个山湾。

常州太湖湾旅游度假区规划控制范围为 30 km²，主要由永丰水街区、龙湾度假区、河流文化区、盘古中心区、数字文化区以及城镇发展控制区组成。规划保护范围为 17 km²，规划核心区面积为 10 km²。重要景区有太湖湾广场、环球动漫嬉戏谷、中华孝道园、万泽太湖庄园、竺山湖小镇、太湖湾度假村、国家龙舟竞赛基地等景点，度假旅游业发展较为迅速，2011 年完成旅游接待 140 万人次，实现旅游总收入 11.5 亿元，实现旅游增加值 5.2 亿元。

环球动漫嬉戏谷是一座国际动漫游戏体验博览园。嬉戏谷颠覆传统，突破创新，定位鲜明，以更适合未来的体验型公园为前瞻，与世纪品牌"迪斯尼"及"环球影城"形成差异，注重现代数字文化互动体验，给世界一个全新主题。

环球动漫嬉戏谷投资总额 20 亿元，2011 年 4 月 29 日开园。嬉戏谷以"动漫艺术、游戏文化"为主题，首次将互联网技术全面运用于主题乐园，首次将"虚实互动"模式融入游乐项目，首次将线上线下两个互动娱乐平台进行有机整合，将超前的数字娱乐和高科技完美融合，通过游戏虚拟场景局部实景化的手段，将一个从未有过的、神秘未知的、超越现实的"奇幻世界"带入现实。200 多项动漫游乐项目中，1/3 属于全球首创。

环球动漫嬉戏谷园内规划有假面文化的"梦幻广场"、宏伟的"英雄门"、童幻的"摩尔庄园"、武侠的"传奇天下"、魔幻的"魔兽大陆"、梦幻的"星际传说"和"淘宝大街"等游戏文化体验区域。

（三）太湖度假旅游资源开发存在的问题

1. 区域整体规划有待完善

太湖地区整体的度假旅游区域规划工作有待进一步完善。虽然该区域包括的 2 个国家旅游度假区和 2 个省级旅游度假区都编制了较为详细的旅游发展总体规划，但是没有协调整个太湖地区旅游度假区发展的总体规划和布局，容易造成"各自为政"，过于注重本地的经济利益，从而破坏太湖地区作为一个整体区域的整体发展和协调发展，不利于该区域的可持续发展。

2. 开发过程中对生态环境产生一定程度的影响

太湖地区度假旅游业快速发展的同时，对生态环境也产生一定程度的影响。

首先是对太湖水质的影响。由于旅游服务设施和旅游接待量的不断增加，加之水产养殖的过度发展、农业及工业污染等，使得太湖水质已呈中度到富营养化状态，严重威胁太湖生态系统的稳定与平衡。例如 2007 年 5 月底的无锡太湖水华事件，严重影响了无锡市饮用水源地水质，同时也对无锡（马山）太湖国家旅游度假区带来了负面影响。

其次是造成太湖地区湿地生态环境恶化。太湖度假旅游区处于太湖之滨，

85%以上的面积均可纳入太湖湿地范围之中。近年来沿线地区对度假旅游的大规模开发已经导致天然湿地面积缩小，使得湿地生态功能日趋脆弱和急剧下降，削弱了太湖地区生态系统的自我调控能力，降低了生态系统的有序性和稳定性。

再次是太湖岸线开发不当，造成一定的水土流失。太湖地区有48岛、72峰，现状岸线是以苇地和自然山石驳岸为主的原生态岸线，湖光山色，相映生辉。但由于度假旅游的开发，不少山体遭到破坏。不仅山体由于开挖时间过长且没有及时进行保护性平整与回填，造成土石长时间暴露在外，引起水土流失，而且毁坏的山体与植被又都集中在太湖和太湖沿线的主景观面上，也从整体上影响了太湖岸线景观。

3. 游客及旅游经营者的价值观念有待提升

近年来太湖地区度假旅游业蓬勃发展，游客人数及旅游收入节节攀升，但是部分游客的不文明旅游行为及度假区旅游经营者的盲目开发建设，都在一定程度上影响太湖地区度假旅游业的可持续发展。如部分游客在游览过程中乱丢果皮、纸屑等垃圾，更有甚者乱刻乱画，破坏古建筑古文物；一些旅游经营者为了追逐短期的经济利益，大肆在度假区内修建宾馆、饭店等服务设施等。

4. 旅游资源与服务设施季节性闲置较严重

太湖地区度假旅游旺季主要集中在5～10月，其余时间游客较少，为度假旅游淡季，大概有半年左右。在这半年多的时间里，客房开房率不到30%。大量旅游资源与服务设施闲置，造成一定程度上的资源浪费。

（四）太湖度假旅游资源开发建议

1. 统一旅游资源开发管理机构，完善太湖度假旅游区整体规划

太湖地区度假旅游资源管理机构较为分散，不仅在全局决策层面分别由建设厅（局）、文物厅（局）、林业厅（局）、环保厅（局）、国土资源厅（局）、旅游局等主管厅局进行归口管理，而且各度假旅游区当地又设置相关的管理委员会或办公室进行管理与开发，管理机构庞大，各自地区以各自利益为主，在一定程度上制约了度假旅游资源开发与管理的效率。因此应该统一旅游资源开发行政执法监督管理机构，建立泛（大）太湖地区度假旅游资源统一开发管理委员会，充分发挥政府的主导作用，制定整个太湖地区的旅游资源保护目录和度假旅游开发管理法规，对太湖度假旅游区进行整体科学规划，坚持保护优先、开发服从保护原则。

2. 加强对太湖水域环境治理，保护并提升太湖度假旅游区的生态功能

水是滨水型度假旅游地区的灵魂和精髓，太湖是该地区度假旅游的灵魂所在，更对区域整体气候和生态环境有着不可或缺的作用，因此应该不断加强对太湖的水质治理，加强对太湖岸线及湿地资源的保护，恢复和保持好太湖地区良好的生态环境。

3. 加强区域合作，打造特色度假旅游形象，构建环太湖地区旅游圈带

太湖地区度假旅游资源丰富，历史文化底蕴深厚，发展度假旅游业可谓得天独

厚。但要想真正实现该区域的跨越式大发展,将区域度假旅游业做大做强,则需要整合区域旅游资源,加强区域合作,打造特色度假旅游形象,构建环太湖地区旅游圈带。环太湖地区有多个国家级和省级度假旅游区,跨越上海、南京、苏州、杭州、无锡、常州等城市,可尝试进行跨行政区域界限进行共同合作与开发,同时围绕太湖地区的主体历史文化——吴文化来创建区域特色旅游形象,打造度假旅游个性品牌,集中展示本地历史文化中的精品,如苏绣、太湖石雕、苏州评弹表演等,充分挖掘太湖地区丰富的历史遗迹、民俗资源,同时还要注意在传统历史文化中注入现代时尚文化的元素,多元文化共存,在突出特色的同时确立综合优势,共同开拓度假旅游客源市场,打造一个真正的环太湖地区旅游圈带。

4. 扩大宣传力度,搭建现代化的太湖地区度假旅游资源信息共享平台

太湖地区度假旅游资源的大发展、大繁荣,宣传工作是必不可少的环节。为此,要加大宣传力度,综合利用各种现代化宣传媒介,通过广播网络、电视新闻、书刊报纸等多种渠道进行全方位多角度宣传推介,形成规模宣传效应,提升太湖度假旅游的国内外知名度和影响力。另一方面,应重视现代科学技术的应用,建立旅游资源信息网络共享平台,提供旅游供需信息,实现太湖地区度假旅游信息一体化,这样既能够促进区内资源与信息互动,又能通过现代传媒形式向外发布区内旅游信息,有效地提升太湖度假旅游的知名度,推动太湖地区度假旅游业的健康快速发展。

5. 增强游客及旅游经营者的保护意识,促进旅游度假区可持续发展

应广泛深入地宣传旅游资源保护法律法规,普及生态教育,培养生态意识,尤其要改变领导决策人员的传统观念,使人与自然和谐发展的观念成为共识,进一步提升相关群体和个人的旅游资源保护意识,使广大旅游者、旅游经营者和旅游管理机构规范自己的行动,促进太湖度假旅游区的可持续发展。

6. 创新度假旅游区淡季经营管理模式,提高旅游资源利用率

针对太湖地区度假旅游淡季资源闲置问题,应创新度假旅游区淡季经营管理模式,提高旅游资源利用率。例如可以丰富度假旅游形式和内容,引进会议休假和节庆休假等方式,增加淡季吸引力;还可以进一步分析客源市场,加强对客源市场的多层次开发,采取各种优惠政策,吸引中低档群体进入;另外可以逐步引入时权经营新理念,拓展度假旅游市场空间。

四、太湖流域水环境及其治理

(一) 太湖流域水环境令人堪忧

太湖流域水环境问题是自洪涝灾害之后又一个严重问题。自 20 世纪 80 年代

以来,太湖水域严重富营养化,湖内的生态系统被严重破坏,一向水量充沛的太湖流域陷入了"无好水可用"的尴尬境地。从20世纪80年代初期至90年代初期,太湖平均水体水质由以Ⅱ类水为主下降到以Ⅲ类水为主;从90年代中期至今,全湖平均水质下降为劣Ⅴ类。太湖的富营养化程度不断加剧,已由10年前的轻度富营养化水平升至中度富营养化水平。太湖湖体各主要污染物变化见图5-7至图5-10。

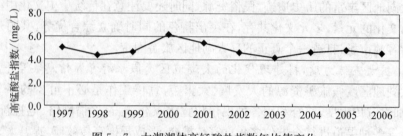

图5-7 太湖湖体高锰酸盐指数年均值变化

资料来源:国家发展和改革委员会,2008

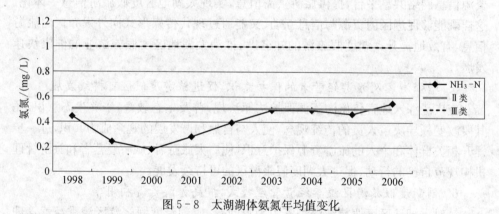

图5-8 太湖湖体氨氮年均值变化

资料来源:国家发展和改革委员会,2008

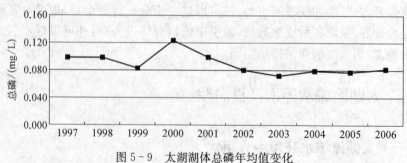

图5-9 太湖湖体总磷年均值变化

资料来源:国家发展和改革委员会,2008

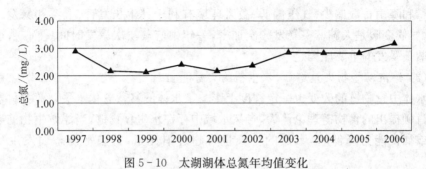

图 5-10　太湖湖体总氮年均值变化

资料来源：国家发展和改革委员会,2008

2010 年,太湖流域河流水质达到或高于Ⅲ类的仅占 12.5%,劣Ⅴ类水质所占比例高达 43.6%(图 5-11)。太湖湖区仅五里湖为Ⅳ类,占全湖面积的 0.3%,东太湖和东部沿岸为Ⅴ类,所占面积仅为 18.8%,其余为劣Ⅴ类。淀山湖水质全年为劣Ⅴ类。

太湖流域日益恶化的水质产生严重后果。最严重的即为 2007 年 5 月底的太湖蓝藻大规模暴发,几十厘米厚的蓝藻覆盖所有水面。据无锡市政府公布的统计数据,除无锡水厂外,其余占全市供水 70% 的水厂水质都被污染,即使自来水公司每天花 6 万元进行处理,但是水龙头里放出的水依旧有味道,无锡市民生活饮用水受到严重威胁,无锡各类零售的纯净水被抢购一空。太湖水质问题对旅游业等都产生重大影响,由于太湖蓝藻污染事件,2007～

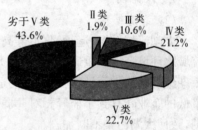

图 5-11　2010 年太湖流域河流全年期水质类别比例

资料来源：水利部.2010 年度太湖流域及东南诸河水资源公报

2008 年无锡旅游接待量和创汇在往年同期基准上下降了 40%～50%。

（二）太湖流域水环境恶化的主要原因

太湖水环境恶化,蓝藻暴发,最主要原因是营养盐输入量过高。营养盐过量的成因既有自然因素,也有人为因素。

1. 自然因素

（1）水体自净能力不足

太湖是典型的浅水湖泊,上游径流汇入较少,每年循环流动达不到 2 次,湖底沉积加厚,污染物不能及时稀释,给蓝藻的发生发育和大规模暴发创造了适宜的水环境。

（2）特殊的气象条件

蓝藻生长发育的温度范围较广,最适宜的为 28～33℃。光照充足、温度偏高、降雨量和降雨日数偏少、气压偏低、微风环境有利于其生长发育、上浮和暴发。近年来,气候变暖是太湖蓝藻暴发频次加密,一年中蓝藻初次暴发时间提前,秋季也出现蓝藻暴发的重要原因之一。

（3）浮游动植物大量增加,水生植物大量死亡

水体中食物链的改变也一定程度上影响了水体的富营养化水平。荷兰科学家马丁肖顿提出的食物链理论认为,自然水域中存在水生食物链,当浮游生物的数量减少或捕食能力降低时,水藻的生长量将超过消耗量,打破平衡态而发生富营养化。

（4）蓝藻本身的生理特征

蓝藻所具有的特殊生理属性,使其能够适应富营养化浅水湖泊系统内的物理化学生物环境,在资源的争夺和利用中占绝对优势,吸收营养盐氮磷后大量生长,并聚集造成水华污染。且随着逐年藻类死亡后沉入湖底,使底泥中氮磷含量增加,在适宜的环境条件下,营养盐又不断释放进入水体,促使藻类大量生长,形成恶性循环。

2. 人为因素

（1）经济结构不合理

太湖流域纺织、造纸、化工等高耗水、高排放的重污染行业占很大比重,对太湖流域水环境造成严重影响。而且,太湖流域污染控制措施的实施,并没有根本改变太湖经济结构性污染特征,只是为适应环境管理制度要求,一些污染严重、技术含量低的企业转移到了监管相对薄弱的农村,大量工业污染物沿着河网不断进入太湖,致使太湖污染不断加剧。

（2）农村面源污染过大

太湖流域耕地平均化肥施用量每亩约 40 kg,是全国平均水平的 2.16 倍;农药施用量每亩 1.61 kg,是全国平均水平的 2.37 倍;畜禽养殖量大,分布区域较广,粪污处理率低;加之农村生活污水和垃圾污染严重。长期以来,对农村面源污染重视不够,已成为太湖流域的重要污染来源。

（3）城市生活污水排放不断增加

随着城市化的不断推进,城市生活污水排放量不断增长。如 2010 年,常州市生活污水排放量 1.5 亿 t,其中化学需氧量排放 1.3 万 t,无锡市生活污水排放量 3.11 亿 t,其中化学需氧量排放 2.9 万 t,苏州生活污水年排放量为 5.18 亿 t,生活污水化学需氧量年排放量为 5.8 万 t。巨大的排放量、污染物总量已远远超过流域水环境承载能力,并且污水大多未经处理直接排入河网,进一步加剧了太湖流域的污染状况。

（三）太湖流域水环境治理方案

2007 年 5 月底太湖蓝藻暴发,引起社会广泛关注。同年 6 月,国务院先后在

无锡市召开"太湖水污染防治座谈会"和"太湖、巢湖、滇池污染防治座谈会",温家宝总理明确指出:"要把治理'三湖'作为国家生态环境建设的标志性工程,摆在更加突出、更加紧迫、更加重要的位置。"为此,2007 年,国家发展和改革委员会组织有关单位编制了《太湖流域水环境综合治理总体方案,2008》。

1. 基本思路与治理目标

(1) 基本思路

综合治理,标本兼治;总量控制,浓度考核;三级管理,落实责任;完善体制,创新机制。

(2) 治理目标

太湖湖体水质由 2005 年的劣 V 类提高到 2012 年的 V 类,其中高锰酸盐指数达到Ⅲ类,氨氮达到Ⅱ类,总磷达到Ⅳ类,总氮基本达到 V 类。东部沿岸区水域水质由 V 类提高到Ⅳ类;富营养化趋势得到遏制。2020 年,基本实现太湖湖体水质从 2012 年的 V 类提高到Ⅳ类的目标,其中部分水域达到Ⅲ 类。富营养化程度有所改善,达到轻度富营养—中度富营养水平(表 5 - 4)。河网水(环境)功能区水质达标个数占总数的 80% 左右。对主要污染物排放也制定了相应的控制目标(表 5 - 5)。

表 5 - 4　太湖流域水环境综合治理水质目标　　　(单位: mg/L)

水　质		高锰酸盐指数	NH$_3$ - N	TP	TN
基准年 (2005 年)	浓　度	4.90	0.47	0.08	2.95
	水质类别	Ⅲ	Ⅱ	Ⅳ	劣 V
近期目标年 (2012 年)	浓　度	4.50	0.46	0.07	2.00
	水质类别	Ⅲ	Ⅱ	Ⅳ	V
远期目标年 (2020 年)	浓　度	4.00	0.45	0.05	1.20
	水质类别	Ⅱ	Ⅱ	Ⅲ	Ⅳ

资料来源: 国家发展和改革委员会,2008

表 5 - 5　太湖流域主要污染物控制目标　　　(单位: 万 t)

	COD	氨　氮	总　磷	总　氮
2005 年排放量	85.03	9.18	1.04	14.16
2012 年控制目标	71.98	7.03	0.82	10.84
2020 年控制目标	52.43	3.80	0.49	5.9

资料来源: 国家发展和改革委员会,2008

2. 综合治理的主要任务

(1) 保障饮用水安全

太湖流域水环境综合治理是一项艰巨的任务,需要长期不懈努力才能实现,但是饮用水安全是关系人民健康的大事,保障饮用水安全,让人民喝上放心水是最紧迫的任务。

① 城乡饮用水安全建设

针对太湖流域存在部分饮用水水源地水质恶化、突发性污染事故风险增加、自来水厂污染物去除能力不足等问题,为保障饮用水安全,必须进一步优化水源地布局,建立多水源供水体系,加快自来水厂深度处理工艺改造,完善区域供水安全保障体系和蓝藻事故防范措施,建设饮用水安全监测系统和预警体系,确保饮用水安全。至2020年,太湖流域综合治理区共实施饮用水安全项目87个,包括水源地改造和水源地保护区建设工程18个,多水源供水和区域应急备用水源地建设工程9个,区域联合供水工程32个,供水设施深度处理改造工程28个。

② 供水危机的防范与应急

鉴于太湖蓝藻从20世纪90年代就有大规模暴发,短期内仍难以杜绝,为防止蓝藻暴发影响城乡饮用水安全,需要采取多种供水危机的防范与应急措施,包括拉网式排查污染源,采取必要的限排措施;开展蓝藻打捞作业;适时"引江济太",扩大水环境容量;完善自来水应急处置和净化措施;增加水体监测断面和检测频次;制定周密的水污染突发事故应急预案等。

(2) 污染物总量控制

根据流域内水环境功能区对水质的不同要求,综合计算出水环境容量(表5-6、表5-7),制定污染物限排量(表5-8)。

表5-6　河网水环境容量(纳污能力)按行政区分布　(单位:吨/年)

行政区		COD	NH₃-N	TP	TN
江苏省	镇江市	28 061	1 735	171	2 532
	常州市	39 900	3 654	327	4 973
	无锡市	53 359	3 615	339	5 065
	苏州市	124 891	9 742	952	13 647
	小　计	246 211	18 746	1 789	26 217
浙江省	嘉兴市	62 160	4 099	330	5 143
	湖州市	36 847	2 279	209	3 226
	杭州市	23 610	1 490	129	2 613
	小　计	122 617	7 868	668	10 982
上海市	练塘镇、金泽镇、朱家角镇	5 257	502	120	669
合　计		374 085	27 116	2 577	37 868

资料来源:国家发展和改革委员会,2008

表 5-7　太湖水环境容量(纳污能力)分布情况　　　(单位：吨/年)

分　区	COD	NH₃-N	TP	TN
五里湖无锡开发利用区	502	25	1	25
梅梁湖开发利用区	14 555	915	55	1 080
太湖胥湖苏州开发利用区	7 131	265	10	327
江苏水源地保护区	62 032	2 606	316	4 876
苏浙边界缓冲区	29 199	1 348	132	2 201
合计	113 419	5 159	514	8 509

资料来源：国家发展和改革委员会,2008

表 5-8　河网污染物限排量按行政区分布　　　(单位：吨/年)

分　区		COD	NH₃-N	TP	TN
江苏省	镇江市	28 061	1 735	171	2 532
	常州市	37 897	3 596	325	4 923
	无锡市	51 127	3 532	337	5 008
	苏州市	119 554	9 603	923	13 619
	小　计	236 639	18 466	1 756	26 082
浙江省	嘉兴市	61 579	4 078	330	5 138
	湖州市	33 492	2 125	206	3 135
	杭州市	21 099	1 391	128	2 494
	小计	116 170	7 594	664	10 767
上海市	练塘镇、金泽镇、朱家角镇	5 257	502	120	669
合计		358 066	26 562	2 540	37 518

资料来源：国家发展和改革委员会,2008

（3）调整产业结构

① 调整农业结构

在种植业方面,提高农业规模化、产业化水平,大力发展高效、生态安全农业,重点发展无公害、绿色、有机农产品。推广使用生物有机肥料和低毒、低残留高效农药,控制农业面源污染。在畜禽养殖方面,实行规模化畜禽清洁养殖,减少污水和粪便流失,妥善处理废弃物。在水产养殖方面,要合理布局,推广池塘循环水养殖技术,逐步取消太湖围网养殖；发展生态养殖,不投饵料,保护水质。

② 调整工业结构

按照“低投入、高产出,低消耗、少排放,能循环、可持续”的原则,加快自主创新步伐。优先发展高新技术产业,不断提高高新技术产业增加值在工业中的比重；重点发展电子信息、装备制造等现代工业,升级改造纺织服装、轻工建材等优势传统产业,提高产品竞争力和附加值。大力发展循环经济,提高资源综合利用率,减少污染物排放,加紧对重污染工业企业的专项整治:对规模以上的重点污染企业,要用高新技术改造提升生产工艺水平;对规模以下的重点污染企业,要采取"淘汰一部分、改造一部分、集中一部分"的方式进行综合整治,列出并发布关闭、整治、搬迁入园的企业名单。要严格禁止新建"十五小"和"新五小",对已有的"十五小"和"新五小"要坚决淘汰,严禁将重污染企业向中西部转移。

③ 大力发展第三产业

太湖流域要大力发展第三产业,加快产业结构向"321"的转变,促进以生活服务为主体的传统第三产业改造、提升、转型,大力发展以现代物流、金融服务、科技服务、信息服务、咨询服务、国际服务外包等为重点的生产性服务业。使生产服务业占第三产业增加值的比重达到 40% 以上。

(4) 优化产业和城乡空间布局

① 调整农业种植结构,优化农作物布局,大力削减流域农业面源污染;充分考虑农作物的适生性以合理调整农作物结构和空间布局,因地制宜地选择合理的种植布局模式,发挥地区农业比较优势;在环太湖周边 5 km 范围内,应优先发展需肥量低、环境效益较高的豆科作物、经济作物,鼓励按照有机、绿色农产品技术规程进行生产;在低污染风险区优先发展集约化蔬菜种植业。

② 在第二、三产业布局方面,苏—锡—常—镇地区在转变经济增长方式、推进产业转型升级的同时,应着力调整工业产业布局,将一批产品市场前景看好的、布局分散的小企业,尽可能地引导进入经济开发区、工业园区内,延长产业链,发挥工业集群优势,提高资源利用效率,发展循环经济,减少污染物的排放。应鼓励重化工产业向苏北沿海地区疏解。

③ 优化城乡布局:要根据环太湖地区城镇化和城乡人口结构变化趋势,坚持"适度集聚、节约土地、有利生产、方便生活"的原则,发展紧凑型都市圈,科学合理地确定村镇布局和规模,完善城乡功能网络,实现城市与区域的整体联动,人口向城镇集中,工业向园区集中,提高区域性治污设施共建共享度,形成有利于水环境综合治理的城乡布局。

(5) 污染源治理

① 强化工业点源污染治理

首先要严格控制工业点源。凡不能达到排放标准的工业企业,一律停产整顿。淘汰所有草(棉)浆化学制浆、年产 5 万吨以下废纸造纸、年加工 80 万张(折牛皮标张)以下的制革、年产 1 万吨以下的酒精和淀粉生产线。淘汰工艺落后、污染严重、不能稳定达标排放的生产项目。对列入太湖流域重点监控企业名单的工业企业,要限期安装自动监控装置,实现实时监控、动态管理,要同时监控污染物排放浓度和总量两个指标。鼓励工业企业在稳定达标排放的基础上进行深度治理,推行清洁生产。

其次是治理船舶污染,提高事故应急能力。太湖流域 12 万条船舶中,座舱机船必须全部安装油水分离装置,挂桨机船加装接油盘等防污设施,并保证正常使用。完善船舶污染物岸上接收设施的建设,形成配套体系。对重点船舶(危险品船、客渡船、旅游船)实现全天候动态监控。

② 统筹城乡污水和垃圾处理

首先是建设城镇、村庄污水处理厂和垃圾处置项目。力争 2012 年前城市污水处理率达到 80%,建制镇污水处理率不低于 60%;2020 年前,城市污水处理率达到 90%,建制镇污水处理率不低于 70%。重视污泥处理处置和资源化利用。2012 年前,太湖流域城镇污水处理厂的污泥要进行无害化处理,大力推进污泥焚烧、稳定化填埋和资源化利用,避免二次污染。

其次是城乡垃圾处理。到 2012 年基本实现城镇生活垃圾无害化处理率超过 75%;2020 年前全面实现生活垃圾无害化处理,实现垃圾资源化利用。

再次是乡村生活污水处理。推荐采用生态组合处理技术,主要通过资源化利用方式去除污水中的氮和磷。实现太湖流域村镇生活污水相对集中和分散处理、资源综合利用。优先建设水源保护区范围内的村镇生活污水处理设施。严禁销售含磷洗涤剂。

③ 防治农业面源污染

通过化肥减施和围网拆除等农业面源污染治理措施,消减污染物排放量。推广测土配方施肥、精准施肥,实施化肥减施 775 万亩(一亩≈666.7m²);推广病虫综合防治、精准施药技术、绿色和有机农业技术等,实施农药替代 668 万亩。通过建设生态沟渠、种植氮磷高效富集植物等污染物生态拦截工程,减轻农田流失氮磷养分对水体的污染。畜禽养殖业采用干清粪作业,减少污水和粪便流失;修建秸秆、粪便、生活垃圾等固体废弃物发酵池,处理有机垃圾等废弃物,生产沼气和有机肥,实现资源循环利用。推广池塘循环水养殖技术,合理布局养殖池塘,构建养殖池塘—湿地系统,实现养殖水的循环利用,减少污染排放。根据水生生态系统的承载能力,逐步取消太湖围网养殖,保持水流畅通和水生植物的正常生长;发展生态养殖,不投饵料,保护水质。

(6) 加强生态修复及建设

首先是湿地保护、恢复与重建。恢复太湖流域的湖泊、河流湿地功能 48.50 万亩,其中江苏 32.54 万亩、浙江 15.96 万亩;在太湖流域建设自然保护区 8 处,湿地保护小区 9 处,湿地公园 16 处,以及相应的能力建设。

其次是岸线治理。根据堤防的现状和治污的要求,对太湖流域部分岸线进行改造,通过堤防改造、植物配置,提高水陆交换能力。

再次是生态林建设和水生态修复。建设河道防护林、湖滨防护林、农田防护林、水源涵养林等生态隔离带。根据水生态状况,有选择地投放草食性动物群,种植浮水、挺水、沉水植物,改善太湖生态系统。

最后是科学清淤。在科学论证和试点的基础上,对太湖底泥污染严重、水草分布较少、水生生物多样性不足、蓝藻水华多发区实施底泥清淤。

(7) 提高太湖流域水环境容量(纳污能力)

遵循"先治污,后调水"的原则,适当扩大"引江济太"规模。适时"引江济太"调水,增加太湖流域水环境容量(纳污能力)COD 6.43 万 t/年、氨氮 0.79 万 t/年。延伸拓浚新孟河,平水年引江入湖 25.2 亿 m³;拓宽望虞河,干旱年入湖水量达到 28 亿 m³,抓紧实施望虞河以西地区治污,然后再实施引、排工程。疏浚太浦河局部河段,加快推进太浦闸除险加固工程;实施太嘉河工程,提高过水能力,促进太湖水体流动,保证向下游供水的水量、改善水质。实施平湖塘、长山河、金汇港等工程,增加流域南排杭州湾能力,促进杭嘉湖东部平原等地区的水体流动,改善区域水环境,减轻区域防洪压力。此外还要加强"引江济太"调水管理。

(8) 制定严格的标准与制度

根据总体治理目标和对流域内各水域水质的要求,以《城镇污水处理厂污染物排放标准》为基础,制订比现行国家标准更加严格和可行的城镇污水处理厂污染物排放标准,重点控制 COD、氨氮、总磷和总氮。

在饮用水水源地等敏感区及其周边一定区域划定"红线"区和"黄线"区。可能产生水体污染的新建工业企业,在"红线"区内禁止,在"黄线"区内限制;在"红线"区和"黄线"区内,可发展绿色和生态农业。

为减少农田面源污染,农作物氮、磷肥施用量不得超过建议值(表 5-9)。禁止施用高毒、高残留农药,农药施用量在现有基础上降低 30%。

表 5-9 太湖流域农田化学氮磷肥最高投入限量建议值 (单位: kg/hm²)

作 物 类 型		最 高 限 量	
		N	P₂O₅
粮食	水稻	190	50
	小麦	160	65
蔬菜	露地	180	70
	保护地	270	90
油料	油菜	160	70
果树	桃、葡萄	240	80

资料来源: 国家发展和改革委员会,2008

(9) 强化科技支撑,完善监测体系

在现有监测站网基础上,通过对已有站网改造升级,增建必要的新站网,构建由国家和地方两级监测站网组成的太湖流域统一的水环境监测体系,即建立国家级流域水环境监测信息共享平台和江苏省、浙江省、上海市三个省级水环境监测信息共享分平台。流域水环境监测体系建设,必须统筹规划、分级建设、分级管理。采用统一的水环境监测规范,做到统一标准、统一布点、统一方法和统一发布,实现信息共享。在江苏省建设湿地监测站 5 处、浙江省 4 处、上海市 1 处。建立太湖流域水环境预警信息统一发布制度。流域机构和两省一市政府依据预警信息,采取相应的对策。

五、太湖石、黄石与假山叠置

由于在有限的空间里,堆土造山比较难塑造高耸雄奇、变化多端的假山造型,所以历史上造园者多偏重于叠石为山。一般传统上所选的假山石料多以层积岩为主,纵观江南地区的园林假山,尤以太湖石假山和黄石假山为多。

(一) 太湖石与假山叠置

太湖石,又名窟窿石、假山石,为我国著名四大玩石之一(英石、太湖石、灵璧石、黄蜡石)。太湖石最早产于太湖地区,尤以太湖洞庭西山的鼋山、龙洞山和石公山所产为上乘,所以名为“太湖石”,亦称“湖石”、“洞庭石”。太湖石形状各异,姿态万千,通灵剔透,最能体现“皱、漏、瘦、透”之美,具有很高的观赏价值。

1. 太湖石的成因与特点

太湖石是 4～5 亿年前寒武纪和奥陶纪的碳酸盐岩,经过上亿年的风吹、水击、日晒、雨淋后,沿着石灰岩的节理经溶蚀、风化等作用,逐渐扩大相邻的沟壑而形成的。其石质成分主要是石灰岩、白云质灰岩、大理岩、大理石化白云岩等,石性坚实光润。现在还有一种观点,即把各地产的由岩溶作用形成的碳酸盐岩统称为广义太湖石。

大约在 100 万年前,太湖还是一个大海湾,后来逐渐与海隔绝,转入湖水淡化的过程,变成内陆湖泊。古代地质构造运动遗留下的石材,由于长年水浪冲击,产生许多窝孔、穿孔、道孔,形状奇特峻削,形成了今天闻名中外的太湖石。

太湖石以造型取胜,最能体现观赏石“瘦、皱、漏、透”的奇美特色。所谓瘦者,指石体挺拔俊秀,壁立当空,弧峙无倚,瘦中窝秀;皱者,指石体表面多有凹凸,外形起伏不平,明暗多变,富有节律感;漏者,则是石上有眼,上下左右窍窍相通,有路可循;透者,即此通于彼,彼通于此,玲珑多孔,外形轮廓跌宕多姿。这些特征,通过石体本身丰富的点(石孔)、线(皱线、轮廓线)、面(块面)有机结合的凹与凸、透与实、皱与平、高与低、曲与直、粗与细、巧与拙、涩与畅、繁与简的强烈对比,形成了一个极富变化又有着统一与和谐的独特之美的形式,给人以特有的审美享受。

我国古代开发利用太湖石的历史悠久。据《清异录》载,五代后晋时期就开始有人玩赏太湖石,随后在唐朝开始特别盛行,闻名于世。唐代身居相位之尊的牛僧孺就是一个酷爱收藏太湖石的人,他在府第里和南郭的私人别墅里收藏了大量的太湖石。唐代大诗人白居易称他“休息之时,与石为伍”,甚至到了“待之如宾友,亲之如贤哲,重之如宝石,爱之如儿孙”的地步,可见其爱石之深。白居易曾写有《太湖石记》专门描述太湖石。北宋末期引起方腊起义以及宋朝南迁的"花石纲"指的就是太湖石,现在北海公园琼岛上的太湖石就是那个时候搬去的。南宋杜绾的《云林石谱》中也专门记载了太湖石:"此石最高有三五丈,低不逾数尺,间有尺余,唯宜植立轩槛"。明清是园林发展的全新时期,达到了所谓"无园不叠石或无石不成园"的程度,以致觅求奇峰怪石之风一直延续。园林中置石、叠石以奇特取胜。明代计成写的世界上最古的造园名著《园冶》(译文)叙述到:"太湖石产于苏州洞庭山的水边,以西山消夏湾所产最佳。石性坚硬而润湿,有嵌空、穿眼、宛转、险怪等形象。"

历史上遗留下来的著名太湖石有:苏州留园的"冠云峰"(图5-12)、苏州市第十中学内的"瑞云峰"(图5-13)、上海豫园的"玉玲珑"(图5-14)等园林名石。苏

图5-12 苏州"冠云峰"   图5-13 苏州"瑞云峰"

图5-14 上海"玉玲珑"

州留园的"冠云峰",高达6.7 m,是苏州最大的观赏独峰,堪称全国园林中名石之冠。苏州市十中的"瑞云峰"有5 m多高,形态优美,有"妍巧甲于天下"之誉。两块石头相传都是宋代"花石纲"遗物。上海豫园的"玉玲珑",周身有七十二孔洞,在石上熏烟,烟穿各洞,徐徐而出,缭绕不绝。

2. 太湖石的种类和鉴赏标准

太湖石按产地分布、生长环境、石色、规格尺寸、应用价值、观赏性质等方面的不同可作如下分类:

(1) 以长江为界,按分布在长江以南和以北,可将其分为南太湖石和北太湖石。

(2) 按太湖石生长环境,以其是否产于水中或陆地,分为水太湖石和旱太湖石。

(3) 按太湖石的整体色彩,分为白太湖石、灰太湖石、黑太湖石、红太湖石、黄太湖石等。其中以白石为多,少有青黑石、黄石,尤其黄色的更为稀少。

(4) 按太湖石的规格尺寸及应用价值,可分为园景置石、假山石、盆景石、供石等。

(5) 按太湖石的观赏性质,可分为孤赏石、组景石等。

太湖石属于形象石类,其鉴赏标准是:

(1) 自然形态美好、奇特,能表现自然界的山水、人物、动物、物体等的形象和神态,是大自然景观的浓缩,有此特点者为上品。

(2) 石质硬度较高者为上品。

(3) 岩石的肌面多皱、多孔洞,显得古雅高贵者为上品。

(4) 石之上下、左右、前后比例适当,全景保持均衡,底座平稳,有适当厚度者为上品。

(5) 凡作为景石或供石独立观赏的应加以配底座,可使用木质博古架组景,同时要注意每件赏石的摆放位置和陈列艺术效果,以提高太湖石的艺术品位和档次,达到此境界者为上品。

3. 太湖石假山叠置

作为一种包涵着历史文化的奇石,太湖石以造型取胜。玲珑剔透、重峦叠嶂,"瘦、皱、漏、透"的审美特征,使其成为叠山之佳石。

假山叠置与山水国画有相通之处。山水国画是以笔墨在纸上画画,而叠山是以石头为材料在自然空间里画画;山水国画能够在小范围内体现咫尺天涯的感觉,但只是平面的画,而叠置假山不但能体现咫尺天涯,更能给人一种亲历亲为的感受,是立体的画;山水国画用不同的皴法来点化出石头的美感和山的造型,而叠山也可以根据石头的自然纹理用各种皴法叠出各种风格的假山。

采用太湖石类的石头,叠出曲线条造型的且有太湖石特征的假山被称为湖石风格假山。其叠山多用搭、悬、涡、弯;其皴法以披麻皴、云头皴为中心,荷叶、鬼面、解索相结合;其手法多采用韵搭法。

（1）云头皴

把太湖石叠成天上的云朵一样，有云朵的飘逸感，如图5-15。

（2）披麻皴

使太湖石类的石头叠出披麻的感觉，一层一层自上而下，按石头的自然曲线行走，如图5-16。

图5-15　云头皴法太湖石假山　　　　图5-16　披麻皴法太湖石假山

（二）黄石与假山叠置

1. 黄石及其特点

黄石，又称尧峰石，产自于江苏吴县、常州、镇江和苏州一带，石头的特点为墩块见方，呈黄褐色，直线条多棱多角，节理面近乎垂直，雄浑沉实，平整大方，立体感强，具有强烈的光影效果。明代所建上海豫园的大假山、苏州耦园的假山（图5-17)和扬州个园的秋山(图5-18)均为黄石叠山的佳品。

图5-17　苏州耦园黄石假山　　　　图5-18　扬州个园黄石秋山

黄石是属于沉积岩中的砂岩,棱角分明,轮廓呈折线,呈现出苍劲古拙、质朴雄浑的外貌特征,显示出一种阳刚之美,所以受到造园叠山家的重视。明代晚期的计成在《园冶》中评价道:"其质坚,不入斧凿,其文古拙。……俗人只知其顽夯,而不知其妙。"

2. 黄石与假山叠置

太湖石的玲珑秀润,历来受到园主人和造园叠山家的青睐,但由于过度开采,至明末就已经很少了。明代晚期的计成在《园冶·选石》的"太湖石"条目中感叹道:"自古至今,采之以久,今尚鲜矣。"因此吴地开始有人尝试随地取材,采用黄石叠山。和计成同时代稍早的文震亨在其《长物志》中说:"尧峰石,近时始出,苔藓丛生,古朴可爱,以未经采凿,山中甚多,但不玲珑耳。然正以不玲珑,故佳。"尧峰石即产于苏州近郊尧峰山的黄石,明末尧峰石的使用,是造园叠山史上的大事,苍劲古拙、质朴雄浑的黄石显示出一种阳刚之美,与太湖石的阴柔之美,正好表现出截然不同的两种风格,从此黄石假山成了与太湖石假山比肩并列的假山流派。黄石假山在造型上,运用仿效自然界山体的丹霞地貌,或沉积岩山体中的自然露头的风化景观,创造出一代新风格假山形象,被人称为黄石风格。

黄石风格假山就是采用黄石类的石头,叠出折线条造型的且有黄石特征的假山。其美韵是雄、棱、拙、顽;其叠法为平、正、方、角;其皴法多为折带皴、大小斧劈皴相结合,以起到纹多而不乱、石多而不碎的作用;其手法多采用悬崖法。

(1) 折带皴

此皴法一般用于黄石类假山,把黄石类的假山堆叠出如折带子一般。

(2) 斧劈皴

此皴法一般也用于黄石类纵向假山堆叠,达到形状如斧子劈过似的效果。

六、溧阳市旅游资源规划开发

溧阳市地处苏浙皖三省交界,自公元前 221 年建县制以来,至今已有 2 230 多年的历史。总面积 1 535 km²,辖 10 个镇(2 个省级开发区),人口 78 万。2004 年获"中国优秀旅游城市"称号。

(一) 溧阳市旅游资源开发历史

溧阳市旅游资源的开发,起源于沙河水库。发源于安徽广德仙山、木子两岕的沙河,与溧阳石龙岕、李丰岕、西塘岕等 8 条支流计 48 条涧水汇合,形成了一条河面宽阔、水流湍急的大沙河。大沙河流程短,河床坡降大,汇水迅速,很容易引发洪水。1957 年,省水利专家在溧阳考察,发现一马平川的沙河两边是延绵不断的碧绿大山,如在沙河的下游拦住这些水,用水发电,灌溉田地,应是一件功在当代利在千秋的好事,于是立项建设"沙河水库"。大约有 2 万多人迁出。1961 年 11 月竣工。1990年,担任中共溧阳县委书记的杨大伟会同省旅游局领导及旅游规划设计专家等五六位同志到溧阳,冒雨考察了沙河水库、大溪水库和龙潭林场等。专家们最后的结论性意见是:溧阳旅游资源丰富,大有开发价值,前景十分看好,可以开展旅游发展规划,加大投入,把这里建成一个旅游景区。1992年4月下旬,杨大伟率领溧阳领导们到浙江淳安的千岛湖考察学习,回来后召开领导班子联席会议,就沙河水库、大溪水库更名作了专题讨论。大家认为,沙河水库、大溪水库,太实,不美,应为两大水库重新取个名字。有位老领导建议取名为天山湖,这个名字很大气,但容易让人误为是新疆。由于沙河、大溪水库地处天目山的余脉,从空中鸟瞰又恰似两只明亮的大眼睛镶嵌在溧阳大地上,故取名为天目湖。随后进行广泛宣传,并利用溧阳茶园众多的优势,举办"中国·溧阳茶叶节"。第一届"中国·溧阳茶叶节"于1991年4月28日开幕,第三届的开幕式就安排在天目湖举行。天目湖景区于1994年7月被江苏省人民政府批准为江苏省省级旅游度假区,1998年成立天目湖旅行社,2001年1月被国家旅游局评定为首批国家AAAA级旅游景区。2004年4月份,本着"充分利用旅游资源,整合优势资源,带动其他产业发展"为目标,溧阳市天目湖旅游有限公司与溧阳市横涧镇人民政府共同开发南山竹海,成立了溧阳市天目湖南山竹海旅游有限公司,并于当年12月份对景区投资了近七千万元以4A级的标准对其进行全面开发。2006年7月,南山竹海顺利通过了国家AAAA级旅游景区考察领导小组的验收,成为溧阳第二家国家AAAA级旅游景区。随后还开发了天目湖御水温泉项目。天目湖的名气越来越大,溧阳的旅游产业以此为契机得到了发展。

(二)溧阳市旅游资源特点

溧阳市山清水秀,生态环境优美,拥有得天独厚的自然风景资源;有两千多年的历史积淀,深厚的文化底蕴,人文旅游资源丰富。

1. 自然旅游资源

溧阳地处江南丘陵地区,山地平原交错分布,河流纵横交错,湖水清澈,自然环境优美。已开发的自然旅游资源主要有天目湖、南山竹海、龙潭森林公园、平桥石坝、上黄花果山等景区。

天目湖旅游风景区位于溧阳城南8 km处,湖水清冽,水质纯净,周围被低矮起伏的丘陵山地所环绕,山地为原始和人工植被所覆盖,植被覆盖率达80%以上,拥有动物164种,植物236种。目前已初步形成为集旅游中心、度假休闲、森林公园、农业历史文化、环境保护和湖上娱乐六大功能区为一体的旅游度假胜地,已通过ISO14001环境管理体系认证。

南山竹海位于横涧镇的南山山麓,峰峦叠嶂,高低错落。占地3.5万亩的竹林中,毛竹依山抱石,形声雄浑;面积达3 000 m²的镜湖水域,山水相映,水天一色。

开发之初就坚持以保护为主、开发为辅的理念,对景区的旅游资源进行适度的开发,以保证景区的生态环境。制定了严格的毛竹及其他灌木的砍伐制度、山林防火制度,避免山林火灾对山林资源产生的毁灭性破坏。兴建了先进的 UPVC 污水管道和污水处理站,杜绝了污水排放过程中任何形式的渗透。2005 年 12 月 31 日,景区以全新的面貌展现在游人的面前,形成了五大功能游览区:静湖娱乐区、休闲服务区、历史文化区、长寿文化区和登山游览区。

龙潭森林公园位于市境南部戴埠镇,占地面积 2 万多亩,拥有漫山遍野的毛竹、栗树、马尾松、茶树。有树身胸围 3 m 以上的古枫香、青檀、榉树、麻栎,800 余年树龄的银杏枝叶繁茂。

高耸的平桥石坝位于溧阳市平桥镇东南约 1.5 km 处,坝高 24 m,坝顶长 108 m,该坝由无数块长方形山石浆砌而成,整体造型奇特,建筑工艺高超,是我国目前最高的砌石拱坝。

花果山位于溧阳市上黄镇。1994 年,古生物学家在溧阳上黄镇水母山发现了中华曙猿及其伴生哺乳动物群的化石,距今 4 500 万年,是迄今发现最早的,包括人类在内的高级灵长类动物的祖先。

2. 人文旅游资源

溧阳市拥有多样的人文旅游资源,主要包括新四军革命遗址、瓦屋山的宗教文化以及具有地方民俗风情特征的傩文化、以天目湖砂锅鱼头为代表的溧阳饮食资源等。

新四军革命遗址位于溧阳市水西村,西距宁杭高速公路 2 km,南距溧阳市区 20 km。1931 年 11 月,新四军江南指挥部在水西村成立,陈毅、粟裕两位无产阶级革命家开辟了茅山抗日根据地。现已辟为新四军江南指挥部旧址陈列馆,是溧阳市重要的红色旅游资源,对开展苏南地区的红色旅游项目建设具有极其重要的意义。

被誉为佛教圣地的瓦屋山,位于溧阳北山地区,这里群山逶迤,主峰突兀耸立,山顶有数千亩平坡,远远望去呈青瓦所盖的大屋一般,故名瓦屋山。

颇具特色的傩文化,集中在溧阳的社渚镇。傩作为驱鬼敬神、逐疫去邪所进行的宗教祭祀活动,其文化形式包括傩庙、傩神面具、傩舞、傩戏、傩符、傩服饰、傩兵器等,组成了一个复杂整体,可以说是祭中有戏、戏中有祭。溧阳的傩文化主要表现形式有跳幡神、竹马灯、跳桃神、跳师爷 4 种,人们通过傩祭酬神驱鬼,表达"天下太平五谷丰登"的喜悦之情,以特定的音乐,舞蹈动作予以充分展现,深受百姓喜欢。

溧阳天目湖砂锅鱼头汤是溧阳旅游饮食资源的精华。驰名中外的砂锅鱼头汤就是选用至今还保持着国家二级甲等标准的天目湖水和天目湖盛产的八斤左右的野生灰鲢,以文火久煨而成的。由于天目湖水底都为沙石堆积而成,不含任何淤泥,因而烹制出来的鱼头汤没有丝毫的土腥味,其最大的特色就是:鲜而不腥,肥而不腻,汤汁乳白,原汁原味,被誉为"天然绿色食品",因此曾多次受到党和国家领导人的高度赞扬。1982 年,75 国驻华使节及使节夫人来到天目湖,他们在餐桌上以汤代酒，连连干碗。1985年，邓小平同志视察江苏时，天目湖砂锅鱼头的创始人朱顺才师傅就带着天目湖的水和鱼到南京的东郊宾馆制作了这道菜肴，邓小平同志品尝过后连声称赞，说这是他今晚品尝到的最好吃的一道菜。此外，江苏省的名牌啤酒、同时也是人民大会堂特供啤酒之一的"天目湖牌啤酒"也是用天目湖水酿造的。以砂锅鱼头汤和天目湖啤酒为基础，溧阳打造了天目湖休闲度假景区、天目湖南山竹海景区、天目湖御水温泉三大观光休闲度假景区。除了鱼头汤，还有周城羊肉火锅、溧阳风鹅、溧阳扎肝、溧阳白芹、北山地衣、溧阳香瓜藤、长荡湖大闸蟹、天目湖啤酒、天目湖白鱼、溧阳白茶等具有地方特色的旅游餐饮资源。

（三）溧阳市旅游资源规划开发

溧阳地处长三角经济圈，周边经济发达，交通便捷，境内104国道、宁杭高速公路、扬溧高速公路及宁杭高速铁路构成四通八达的交通旅游网络。溧阳距南京禄口国际机场仅为80 km，特殊的区位优势和便捷的交通条件为游客的短时空出行提供条件。天目湖旅游度假区现已成为长三角乃至华东地区旅游热点区域之一。但溧阳旅游发展中也存在一些问题。

1. 溧阳旅游发展中存在的问题

首先是生态环境资源维护不够。以著名的天目湖景区为例，天目湖景区旅游资源开发虽然采取了一定维护措施，但还存在一些问题，如景区存在卫生和安全等隐患；天目湖水源地区域内宾馆饭店农家乐存在污水渗漏现象等。

其次是文化底蕴尚待挖掘。虽然溧阳有着2 000多年的历史，很多英雄豪杰、文人墨客在这里留下了动人的故事和不朽的诗篇，但没有能够体现溧阳特色和文化的景点或陈列馆让游客前来了解或是学习。虽然有诸如状元阁之类的景点，但是相对说来反映溧阳的历史和文化较少，文化底蕴相对较低。

再次是商业化味道过浓。在溧阳几个景区内，随处可见商业小贩，随处可见的摊点和一些随手扔的垃圾，更有些清晰可听的叫卖声、摊贩与游客间的讨价还价声音，本来景区的主旨是让人体味回归大自然的乐趣，听大自然的声音，而现在这些却与景区的主题相违背，影响了游客们的心情，更加影响了景区在游客心目中的美好形象。

最后是营销力度不够。据统计，前往天目湖旅游的游客大多数来自长三角，长三角以外的地区来溧阳人数较少，并且无论是散客还是旅行团队，从其他地方前来华东地区旅游时往往不会把溧阳列入其游览之地。

2. 溧阳旅游发展规划

（1）总体规划目标

基于溧阳市自然、人文环境现状，进一步发挥天目湖的品牌效应，着力开发天目湖二期项目，并逐步延伸开发以南山竹海为代表的南部丘陵山区绿色生态旅游产品，适度挖掘春秋以来数千年的历史积淀和文化底蕴，合理配置旅游要素，实现旅游产业协调发展,把溧阳建设成为以"生态休闲"为主、融入"文化体验"的具有较高知名度的国家优秀旅游城市,使旅游业成为全市国民经济第三产业的龙头产业,为促进全市国民经济与社会发展作出更大的贡献。

(2) 规划原则

鉴于"以生态休闲为主,融入文化体验"的定位,溧阳市旅游业的持续健康发展,与自然生态、人文景观的保护力度及对市场需求的把握等因素息息相关。旅游规划遵循以下原则:

① 坚持可持续发展,在充分保护的前提下合理开发,优化利用。

② 突出生态观光亮点,融贯人文历史及科学考察,实现经济、社会、生态效益同步提高。

③ 以旅游市场需求为导向,开发具有地方特色、适销对路的旅游产品和旅游商品。

④ 坚持旅游创新,求新求变,提高旅游业的整体素质和市场竞争力。

⑤ 大力开展区域旅游合作,实现联动、互动和区域化发展。

⑥ 实施分期开发、滚动发展的开发模式。

⑦ 统一规划,总体布局,突出重点,实现规划的科学性、指导性与可操作性的有机统一。

(3) 发展定位

依托山水景观优势,以天目湖旅游度假区为核心,以观光(生态与文化观光)旅游、休闲度假为主题,大力开发特色旅游产品,塑造"山水溧阳,生态家园"的旅游形象,将溧阳建成在国内外有较高知名度,集观光、度假、商务、会议、康体、休闲、娱乐旅游于一体,拥有国家 5A 级景区和国家级旅游度假区的优秀旅游城市,旅游业成为溧阳国民经济的支柱产业。

(4) 开发方向

① 以天目湖为主体,系统整合旅游资源,构建天目湖旅游度假区(含沙河水库、大溪水库、龙潭森林公园与南山竹海等)、溧阳文化旅游区(含中华曙猿、太白楼、高静石、史贻直故居、大石山、唐石刻井栏、《淳化阁帖》等)、瓦屋山休闲旅游区三大景区。

② 构建六大旅游体系,即富有特色的旅游景点体系、完善配套的旅游接待服务体系、发达的特色旅游商品生产与销售体系、严格有序的旅游管理和质量保障体系、灵活而有竞争力的旅游市场运作体系、城乡行业互补联动的旅游组织体系。

③ 重视自然生态环境资源的保护和开发利用,保持和创造优美的生态环境,利用丘陵山地和湖泊(水库)资源,大力发展生态旅游和观光、休闲度假旅游。挖掘溧阳丰富的历史文化、名人文化、饮食文化、茶文化、科普文化等旅游文化内涵,塑造文化旅游精品;进一步完善天目湖旅游度假区的旅游功能,尤其要加强大溪水库的规划和开发建设,要重视景观背景的营造,保护和美化环境,大力营造休闲度假氛围,适当引进一些新奇游乐项目,进一步充实景区文化内涵,积极创建主题度假

村,重视旅游服务设施的完善和旅游品牌的提升。

④ 加强特色旅游项目的开发建设,积极开发东方动画城、水母山中华曙猿文化园、春草园、溧阳国家级森林公园等新的旅游项目。

七、宜兴岩溶地貌与主要溶洞

宜兴南部地区位于天目山北端,太湖西侧,依山傍水,发育了大量溶洞,其中较为著名的主要有善卷洞、灵谷洞、张公洞、慕蠡洞和西施洞等,有"洞天世界"的美誉,是江南著名的旅游胜地之一。

(一) 宜兴溶洞的发育条件

宜兴南部是江苏省溶蚀作用较强、喀斯特地貌发育较好、溶洞较多的地区。本区溶洞发育的最基本条件是可溶性岩类(主要是碳酸盐类)和水(地表、地下),前者是物质基础,后者是动力条件。该区在大地构造单元上属扬子—钱塘准褶皱带和江南古陆向西北延伸的交会处,古生代时以下降为主,沉积了一套潟湖相、浅海相的碳酸盐类地层。印支—燕山期形成了本区的构造骨架—华夏系构造,以后又受燕山晚期、喜山运动的影响,断裂构造发育。该区的华夏系构造形迹,自东向西主要有湖㳇复式向斜、龙头山—茗岭背斜和张渚向斜。湖㳇复式向斜、张渚向斜在地貌上都是向北开口的盆地,盆地内侧有由石炭、二叠、三叠纪石灰岩组成的馒头状溶蚀、剥蚀丘陵,海拔高度 100～200 m。溶洞主要发育在石炭系黄龙、船山灰岩、三叠系青龙灰岩中,其共同特征是质纯、层厚、倾角不大,岩层出露总厚度大,隔水层少,裂隙延伸较深,利于溶蚀。在向斜、背斜或次一级构造的轴部附近,在压性、压扭或张性、张扭应力作用下,大型断层和局部的小型褶皱、断层发育,裂隙众多,透水性强,对溶洞的发育十分有利。

从水动力条件看,宜兴南部气候暖热湿润,山区植被良好,年降水量和岩溶水都比较丰富。水的流动性主要取决于气候条件,本区年平均气温 16℃左右,年降水量 1 200～1 800 mm 之间,地表水与地下水都较丰富,且循环速度都较快,含碳酸钙的溶液不易饱和,具有较大的溶蚀力,容易形成大量的溶洞。追溯到第四纪更新世的古气候环境,长江中下游地区间冰期的古气候年平均气温比现代年均温高 1～2℃,这说明当时溶洞发育的古地理环境比现代更好些。

构造和断裂两大因素是溶洞发育的内在条件。善卷洞、灵谷洞和张公洞分别位于张渚向斜盆地西北部的螺岩山、湖㳇向斜盆地南部的石牛山南麓和湖㳇向斜盆地西北部的孟峰山;三洞均发育在较厚(约 300 m 左右)的三叠纪青龙灰岩中,青龙灰岩中断层、节理纵横交错,又处在暖湿的亚热带气候条件下,地表水和地下水丰富,水沿着石灰岩裂隙渗透、溶蚀或崩塌,形成许多大小不一、形态各异的溶洞。

宜兴植被茂密,水土不易流失,故洞穴保护完整又稳定。

(二) 宜兴主要溶洞

1. 善卷洞

善卷洞位于宜兴市西南的张绪镇祝陵村附近,因相传善卷先生在此隐居而得名。面积为 4 698.4 m²。善卷洞素有"奇"称,奇在洞有三层,层层相连,有上洞、中洞、下洞和水洞四部分,洞洞相通。洞内多大型石钟乳和石笋等,各洞都有独特景观,俨然如一幢石雕大展。

善卷洞入口处是中洞,整个中洞是一个天然大石厅,雄伟而深远。中洞口兀立着一支大石笋,高达 7 m 多,是溶解了石灰岩的地下水,带着石灰华溶液,从岩洞顶一点一滴往下滴聚集而成的,如中流砥柱,故名"砥柱峰"。仰视穹顶,异石高悬,奇峰倒挂,有青、白、黄绛诸色,好像是用宝石、珠翠、象牙、琥珀等镶集而成,瑰丽多彩。上洞地处螺岩山的中心部位,不见曦日,常年气温保持在 23～27℃,冬暖夏凉。洞内霞雾弥漫,烟云缭绕,故称"云雾大场"。环壁乳石形成的各种模拟形象众多,如荷花倒影、绵羊、骏马、熊猫、骆驼等,形态自然逼真。在洞中央,还有对峙的两株五六人合抱的石柱,连绵到洞顶,古人称之为"万古双梅"。下洞、洞外有一个 6 m 高的石陡坎,每当大雨之后,水如飞瀑,直泻而下,猛烈冲击着岩石,浪珠四溅,发出轰然巨响,故下洞又名"瀑洞"。这里的钟乳石形成的奇幻景物,更是琳琅满目,尤其是一株遮天盖地的"通天石松",丰姿多态,美不胜收。水洞实际是古老的山洞里的一条暗河,长达 125 m,河面最宽处 6 m,水面距顶 2 m 左右。常年可通小船。在水洞泛舟,水、石、灯光相映,奇幻异常,仿佛遨游在神话中的水晶宫一样,神秘而有趣。曾有人考证,认为祝英台是祝陵村人,所以此地关于"梁山伯与祝英台"的传说很多。

2. 灵谷洞

灵谷洞位于湖汉盆地西侧灵谷山(石牛山)南麓,面积 8 160 m²,素有"怪"称,怪在石厅各异,洞中有山,以"洞中有山,绚丽多姿"见长。

灵谷洞内部呈不规则的半圆形,整个溶洞有 6 个大石厅。洞中有石钟乳、石笋、石花、石柱、石幔等,形状奇异,色彩绚丽。第一石厅,小洞频生,洞中有洞,尽处有个只有 40 cm 的石缝,俗称"蟹洞";第二石厅,娇小玲珑,厅中石钟乳层次分明,如流水、波涛,如雪山、飞云,还有"万古灵芝"、"孔雀石泉"等景观;第三石厅,是最大、最低的洞,底部的洞壑有 7 条伏道相通,上有 5 条天河汇集,犹如"百川汇海",厅内巨岩倒挂,如断壁欲倾,山峰将坠,洞壁上有一泓清池,称作"天府灵泉";第四石厅,是灵谷洞精华所在,26 m 高、7 m 多宽、2 m 多厚的大石幔,如银河直泻,瑰丽奇特,蔚为壮观,为阳羡诸洞所仅见,大石幔顶部深处有一大石鼓,以石叩之,声音洪亮,百米以外也能听到;第五石厅,像水晶宫殿,积石如云,石上长满了形形色色的石笋,想象所至,皆成形物,有如观世音、弥勒佛、关帝君、老寿星等,犹如一座千佛山;第六石厅是绚丽多姿的洞府,穹顶高似天庭,石钟乳高悬,大小不等,形态各异,有若人物形象,有若飞禽走兽,有若花草竹木,有若藤蔓绕挂。

3. 张公洞

张公洞位于宜兴湖父镇西北的孟峰山中,相传汉代张道陵和唐代张果老,相继在此修炼,故名张公洞。张公洞面积为 3 000 m^2,素有"妙"称。张公洞之妙在于:洞中有洞,洞中套洞,72 个大小洞穴,洞洞各异,互相贯通,奇异天成;另外游客在洞中要经历春夏秋冬四季的气候,可谓"山中一日,人间已一年"。

游览张公洞,一般从下洞进,天洞出,先低后高,先暗后明。下洞的"海屋大场"是一个广阔的大石厅,厅前有一个洞底幽暗,是深不可测的大石海,四周怪石嶙峋。从这里步步登高,盘旋无数石阶,便到了全洞精华所在的"海王厅"。"海王厅"宛如一座非常高大的海底龙宫,穹顶奇岩怪石,峥嵘多姿,加上云雾缭绕,犹如海涛澎湃,气象万千;大厅中央悬挂着一对大石钟乳,宛如两盏宫灯,富丽堂皇;底层地平线的中央,水滴石穿聚集而成的腰圆形的一池碧水,清澈透明,可见天洞口与蓝天相接的倒影,被古人称为"洞中蓝天"。张公洞的奇就奇在不仅有"海王厅"这样的广阔天地,而且环绕着"海王厅",还有许许多多的小洞,洞洞相通,各具特色。有的窄而弯曲,像九曲回肠,称盘肠洞;有的从巨石中穿过,称鼻孔洞;有的洞里套洞,密如蛛网,称棋盘洞;还有的以长见称的地道洞,以巧取胜的七巧洞。过了七巧洞,便通向朝天洞口——盂口,上可通达云天,下可达岩底,狭窄处只容一人傍身而过。出了朝天洞,到达山顶,极目四望,群山起伏,浩渺太湖,碧波泛艳,水天相连,风帆飘忽,这是张公洞的最后一景"琼崖望湖"。

4. 慕蠡洞和西施洞

慕蠡洞,又称范蠡洞,是 20 世纪 80 年代开发的巨型溶洞,也是宜兴目前开发的最大溶洞之一。慕蠡洞以地下暗河为主,全洞面积 8 200 m^2,其中水道面积1 750 m^2。按奇特的流向和曲折神奇的自然结构,可分为"地下昆仑"、"龙象宫"、"星斗宫"、"湖石宫"、"琼林宫"、"玉寝宫"、"五岳宫"、"元宵宫"、"女娲宫"和"蓬莱宫"九大景观。洞内石柱、石笋、石幔、石花等万千姿态,是宜兴众多溶洞中新绽放的一朵奇葩。

西施洞,又名武陵洞,距范蠡洞约 1 km。相传西施以身许国,扶越灭吴,功成身退后与范蠡隐居于此,西施洞与范蠡洞并称为鸳鸯洞。全洞面积 8 500m^2,洞内直径 300 m。洞内景色壮丽奇特,曲折跌宕,石柱林立,奇形怪状的太湖石峥嵘斗奇,太湖石的粗犷雄伟与优美的线条组合,构成了西施洞的独特风光。

八、宜兴陶土与宜兴陶瓷

宜兴有着悠久的制陶历史和灿烂的陶瓷文化。从新石器时期中期至今的

7 000多年漫长岁月中,陶瓷是宜兴引以为豪的生命赞歌,无数的能工巧匠孕育了巧夺天工的艺术珍品,展示了宜兴的风采,凸显了陶都的地位,陶瓷始终是宜兴对外宣传的"窗口"和走向世界的"名片"。

(一) 宜兴陶土

1. 宜兴陶土的种类

宜兴陶土品种繁多,一般分为甲泥、紫砂泥、白泥和嫩泥三大类。甲泥是一种以紫色为主的杂色粉砂质黏土(通称页岩),主要矿物成分是伊利石、高岭石和少量针铁矿,未经风化,又叫石骨,材质硬、脆、精,是日用粗陶和建筑陶的主要原料。紫砂泥是甲泥矿层的一个夹层,矿体呈薄层状、透镜状,矿层厚度一般在几十公分到一公尺左右,稳定性差,主要矿物成分是高岭石、伊利石和少量针铁矿,原料外观颜色呈紫色、紫红色,并带有浅绿色斑点,烧后外观颜色则呈紫色、紫棕色、紫黑色,是生产紫砂陶器的唯一原料。白泥是一种灰白色为主颜色单存的粉砂质铝土质黏土,含铁量少,主要矿物成分是伊利石、高岭石,质地较纯,烧后有一定白度,成品的化学稳定性与热稳定性较好,往往用以制造砂锅之类的烧煮用具;嫩泥则是一种以土黄色、灰白色为主的杂色黏土,材质软、嫩、细,主要矿物成分是伊利石、高岭石、少量蒙脱石和针铁矿,具有较好的可塑性与结合能力,是日用陶器中常用的结合黏土。各种天然陶土都含有氧化铁,含量多的约在 8% 以上,含量少的也在 2% 左右(表 5-10)。又因各种甲泥和嫩泥含铁量多少不同,泥料经过适当比率调配,再用不同性质的火焰烧可以呈现颜色深浅不一的黑、褐、赤、紫、黄、绿等多种颜色,这就是紫砂壶呈现各种瑰丽色泽的原因。

表 5-10　宜兴陶土化学组成　　　　　　　(单位: %)

原料名称	SiO$_2$	Al$_2$O$_3$	Fe$_2$O$_3$	TiO$_2$	CaO	MgO	K$_2$O	Na$_2$O	烧失量	总计
南山白泥	67.66	20.51	1.25	0.94	0.17	0.48	2.20	0.03	6.16	99.40
白泥山白泥	68.89	19.28	1.52	0.84	0.41	0.52	2.35	0.10	6.20	100.11
香山嫩泥	61.99	20.66	4.14	0.84	0.67	1.01	2.85	0.20	8.43	99.95
西山嫩泥	60.39	22.53	5.26	0.84	0.84	0.88	1.77	0.45	7.61	99.73
紫砂泥	56.99	20.72	8.78	1.03	0.43	0.69	2.66	0.06	8.13	99.49
本山甲泥	61.14	20.16	7.74	1.10	0.64	0.46	1.30	0.07	7.93	100.54
平原甲泥	55.36	24.89	8.11		0.57	0.23	0.50	0.05	9.97	99.68
林场甲泥	62.98	20.12	7.17		0.64	0.18	1.05	0.15	7.23	99.52
梅园甲泥	62.62	20.33	6.98		0.64	0.37	1.00	0.12	7.81	99.87
涧坞甲泥	56.06	23.16	10.19		0.57	0.23	0.61	0.18	8.52	99.52

资料来源: 胡立勋,2010

2. 宜兴陶土的地质条件

宜兴陶土含矿层主要有泥盆系中下统茅山群、泥盆系上统五通组、石炭系下统高骊山组含矿层。各含矿层中的陶土一般呈层状产出，矿床成侧属原生沉积型，其中泥盆系含矿层为湖相沉积，石炭系、二叠系含矿层为滨海湖沼相沉积。茅山群的矿体位于中段和上段的石英砂岩中，一般含矿 1～4 层，每层厚 0.2～1.8 m，厚度不稳定。矿石自然类型为致密块状及薄片状黏土，色泽一般为灰绿色、以白泥为主。五通组白泥产于中下段石英砂岩，矿层 1～6 层，每层厚 0.78～3.02 m，最厚达 7.42 m，质量稳定，白泥山和南山是主要产地，致密块状黏土，外貌色泽为灰白色、灰色。五通组甲泥产于上段粉砂岩细砂岩中，一般含矿 2～4 层，总厚度 10～24 m，致密块状黏土，以紫色、紫红色为主。高骊山组以甲泥为主，也存在耐火黏土。甲泥赋存于本组上段紫红色粉砂岩中，含矿两层，厚度变化大，致密块状及薄片状黏土，紫色或紫棕色，另外高骊山组还有灰白色的铝土质泥岩，耐火度达到1 733℃，可代白泥使用。龙潭组主要产嫩泥，也产白泥，上覆地层为第四纪冲积层，其间常见一薄层砾岩，表土一般厚数米，可露天开采，矿体厚度 3～6 m，局部10 m 以上，致密块状及薄片状黏土，土黄、淡黄、浅灰等颜色。嫩泥矿层由于受到风化和地下水作用，质量波动大。

宜兴陶土白泥嫩泥产地比较集中，主要开采地位于南山、白泥山、西山、香山等地，化学成分、性能指标较为稳定，大同小异。而甲泥开采地比较分散，主要有黄龙山、东山、平原、林场、梅园、涧坞、前龙、蓝后等地，构造部位差异很大，化学组成差异也很大，所以其工艺性能差别很大。

（二）宜兴陶瓷

1. 宜兴陶瓷的开发历史

宜兴境内发现的多处新石器时代文化遗址，包括归径乡的骆驼墩、唐南村，张泽的寿山村、前港咀等，证明宜兴陶瓷产业历史久远，可追溯到距今大约 5 000～6 000 年前的新石器时代。当时生产的陶器多属夹砂红陶和泥质红陶，手工捏制，烧成温度约为 800～900℃。大约 3 000 年前后的商周时代，鼎蜀的制陶业，逐步从农业中分离开来，成为一种专门的手工业。

宜兴紫砂器创始年代起源于北宋，不少文人雅士，专门为紫砂陶壶写诗作赋，大加赞赏。如欧阳修的"喜共紫瓯吟且酌，羡君潇洒有余情"（《和梅公仪尝茶》）、梅尧臣的"小石冷泉留早味，紫泥新品泛春华"（《宛陵集》第十五卷《依韵和杜相公谢蔡君谟寄茶》）、米芾的"轻涛起，香生玉尘，雪溅紫瓯圆"（《满庭芳·绍圣甲戌暮春与周熟仁试赐茶，书此乐章》），说明北宋初紫砂壶已很盛行。稍晚的大文豪苏东坡，还亲自设计紫砂"东坡提梁壶"。元代，紫砂生产工艺逐渐成熟，并出现紫砂铭刻，销售地不仅仅局限在宜兴，已经向周边扩散。明代，宜兴陶瓷大部分集中到丁蜀,周边大小窑址达 40 余座,已经初具规模。"万室之国,日勤千日而不足,民用亦繁矣哉"(宋应星《天工开物》)说明当时宜兴陶瓷产业发展兴盛。供春,原名龚春,是当时点土成金的一代制壶宗师。"供春壶"造型新颖精巧,色泽古朴,光洁可鉴,温雅大方,当时就享有"供春之壶,胜于金玉"的美誉。自供春壶问世后,明朝万历年间(1573~1620 年),又出现董翰、赵梁、元畅、时朋四大制壶高手。他们或以工巧见称,或以古拙而闻名。随后,又有"壶家妙手称三大"的时大彬、李大仲芳、徐大友泉的崛起,其中尤以出自时朋之手——时大彬盛名天下。时大彬做的壶,口盖合缝严密,如天衣浑成,信手将盖合上,提盖即能提起全壶,无怪当时社会就用"千奇万状信手出""宫中艳说大彬壶"的绝唱。明代,日本人来我国学会了紫砂壶的制作。之后,一直把鼎蜀紫砂壶看作壶中上品。他们把紫砂陶称为"朱泥器"。许多日本学术界画壶图,写评论,著书立说,研究紫砂陶。《茗壶图录》、《宜兴窑和朱泥器》就是这方面的专著。此后,鼎蜀壶和中国茶同时传到欧洲,荷兰人、英国人、德国人,把鼎蜀壶当作蓝本,开始仿造,制成欧洲第一批茶用陶器。进入 20 世纪以来,紫砂陶得到很大发展。紫砂工艺陶先后参加国际"巴拿马赛会"、"伦敦、巴黎博览会"、"芝加哥博览会"和"南洋劝业会"等展出,多次获得金质奖章和奖状。

建国后,宜兴制陶业更得到飞速发展。主要品种有工艺日用陶、工业工程陶、建筑卫生陶、电子电器陶、园林陈设陶、特种耐火材料和陶瓷机械辅助材料 7 大类,8 000~9 000 个品种,其中有 50 多种(类)产品,先后获国家部省优质产品称号,有10 多个产品荣获国际金、银、铜质奖。目前,紫砂陶产品琳琅满目,包括茶壶、茶具、酒具、餐具、文具、花盆、花瓶、雕塑、陈设等,年产数百万件,出口数十个国家和地区,畅销国内外市场。

2. 宜兴陶瓷的艺术内涵

紫砂陶艺融茶道、花道、文学、书法、绘画、金石、科技与紫砂工艺为一体,具有内涵深蕴的艺术品位。所包含的不仅是泥土及空间技艺,更重要的是蕴藏的深厚传统文化,其形、神、气、态、韵、精赋予紫砂艺术品深厚的艺术魅力和强烈的感染力。

"形"是器皿的整体形象。设计制作紫砂陶器,必须深思熟虑,通过严格构思,趣味性强,富有想象,同时又必须是经过提炼或变化了的形的作品,才显得美。"神"是难以用语言传表的,是作品由里向外、艺术感染力的反映,作品的内涵及魅力在于吸取自然形象的造型或是将自然形态的东西作为局部的装饰。"气"指作品的内涵气质魄力和风度,姿态要自然、气势要生动、形式要别致,特别是壶的形体,在小中能见到大,反映出作品的气质和风度。"态"强调作品的自然态,自然态的形式千姿百态、变化无穷,又必须强调自然优美,不是弯扭僵死,不能脱离生活,没有来龙去脉或做得不伦不类、庸俗累堆。"韵"对作品起着协调统一的作用,可增加节奏及动势,能使线条更流畅,刚柔并济,左右贯通,上下呼应,使无声的形象更加耐人寻味。"精"指紫砂艺术品设计精、选料精、制作精、工艺处理精,在制作过程中又必须注意不同品种用不同的手段,特殊的品种用特殊的手段,包括工具的创造和运用。

欣赏一件紫砂艺术品,不仅要看其制作的精致,最主要的是看作品是否反映本身的形、神、气、态等内涵韵味。作者对艺术的理解和对生活的追求,也是本身艺术修养及设计制作水平的体现。

3. 宜兴陶瓷的发展方向

宜兴陶瓷发展的方向主要有以下几个方面:一是配制种类上的多样化。随着科学技术的不断发展,工具及技术的更新,紫砂泥由原来几种发展到现在采用配方法可配制成几十种,无论是光货、筋瓢货、花货的制作工具更加得心应手;二是烧制设备的升级,烧制紫砂陶产品由原来温差较大的推板窑、隧道窑改成现代温差较小的辊道窑、梭式窑,烧制紫砂陶产品的燃料由原来的煤、重油改成现在的液化气和天然气;三是造型设计在继承传统的基础上结合西方现代信息加以改进;四是在装饰手段上按传统的雕、刻方法,增加泥冷、贴花,同时还采用景泰蓝生产工艺装饰手段;五是防伪更加先进,名人作品在产品上的印章与手签章同时存在,还可采用先进的电子扫描手段对产品上的印章进行鉴定;六是紫砂艺术人才辈出。有一批技艺精湛的老前辈国家级工艺美术大师和省级工艺美术大师,有着丰富、成熟、合理的操作技法;同时又有一大批中青年从高等艺术学院毕业后从事紫砂艺术研究的高级工艺美术师,无拘无束地塑造多种艺术造型。不断丰富紫砂陶的艺术内涵。

4. 宜兴陶瓷博物馆

宜兴陶瓷博物馆位于宜兴丁蜀镇的团山山麓,前身是江苏省宜兴陶瓷公司陈列室和宜兴陶瓷陈列馆,是国内最早成立的专业性陶瓷博物馆,已有近五十年的历史。馆区 40 000 m²,展馆 3 000 m²,是目前我国规模较大的陶瓷博物馆,在海内外享有较高的知名度。多年来,作为宜兴重要的文化载体,陶瓷博物馆积极发挥展示、传播保护和研究的功能,多次承办了国内外的大型活动,接待了无数的国内外重要来宾。

宜兴陶瓷博物馆外观为传统的中国古典建筑,因地制宜地采用了大量陶瓷作为建筑装饰材料,气势宏伟,美观大方。博物馆划分为古陶馆、精品馆和综合馆三大展区,陈列了宜兴 5 000 年陶艺华章,集藏 3 万余件文化瑰宝。古陶馆区展品可上溯至新石器时代,大量灰陶、釉陶褥套都、仿青铜器、弦纹黑衣陶等实物显示了古先哲的创造性。精品馆展品以紫砂工艺为主,反映了茶文化发展之促进紫砂文化发展的独特陶文化现象。综合馆区则展示了 20 世纪 50 年代以来宜兴陶瓷飞速发展的历史,品种门类前所未有的丰富多彩,呈现了以紫砂、均瓷、青瓷、美彩瓷、精瓷"五朵金花"为主,工业特种陶、化工陶、电子耐火陶瓷并进发展的良好局面。陶瓷博物馆是对青少年进行爱国主义教育的第二课堂。每年寒暑假,各地中小学来馆开展爱国主义活动,许多大、中、小学慕名而来,看陶瓷、学陶瓷,每年接待人数达数千人。陶瓷博物馆是促进新产品创作的重要源泉。丰富的馆藏品成为广大工艺美术创作人员汲取创造灵感的来源。许多历史名作,如紫砂供春、掇球、仿古、提璧茶壶、茶具各种花盘、花瓶、文房四宝、雕塑作品等,成为市场争相生产和热销的产品。

九、无锡太湖新城

(一)太湖新城建设的背景

改革开放以来,无锡社会经济发展取得了巨大成就,但在城市发展方面也面临一些困境。如无锡是一个特大城市,但从城市形态、空间结构和产业布局上来看,仍处于一般中等城市的格局。这是由于受乡镇企业发展和行政区划的影响,城市的产业布局没有得到有效的优化,没有形成合理的城市空间结构,造成无锡城市功能不明确,结构无序,与无锡的经济地位不相符合,最终也会影响无锡区域城市功能的发挥。另外,无锡拘泥于城市集聚扩张的传统思路,城市工业过重,经济密度过高。如无锡城市经济结构主要以工业经济为主,服务业占 GDP 比重只有 41%,远低于相同工业化水平的世界城市。以上这些致使城市经济、产业、人口过度密集、交通拥堵、环境污染严重、绿地严重不足等问题,直接制约了城市的可持续发展。

无锡在新一轮城市建设中,从可持续发展的战略高度出发,顺应城市空间结构优化和产业布局调整的要求,积极改善自然环境和社会环境,努力提升城市功能。无锡中心城市发展空间的拓展,紧紧围绕打造国际制造业基地和现代服务业发展的产业导向,按照"七片一带"的城市空间结构整体规划,结合新城建设和老城改造,从整体上优化生产力布局,引导和促进工业企业向园区集中,走集约化发展道路。为此,在中心城市建设上,无锡大力建设太湖新城,积极完善其科教、旅游功能,努力使其形成一个适宜居住和富有特色的现代化新城区。

(二)太湖新城的战略定位

无锡太湖新城位于无锡主城区南侧,北起梁塘河,南至太湖,西邻梅梁湖景区,东至京杭大运河,总用地面积约 150 km²。规划范围内现有三镇两园区(太湖镇、华庄镇、滨湖镇、太湖新城科教产业园、太湖国际科技园),现状总人口 19.46 万。无锡太湖新城自东往西分为东区、中心区和西区。东区:华谊路以东、高浪路以南,约 23 km²;中心区:华谊路以西、蠡湖大道以东,是整个太湖新城最为重要的组成部分,面积约 55 km²;西区:蠡湖大道以西,72 km²。

根据《太湖新城总体规划及中心区"十一五"近期建设规划》,太湖新城是无锡新的城市中心,是一个"开放式、生态型的现代化新城",主要功能定位为无锡的行政商务中心、科教创意中心和休闲居住中心。东区,以太湖国际科技园为载体,重点建设高新技术研发园、大学科技园、软件园、数码设计园、创意研发园,树立科技产业优势,建设成为科技型国际化新城区,成为高度集聚的自主创新研发创业园区,承接国际高科技产业转移的产业基地,提升城市国际化水平的形象高地;中心区,重点建设太湖新城商务办公中心、市民中心及各类居住社区。重点打造行政、商务和居住三项功能,建设成为生态宜居区、商务大都会、无锡新核心;西区,以山水城旅游度假区、科教产业园为载体,重点发展创意产业和生态休闲旅游业,建设成为创意前沿、科教高地、生态绿肺,成为设计名城的重要板块,全国一流的大学城科技园和国内外有影响力的政产学研一体化示范区及旅游度假休闲基地、影视文化拍摄基地。

太湖新城已建成"东西贯通、南北畅通"主骨干路网,主要有高浪路、观山路、和风路、吴都路、震泽路、具区路等"六横",蠡湖大道、五湖大道、立信大道、贡湖大道、南湖大道、华清大道、运河西路等"七纵","六横七纵"如纵横交错的棋盘融通了新城道路血脉。信成道、清源路、瑞景道、立德道地下还修建了 W 形、总长 16.4 km 的共同管沟,涵盖新城中心区 16 km² 区域内的各类公共设施管线,避免了管线埋设或维修时对新路的施工麻烦和资源浪费。太湖新城已由以基础设施建设为主转入了形态建设与功能开发并举的阶段。金匮公园、尚贤河生态湿地一期工程、南大港水系修复工程已全面建成,市民中心、市人民来信来访接待中心也已竣工投用。新落成的太湖国际博览中心一期,不仅举行了无锡太湖国际装备制造业展览,而且还举办了无锡春季房地产交易会。蠡湖南岸的无锡大剧院自开工以来也进展顺利。这些功能性项目的建成投用,为新城增添了更多的活力。为了充分发挥自身独特的生态优势,太湖新城建设瞄准了国内领先、国际一流的生态城精品工程,样板工程和示范工程。2010 年,中瑞低碳生态项目奠基开工,国家住建部与无锡市签订了《关于共建国家低碳生态示范区——无锡太湖新城合作框架协议》,2.4 km² 的中瑞低碳生态城现正加快建设,相关的生态规划建设指标未来将覆盖整个太湖新城。

(三) 太湖新城主要园区建设

1. 太湖国际科技园

太湖国际科技园东接无锡新区,西临太湖新城核心区,总面积约 23 km²。太湖国际科技园交通极为便利,不仅紧邻沪宁高速公路、沪宁高速铁路、环太湖高速公路、沪宁铁路及 312 国道,而且距苏南国际机场也仅有 3 km。太湖国际科技园是以科技、研发、创意为主体功能,以高新技术产业为支撑,以生态休闲、商务服务为配套的滨水型国际化科技新城。太湖国际科技园还规划了次一级的园区,主要包括无锡国家大学科技园、江苏软件外包产业园、高新技术独立研发园、国际科技商务中心等。

　　无锡国家大学科技园：以江南大学国家大学科技园为基础，以北大、清华、南大、同济、东南大学等为合作主体，以科技研发和高层次教育为主导，重点发展集成电路设计、软件、汽车电子、生命生物科学等高科技研发产业；江苏软件外包产业园：以软件研发、软件开发、软件外包等业务为主，积极建设软件公共技术服务平台和中国电信国际数据中心，将建成具有鲜明国际外包业务特色、国内具有影响力的软件产业国际化示范基地，成为全市软件产业重要的增长极；高新技术独立研发园：以基础型、起始型和原创型研发为主，努力培育一批以原创技术产品为主的第三方研发机构和研发企业，初步形成新型研发产业业态，以吸引国内外知名企业设立应用型研发机构为主，引导无锡大企业进园入驻设立研发中心，吸引市外企业新建研发机构，推进大企业在无锡实施基地化发展；国际科技商务中心：充分体现环境和功能的和谐统一，融文化、现代商务、政务于一体，是新区未来的政务中心、市民中心。

　　2. 太湖新城科教产业园

　　太湖新城科教产业园成立于 2006 年，北起蠡湖，南至南湖中路，东邻太湖街道，西至太湖山水城旅游度假区，总面积 28 km²。太湖新城科教产业园大专院校众多，科研院所云集，主要包括江南大学、北京大学软件与微电子学院无锡产学研合作教育基地、中国船舶重工集团公司第 702 研究所、江南计算技术研究所等。太湖新城科教产业园主要以发展软件、服务外包、工业设计、动漫制作、高技术研发、教育培训、总部经济等现代服务业为主，目前园区获得的命名主要有无锡国家动画产业基地、中国服务外包示范区（无锡太湖保护区）、江苏基础软件产业园、江苏省首批现代服务业发展集聚区、无锡（国家）工业设计园南区、江南大学国家大学科技园 C 区。

　　太湖新城科教产业园依托无锡科教、人才、产业和人文优势，以创建无锡大学科技园为核心，以发展创意产业和高科技研发孵化产业为重点，辅以商业娱乐、生态旅游休闲、文化教育、金融保险、楼宇房产和社区服务等现代服务业为配套，逐步形成知识和人才密集度高、创新创造能力强、对国内外市场具有强大辐射力的"三创"高地，使太湖新城科教产业园成为无锡市打造"创新型城市"和"中国设计名城"的重要载体，为引领和提升无锡地区的经济功能和产业升级作出重要贡献。太湖新城科教产业园以知识创造、传播和应用为导向，实施"一体两翼"产业发展战略，带动园区经济快速发展。

　　"一体"：即以创建无锡大学科技园为主体，依托江南大学，江南计算技术研究所，中国船舶重工集团公司第 702 研究所等科研院所的科教资源、人才智力优势和无锡市产业优势，结合推进 "7＋1" 产学研全面合作协议（即无锡市与北大、清华、复旦、上海交大、同济、南大、东大和中科院等单位签订的协议），规划在园区内创建无锡大学科技园,精心建设产学研基地,创建经济发展新模式,使之成为科教产业园的特色和亮点。"两翼":即以发展创意产业和高科技研发孵化产业为两翼。重点发展动漫、软件、工业设计等头脑智慧产业和知识经济;重点吸引微电子、电气工程控制、生物医药、新能源和节能等行业的国内外大企业、大公司设计研发团队入园,加快发展高科技研发(R&D)孵化产业,以此带动无锡市乃至辐射"长三角"高新技术产业快速发展。

十、太湖洞庭山

洞庭山地处太湖东南部,包括洞庭东山和洞庭西山,简称东山和西山。东山和西山所属的东山镇和金庭镇的总面积 178 km²,人口约 10 万,行政上属苏州市吴中区。东山和西山隔水相望,东山三面环水,一端连接陆地,是一个半岛,湖岸线较直;西山四面环水,是太湖面积最大的岛屿,地形较复杂,多港湾。洞庭山位于太湖之中,局部小气候特殊而优越,不仅盛产优质的茶、果、鱼、虾等农产品,还盛产各种亚热带水果,橘子、枇杷、杨梅更是海内外闻名。

(一) 特殊而优越的气候

太湖位于江苏省南部,与浙江省毗连,面积约 225 km²,容水量达 51.50 亿 m³。由于水面对太阳辐射的透明度大,平均反射率小,热容量大,加之水体本身的乱流交换比较强,蒸发强度大,这些特性使得水域能增暖并积累大量的热量,在冬季降温时,水域的降温比较慢,且降温幅度亦小,温度比周围的陆地高。一般来说,当陆地气温已到达−6℃时,水温却仍在0℃或0℃以上。太湖如此大的水体的存在,能较好地调节水域周围的温度,为生物的安全越冬创造了比较好的小气候条件。具体表现在:(1) 冬季以太湖为中心形成一个温度分布的暖中心,洞庭山成为一个天然的避冻区,每次较强冷空气入侵后,太湖及其周围地区最低气温均比其周围要高,而且这种差异随着低温强度的增大更为明显。(2) 太湖水域对缓和辐射降温的作用比缓和平流降温的作用更为显著。太湖能削弱南下冷空气的锐势,使水体南岸的气温比北岸高,具有缓和平流降温的作用。苏南地区降温的一般规律是:首先受冷空气平流的影响,温度降低,等天晴后,地面的辐射冷却,温度继续下降或持续出现低温,往往在冷空气入侵后出现温度最低。但太湖中的岛屿由于受太湖水域的影响,近地层水汽比较丰富,相对湿度大,能明显地减小地面有效辐射,因此当冷空气过境天晴后,温度不再下降,反而迅速回升,这样南北最低气温的差异就愈来愈大。(3) 越近太湖湖面温度越高。由于太湖地区冬季多偏北风,所以太湖暖脊伸向东南方向,而西北方向的等温线较密集,温差较大。离湖面越近,温度越高,太湖对周围小气候的调节作用甚至胜过了山地坡向的作用。洞庭山年平均气温 16℃,1 月平均气温 3℃,7 月平均气温 29℃,全年日照时数 2 900 小时以下,相对湿度 85%。

(二) 发达的特色农业

1. 红柑桔

洞庭山是我国著名的柑桔产区之一,占江苏省柑桔总产量的 90% 左右。洞庭山红柑桔,皮薄味甜、籽少汁多、果形整齐,又因其色泽金红,故称"洞庭红"。洞庭栽培柑桔至少已有 1 000 多年的历史。据《唐书·地理志》记载:洞庭红柑桔早在唐代就列为贡品,又称"贡桔",且有"桔非洞庭不甘"之说。洞庭红柑桔品种繁多,有早红、朱桔、料红、鱼桔、黄皮、早桔、温桔、枎柑、南丰、金桔、蟹橙、甜橙、香橙、香橼等 14 个品种,其中最著名的是"早红"和"料红"。"早红"成熟期较早,10 月初就成熟,不经霜就可以采摘,比一般柑桔上市早;"料红"成熟较晚,一般在 11 月中旬经霜后采摘,宜于贮存,采摘后装入竹筐,裹以松针,可贮存至来年 2、3 月间,且色、香、味如新。"早红"较其他品种早熟,而"料红"晚熟耐储藏,因此洞庭山红柑桔在上市时间上形成了独特市场优势,获得了相对较高的价格。洞庭山红柑桔还含有丰富的维生素和适量的蛋白质、脂肪、矿物质,能增进食欲,帮助消化,桔皮、络、核等均可入药,有理气健脾、化痰之功效。每年 10 月左右,漫山遍野的洞庭桔树上挂满朱红色的硕果,把整个洞庭山装点得更加美丽。

2. 枇杷

洞庭山不仅是全国唯一的白沙枇杷产区,而且也是我国枇杷品种进化的重要基地。枇杷种植历史悠久,肉质细腻,糖度高,味道鲜美,品质优良,在历史上就有果中珍品之称,明代王世懋曾称赞道:"枇杷出洞庭者大"。洞庭山气温高、日照少、湿度大的气候十分有利于枇杷的生长;与南方枇杷相比,洞庭山枇杷上市时间错开一个多月;加之洞庭山离上海、苏州、无锡等经济发达地区较近,因此市场竞争力较强。

江苏省太湖常绿果树技术推广中心是全省唯一从事太湖地区常绿果树技术推广的公益性服务机构,中心致力于白沙枇杷新品种的开发和新技术的推广,其中"白玉"和"冠玉"两大品种以果大肉厚、汁多味甜成为白沙枇杷中的极品,在江苏省优质水果评比中荣获金奖。中心先后在吴中区、张家港、宜兴、溧阳等地建立示范基地,云南、重庆、福建、贵州、浙江等省市相继来此引种,洞庭优质白沙枇杷新品种新技术正从这里走向全国。

3. 茶叶

太湖洞庭山气候湿润温和、常年云雾弥漫,是碧螺春茶的原产地。该地良好的生态环境,适宜的茶树品种和精细的加工工艺,成就了碧螺春茶的独特品质。其外形条索纤细、色绿隐翠、茸毫披覆、卷曲似螺,具"蜜蜂腿"特征;内质汤色嫩绿,香气鲜雅、兰韵突出，滋味鲜醇、回味绵长，叶底柔嫩，是我国十大历史名茶。

碧螺春茶作为我国十大历史名茶，具有的主要特点和优势有：

（1）独特环境和种质：碧螺春茶树种植在枇杷、杨梅、桃树、板栗等十多种果树花丛中，花果树覆盖率在 30% 左右。这一以茶为主、茶果花间植间作的独特生态环境，孕育了碧螺春茶独特的花果香气。碧螺春茶所含的氨基酸、儿茶素、茶多酚等绿茶品质理化指标都较高，因而制成的碧螺春茶味道鲜醇、口感优异。

（2）独特的炒制工艺：碧螺春茶摘得早、采得嫩、拣得净，每 500 克特级茶要有 7 万多个鲜芽头炒制而成，为全国名茶之最。洞庭碧螺春茶采用纯手工炒制，"手不离茶、茶不离锅、揉中带炒、炒中带揉、连续操作、起锅即成"，独特的加工工艺已被列入非物质文化遗产候选名录。

（3）独特的风味品质和文化内涵：碧螺春碧色悦目、味淳甘厚。在杯中先注沸水，稍待片刻，投入茶叶，沉于杯底而不浮，唯碧螺春茶能之。原来民间将碧螺春茶称为"仙鹤传种"、"吓煞人香"，是清朝康熙皇帝品尝后御赐钦定"碧螺春"之名。1972 年，周恩来总理同基辛格在上海议定具有历史意义的上海公报，周总理送给基辛格的国礼，就是碧螺春茶。

4. 渔业

洞庭山是天然的淡水鱼场，有"太湖八百里，鱼虾捉不尽"之说，各类水产 100 余种，包括鱼、虾、蟹、螺等，最著名的有"太湖三白"（银鱼、白鱼、白虾）、太湖莼菜、大闸蟹等。太湖银鱼为太湖特产，古称"脍残鱼"，据《太湖备考》等史志记载，春秋时太湖银鱼就已著名，相传有西施泪化成太湖银鱼的传说。银鱼肉质细嫩，营养丰富，无鳞、无刺、无腥，是鱼中珍品。清康熙年间，太湖银鱼就被列为贡品。白鱼是太湖名贵鱼类，鳞细而密，骨较细，肉质白嫩，皮下脂肪较多，是中国四大名鱼之一，古有"色莹如银，鲜美冠时"的美誉。据宋代《吴郡志》记载："白鱼出太湖者胜，民得采之，隋时入贡洛阳。"太湖白虾通体透明，又称水晶虾，其壳极薄，通体透明，晶莹如玉，肉嫩味鲜，营养丰富，可烹制百道菜肴，著名的"醉虾"，上桌后还在蹦跳，吃在嘴里，细嫩异常，鲜美无比，享誉中外。其晒干后去皮，俗称"湖开"，具有多种药用功能。太湖清水大闸蟹与阳澄湖大闸蟹一样，是我国最著名的淡水蟹。《太湖备考》中有"出太湖者，大而色黄，壳坚，胜于他产，冬日益肥美，谓之十月雄"的记载，以肉嫩味美，黄多油丰著称，为太湖名贵水产之一。

（三）繁荣的旅游业

太湖洞庭山地处太湖东南部，气候温和，风景秀丽，是江南著名的旅游胜地之一。区内湖面宽广，岛山众多，西山岛为最大的岛，面积为 83 km²，缥缈峰为最高峰，海拔为 337 m。洞庭山与区外联系便利，与苏州之间有高等级公路相通，东山到西山也有环太湖公路相连，尤其是太湖大桥的建成，彻底改变了西山交通不便的状况,摆脱只能依靠轮渡进西山的不利局面。改革开放以来,洞庭山依靠优越的区位条件,便利的交通运输,稳增的旅游客源,优质的旅游资源,实现了旅游经济的快速发展。以西山所在的金庭镇为例,2011 年接待游客 300 万人次,实现旅游总收入 17 亿元,人均旅游收入高达 3.78 万元。

1. 洞庭山自然景观

洞庭山自然景观主要有溶洞、泉水、湖岛风光三大类。

洞庭山的溶洞发育于石炭纪、二叠纪时期,是石灰岩地层经断裂、溶蚀等地质作用逐渐形成的,主要有林屋洞、玄阳洞、石佛洞、归云洞、花冠洞、夕光洞等。林屋洞位于西山岛,发育于晚石炭世船山组灰岩中,主要受北东向断裂构造控制,是石灰岩经地下水的长期溶蚀、淋漓、冲刷形成,洞口绝对高程 9 m,洞内游览面积超过 4 000 m²。此洞发现较早,在中国十大洞天中位居第九(按道教排名),故又名“天下第九洞”,洞中不仅有各种天然形成的石景,而且还保留了金龙、玉简等一些道教文物。林屋洞与国内其他溶洞的区别在于是一次形成而不是多次形成的,因而洞内景观顶平如屋,立石成林,自成风格。在地下水的作用下,溶洞内形成了丰富多彩的天然石景,既有被地下水溶蚀形成的基岩水蚀石景,又有渗透作用形成的次生化学沉积石景。主要有石笋、石柱、钟乳石、石幔、石花、石灰华,更多的是在重力崩塌等物理作用下形成的堆积,这些石景千姿百态,妙趣横生。林屋洞内地下水较丰富,保持长年流水,因洞的顶板常年滴水,所以又称林屋洞为“雨洞”。

洞庭山泉水主要发育在西山岛上,水质醇清纯真,主要有无碍泉、海火池、龙穴、砥泉等。无碍泉位于西山岛堂里东南水月寺东小山坡上,泉眼出露于志留纪茅山组砂岩中。泉眼群呈椭圆形,长径为 1.6 m,短径为 1.4 m,水深约 0.5 m。长年积水不外流,水温不受气候影响,水清味甜。用此泉水泡茶清香味纯,早在宋朝时就名声遐迩了,有诗为证:“水月开山大业年,朝廷敕额至今存,万株松覆青云坞,千树犁开白云园,无碍香泉夸绝品,小青茶熟占魁元。”海火池位于缥缈峰以北的鞍部,海拔 116 m,泉水从茅山组砂岩的裂隙中溢出,在其西约 50 m 处另有一泉。二泉均为常年聚水,泉旁石碑上为李根源题字:“海火池,每当日落,余晖映照池中,似火熊熊。”故取名为“海火池”。此处还是眺望太湖、禹王庙、横山群岛,欣赏晚霞的佳地。

洞庭山湖岛风光宏伟秀丽,风景独特,一年四季花香鸟语,吸引了古今中外无数游客。缥缈峰位于西山岛上,峰高 336.6 m,为太湖 72 峰之首。由茅山组紫红色砂岩组成,为北西向南东推覆抬升形成,是典型的“漂来”之峰。太湖风云变幻,缥缈峰常隐现于云雾之中,故有“缥缈云场”、“缥缈寻湾”之称。峰东南,竹坞岭下的溪流上,有巨石如墙,终年湍流,分两级落差,落差达 5 m 左右,为太湖地区所罕见的“瀑布”景象。在缥缈峰上既可观日出东山,又可观落日余晖。如果遇上风平浪静的时候,湖面像一面硕大无比的镜子,把彩霞折射到水中,这时分不清哪是湖面哪是天空,仿佛置身于天宫之中。三山岛又名"小蓬莱"、"笔架山",由大山、行山、小姑山组成,因一岛三峰相连而得名,面积不足 2 km²。三山岛上有一"板壁峰",岩壁陡峭,纹理纵横,由于断裂构造的切割,两边山体相错,形成了孤立的岩墙。板壁高大于 10 m、长大于 20 m。它位落山坳,四周青山环绕,宛若水石盆景。除此之外,周围的石灰岩多以瘦、漏、透、奇、皱为特征,形态各异。岛上发育有湖蚀地貌,主要为湖蚀崖、湖蚀穴。湖蚀崖一般高 3 m~8 m,陡峭壁立,与太湖广阔的湖面相接,甚为壮观。另外三山岛上百年以上的枣树数十棵,最大者需两人合抱才行,构成了一道独特的风景线。

2. 洞庭山人文景观

洞庭山人文景观主要有园林、古村落和宗教建筑三大类。

洞庭山环境优美,气候宜人,是建造江南园林的理想之地,著名的园林主要有席家花园和雕花楼。席家花园为东山帮商人席启荪所建,是太湖著名的山麓湖滨江南私家园林。席家花园四周布以迂回曲折的长廊,间以嵌筑亭子。院内茶树、果树成林,亭台楼阁、曲桥回廊尽得湖山之胜。园内的御码头是康熙南巡的古迹,人站于此有太湖碧波滔滔,近在脚下,远处天水一色,心旷神怡,海阔天空之感。雕花楼建于 1922 年,原为东山富商金氏私宅。全楼砖雕、木雕、金雕、石雕、彩绘、泥塑巧夺天工,精美绝伦,享有"江南第一楼"美誉。

洞庭山历史文化悠久,古村落分布较多,主要包括陆巷古村、明月湾古村、东村古村等。陆巷古村位于东山景区西麓,依山傍湖,是明朝宰相王鏊的故里。现全村尚存明清厅堂 30 余处,其中遂高堂、会老堂、晚三堂、双桂楼、惠和堂和三德堂等古建筑保护完好,具有较高的历史价值和科学艺术价值;明月湾古村位于西山南端,背山面湖,风景秀美,村内遗留大量的古建筑,如礼和堂、礼耕堂、瞻瑞堂等。这些建筑上的苏式彩画富丽典雅,石雕、砖雕、木雕精致优美,均具极高的艺术价值。村内棋盘状的街道,均为花岗条石铺成,排水功能强大,这便是明月湾有名的石板街;东村古村位于西山北部,内有明代建筑 6 幢,清代建筑更多,其中以明代的"栖贤巷门"最为著名。

洞庭山宗教建筑众多,其中佛教建筑占了绝大多数,主要的佛教建筑有紫金庵、罗汉寺、包山寺、水月禅寺等。东山的紫金庵始建于南北朝时期,后经唐朝重建,至今已有近 1 400 年的历史。内塑罗汉传为南宋雷潮夫妇所作,"各现妙相,呼之欲出",堪称中国古代雕塑的精品,是"天下罗汉两堂半"中的一堂。西山拥有有名的寺院 18 个,简称"法际文双王,东西上下方,花罗包水石,资福报忠长",目前除罗汉寺、包山寺、水月禅寺修整一新,盘龙寺、实际寺、明月寺尚存部分殿房外,其余均已无存。其中包山禅寺寺院三面青山环抱,坐北向南,前有山溪,终年泉水淙淙,入院有香花桥,过桥上台阶,左右为钟楼、鼓楼,1964 年被列为省级重点文物保护单位。

主要参考文献

鲍峰岩. 2011. 谈紫砂陶土. 陶瓷科学与艺术, 4: 52

曹大贵, 杨山, 李旭东. 2002. 空间布局演化与产业布局调整——兼论无锡市城市发展方略、城市问题,
　　3: 20-24

常州市旅游局. 2003. 常州市旅游发展规划(2003—2020).

陈慧泽. 2009. 浅析天目湖旅游资源的开发与保护. 中国商贸, 9: 41-42

陈家其. 1992. 太湖流域洪涝灾害的历史根源及治水方略. 水科学进展, 3: 221-224

陈坤怀, 张和贵. 2003. 宜兴紫砂的历史和未来. 中国陶瓷, 5: 52-54

陈肖静. 2005. 长江三角洲旅游经济一体化的战略思考. 学海, 4: 133-135

陈月秋. 1986. 太湖成因的新认识. 地理学报, 1: 23-30

刁慧琴. 2008. 我国太湖石. 上海: 上海科学技术出版社, 10

勾鸿量, 吴浩云, 刘曙光. 2010. 太湖流域自然灾害初探. 中国防汛抗旱, 1: 55-57, 67

何永年, 徐道一, 陆德复, 等. 1990. 太湖地区石英晶粒的冲击变形特征——太湖成因初探. 科学通报,
　　15: 1163-1165

贺盘发. 1989. 宜兴陶瓷发展史概论. 江苏陶瓷, 1: 34-41

洪燕云, 钱丹. 2011. 江苏天目湖休闲生态旅游景区品牌建设发展对策探讨. 江苏技术师范学院学报, 5: 1-
　　4, 10

胡立勋. 2010. 宜兴陶土性能的研究. 中国实用矿山地质学(上册). 北京: 冶金工业出版社.

黄第藩, 杨世倬, 刘中庆等. 1965. 长江下游三大淡水湖的湖泊地质及其形成与发展. 海洋与湖沼,
　　4: 397-426

黄震方, 丁正山, 李想. 1999. 环太湖旅游带旅游业联合发展战略初探. 经济地理, 6: 114-117

蒋小欣, 顾明. 2005. 古代太湖流域治水思想的探讨. 水资源保护, 2: 65-67

李功发. 2011. 无声的诗, 立体的画——漫话园林中的太湖石. 花卉园艺, 9: 46-47

林教金. 1981. 宜兴陶土的成矿特征及成矿预测区划分. 江苏陶瓷, 1: 137-146

刘小红, 陶卓民. 2007. 论科技创新在旅游景区开发中的应用. 安徽农业科学, 4: 1121-1122

刘宗岸, 房婉萍, 张彩丽, 朱世桂, 黎星辉. 2007. 碧螺春茶生产技术. 中国茶叶, 2: 28-29

陆宇荣. 2010. 湖州城市滨水区旅游资源开发研究——以湖州太湖旅游度假区为例. 现代物业, 9: 43-44

路云霞. 2007. 旅游度假区可持续发展所面临的问题及对策探讨——以苏州太湖旅游度假区为例. 环境保护,
　　24: 70-72

吕其伟. 2009. 太湖西山景区旅游商业设施布局研究. 硕士学位论文. 苏州: 苏州科技学院, 19-20

马志澄, 王连星. 1981. 太湖水域气候在柑桔栽培中的利用. 南京农学院学报, 2: 47-54

倪俊. 2009. 太湖新城应用 20 千伏电压等级研究. 硕士毕业论文. 上海: 上海交通大学, 2-3

倪小伟. 2007. 苏州市农业科技创新巡礼之二 洞庭山白沙枇杷从这里走向全国——江苏省太湖常绿果树技
　　术推广中心白沙枇杷创新之路. 苏南科技开发, 6: 68-69

潘凤英. 1985. 宜兴南部的喀斯特地貌. 中国岩溶, 4: 369-375

彭健怡, 邹松梅. 2011. 江苏宜兴建立岩溶洞穴国家地质公园的可行性研究. 地质学刊, 1: 94-98

齐述华, 龚俊, 舒晓波等. 2010. 鄱阳湖淹没范围、水深和库容的遥感研究. 人民长江, 9: 35-38

秦伯强, 罗潋葱. 2004. 太湖生态环境演化及其原因分析. 第四纪研究, 5: 561-568

任健, 蒋名淑, 商兆堂等. 2008. 太湖蓝藻暴发的气象条件研究. 气象科学, 2: 221-226

上海交通大学旅游发展研究中心,溧阳市规划局.2003.溧阳市旅游发展规划(2003—2020)

沈福煦.2005."苏州名园"赏析——耦园.园林,5:20-21

沈建.2006.无锡城市建设可持续发展的战略选择.中国城市可持续发展高层论坛暨第七届江苏城市发展论坛论文汇编,56-60

沈自励.2003.火山喷爆与太湖成因.中国地质大学学报,4:441-444

宋金平,郝春燕,李香芹.2006.苏州市环太湖地区休闲度假旅游发展探讨.生态经济,8:78-81

孙鹄.1998.苏州园林中的峰石与假山.古建园林技术,1:48-49

孙继昌.2005.太湖流域水问题及对策探讨.湖泊科学,4:289-293

孙顺才,赵锐,毛锐,等.1993.1991年太湖地区洪涝灾害评估与人类活动的影响.湖泊科学,2:108-117

太湖水利史稿编写组.1993.太湖水利史稿.南京:河海大学出版社.

王安岭.2010.做大做强中心城市核心极 加快打造城乡一体都市区——无锡城市现代化和区域城市化思路研究.现代经济探讨,2:36-40

王尔康,万玉秋,施央申.1993.太湖泽山岛冲击变质石英的发现与意义.科学通报,38:1875-1878

王鹤年,谢志东,钱汉东.2009.太湖冲击坑溅射物的发现及其意义.高校地质学报,4:437-444

王同生.2001.太湖流域城市防洪建设的进展、问题和对策.水利水电科技进展,4:26-40

王祥,谢志东.2010.太湖冲击成因的几点质疑.矿物学报,S1:82-83

吴浩云.1999.太湖流域洪涝灾害与减灾对策.中国减灾,1:15-18

吴宏.1998.吴文化与无锡旅游业.江南学院学报,3:109-112

吴立威.2006.大纵湖旅游度假区旅游产品开发与创新研究.特区经济,6:223-224

辛克勤.1985.无锡市旅游资源开发初探.经济地理,3:231-236

徐洪,张怡.2009.太湖流域防汛抗旱减灾体系建设.中国防汛抗旱,S1:175-178

严钦尚,黄山.1987.杭嘉湖平原全新世沉积环境的演变.地理学报,3:1-15

颜亮.2010.假山文化发展史略.园林科技,3:33-34

杨志坚.2001.太湖湖西洞天福地.火山地质与矿产,3:228-234

杨志坚.2002.陶都宜兴的陶土、紫砂陶器与东坡壶.资源调查与环境,2:149-154

益心虹,郭蕾,肖思思.2011.太湖水华成因及治理对策分析.安徽农业科学,12:7401-7414

喻学才.2007.对环太湖旅游圈推进一体化进程的思考.东南大学学报(哲学社会科学版),9:51-55

袁卫明,陈易飞,李庆魁等.2011.苏州洞庭山碧螺春发展的现状与对策.茶叶通讯,3:42-44

袁卫明,张凯,蔡健华.2007.太湖洞庭山白沙枇杷资源的开发利用.苏南科技开发,Z1:60-61

曾勉等.1960.太湖洞庭山的果树.上海:上海科技出版社.

张健.2010.浅谈太湖石的审美特征.创意与设计,6:101-103

张通国.2010.千古名石——太湖石.上海工艺美术,4:108-110

张慰冰.1997.合作开发太湖旅游圈,探求区域旅游发展新思路.旅游学刊,4:42-44

周龙兴.1997.洞庭红柑桔.中国地名,4:36

周敦源,陈剑峰.2010.浙江南太湖区域旅游开发研究——以湖州中心城市为例.改革与战略,10:118-121

朱镇,周俊华.2003.苏州环太湖东山景区的旅游形象设计.科技情报开发与经济,9:148-150

邹松梅,聂新坤.2002.江苏太湖东山与西山旅游地学资源初步研究.江苏地质,1:26-31

第6章 上海实习区

第一节 实习目的与实习要求

一、实习区概况

上海位于北纬 31°14′,东经 121°29′,地处太平洋西岸,亚洲大陆东沿,长江三角洲前缘,东濒东海,南临杭州湾,西接江苏、浙江两省,北接长江入海口,长江与东海在此连接。上海处于我国南北弧形海岸线中部,交通便利,腹地广阔,地理位置优越,是一个良好的江海港口。上海属于北亚热带季风性气候,四季分明,日照充分,雨量充沛。上海气候温和湿润,春秋较短,冬夏较长。2009 年,全市平均气温 17.8℃,日照 1 506.5 小时,降水量 1 457.9 mm。全年 60% 以上的雨量集中在 5 月至 9 月的汛期。

1949 年,上海的土地面积仅为 636 km²。1958 年,江苏省的嘉定、宝山、上海、松江、金山、川沙、南汇、奉贤、青浦、崇明 10 个县划归上海,使上海市的辖区范围扩大到 5 910 km²,几乎是 1949 年的 10 倍。2009 年末,上海全市土地面积为 6 340.5 km²,占全国总面积的 0.06%。境内辖有崇明、长兴、横沙 3 个岛屿,崇明岛是我国的第三大岛。境内除西南部有少数丘陵山脉外为坦荡低平的平原,是长江三角洲冲积平原的一部分,平均海拔高度 4 m 左右。陆地地势总体呈现由东向西低微倾斜。大金山为上海境内最高点,海拔高度 103.4 m。1949 年,上海共划分为 20 个市区和 10 个郊区。后经多次行政区划调整和撤县建区,至 2011 年末,上海有 16 个区、1 个县。

上海简称“沪”,别称“申”。大约在 6 000 年前,现在的上海西部即已成陆,东部地区成陆也有 2 000 年之久。相传春秋战国时期,上海曾经是楚国春申君黄歇的封邑,故上海别称为“申”。公元四、五世纪时的晋朝,松江(现名苏州河)和滨海一带的居民多以捕鱼为生,他们创造了一种竹编的捕鱼工具叫“扈”,又因为当时江流入海处称“渎”,因此,松江下游一带被称为“扈渎”,以后又改“扈”为“沪”。唐天宝 10 年(751 年),上海地区属华亭县(现今的松江区)。宋淳化 2 年(991 年),因松江上游不断淤浅,海岸线东移,大船出入不便,外来船舶只得停泊在松江的一条支流"上海浦"上(其位置在今外滩至十六铺附近的黄浦江)。南宋咸淳3年(1267年)在上海浦西岸设置市镇,定名为上海镇。元至元29年(1292年),元朝中央政府把上海镇从华亭县划出,批准上海设立上海县,标志着上海建城之始。明代中叶(16世纪),上海已成为全国棉纺织手工业中心。清康熙24年(1685年),清政府在上海设立海关。19世纪中叶,上海已成为商贾云集的繁华港口。鸦片战争以后,上海被殖民主义者辟为"通商口岸"。1949年5月27日,上海获得解放,开始新生。上海的解放,揭开了上海发展的新篇章。在中国共产党的领导下,上海人民经过60多年的艰苦奋斗,使上海的经济和社会面貌发生了深刻的变化。特别是1978年以来,上海不断扩大开放,深化改革,逐步走出了一条特大型城市发展新路。现在已经发展成为中国最大的经济中心之一,并正向建成国际经济、金融、贸易和航运中心之一和率先转变经济发展方式、率先提高自主创新能力、率先推进改革开放、率先构建社会主义和谐社会的目标迈进。到2020年,上海将建成国际金融中心和国际航运中心。

从被迫通商到自主开放,从小渔村到国际化大都市,上海年代并不久远的历史却蕴含着极其丰富的内涵。现在朝气蓬勃、充满活力的上海是中国改革开放成就的缩影。漫步上海街头,风格各异的万国建筑、散布其间的历史遗存、魅力无限的城市风貌为这座城市注入了文化和时代的特征。"上善若水,海纳百川",这是上海鲜明的人文和文化特征。

让我们走进上海……

二、实习目的

通过对上海实习区内自然、经济和文化等的实地考察,让学生所学自然地理知识感性化,并检验河流入海口地形、河口地貌、江海交汇处的生物资源等知识的实际解释性;对所学人文地理知识和原理(农业、工业、商业、交通通信、文化、历史等)进行实地应用和检验,增强其理论联系实际的能力;培养学生区域性的地理思维,通过与其他实习区的关系以及内部各地理要素相互作用形成独特的上海地理环境特征,来理解地理学区域性和综合性的特征。

三、主要实习要求

1. 考察长江河口地区地质、地貌现象,分析其成因。从河流地貌发育的角度理解河流下游河口段地貌与上中游河段地貌的差别及其原因。

2. 在上海中心商务区考察和城市建设成就观览的基础上了解上海国际化大

都市、世界金融中心、世界航运中心形成的区位、政策、历史等因素,并据此理解地理的综合性特征。

3. 通过对上海文化景观的考察,运用地理学的综合性思维,学会区域文化特征成因的分析方法。

4. 学会分析一个区域农业、工业、商业、交通、通信等方面发展的区位条件,理解地理学的区域性特征形成的原理。

第二节 实习线路与实习内容

一、CBD—浦东国际机场

从融合历史和现代的浦西到改革开放后高速发展的浦东,从兼具历史风貌的外滩到充满现代化气息的陆家嘴金融贸易区,再到中国的"世界窗口"浦东国际机场,该线路不仅让我们看到了历史镜头中的老上海,而且更能让人体味到充满现代气息的国际化大都市。

该线路考察建议从外滩附近步行开始,远眺东方明珠、金茂大厦和环球金融中心,过观光隧道,在陆家嘴金融贸易区内的东方明珠附近乘车,车过金茂大厦和环球金融中心附近,途经上海科技馆,到达龙阳路磁悬浮车站,换乘磁悬浮列车到浦东国际机场参观。

实习线路:

外滩—观光隧道—上海 CBD(陆家嘴金融贸易区)—东方明珠—金茂大厦—上海科技馆—磁悬浮交通—浦东国际机场

实习内容:

1. 从外滩万国建筑博览群和外滩历史了解上海的发展历史,回味旧上海的繁华,寻找上海文化发展的脉络。考察和分析黄浦江的航运价值和区位条件。

2. 调研上海 CBD(陆家嘴金融贸易区)功能区的空间规划布局,分析其布局的区位条件,了解其在城市发展和建设中的作用。

3. 远观东方明珠电视塔,知道它的功能和意义,了解"地理标志"的概念。

4. 远观金茂大厦及其附近的环球金融中心,了解它们的建筑艺术和技术,了解它们在 CBD 中的作用和意义。

5. 汽车途经上海科技馆,通过教师的讲解知道科技因素在经济发展中作用,认识科普教育的重要性。

6. 体验磁悬浮交通的快捷,回顾交通运输的各种方式,分析磁悬浮交通发展

1. 外滩　2. 观光隧道　3. 上海 CBD(陆家嘴金融贸易区)　4. 东方明珠
5. 金茂大厦　6. 上海科技馆　7. 磁悬浮交通　8. 浦东国际机场

图 6-1　CBD—浦东国际机场主要实习点

的限制因素和当前其尴尬运营现状的原因。

7. 参观浦东国际机场,分析机场布局的区位因素及其与环境的关系,评价浦东国际机场的布局状况。

思考与作业:

1. 外滩发展的地理原因是什么? 黄浦江为什么具有比一般河流更大的航运价值?

2. 比较外滩的昨日与今日,分析外滩功能发生了怎样的变化。

3. 分析上海 CBD(陆家嘴金融贸易区)形成的区位因素,可从地理位置、交通、政策等方面进行分析。

4. 试分析上海 CBD(陆家嘴金融贸易区)区域的产业结构,并简述该金融中心对所在地区乃至整个长江三角洲的影响。

5. 比较磁悬浮交通与传统的五种运输方式的异同。

6. 作为我国重要的空中交通枢纽,试从人文因素和自然因素方面分析浦东国际机场的区位选择的依据,与虹桥机场相比其优势与不足有哪些。

二、世博园—洋山深水港

兼有中西建筑风格、融合传统与现代的新天地,不仅是上海时尚的代表,也浓缩着上海文化的特征;世博会是世界科技的盛宴,世博园是科学技术的结晶;孙桥现代农业开发区展示了现代农业的发展方向;临港新城、东海大桥、洋山深水港的建成,把上海的腹地和市场扩展到更广阔的区域。综合性的线路串接起丰富的地理要素。

该线路考察建议始于徒步新天地,后乘车到世博园,浏览世博园区,之后深入考察孙桥现代农业开发区,再行车途经临港新城、东海大桥,到达洋山深水港进行港口考察。

实习线路:

新天地(石库门)—世博园—孙桥现代农业开发区—上海临港新城—东海大桥—洋山深水港

1. 新天地(石库门)　2. 世博园　3. 孙桥现代农业开发区
4. 上海临港新城　5. 东海大桥　6. 洋山深水港

图6-2　世博园—洋山深水港主要实习点

实习内容:

1. 考察新天地(石库门),体味中西融合、新旧交织的上海新天地的特征,寻找海派文化的踪影,分析文化形成的因素。

2. 参观世博园,体会“城市,让生活更美好”这一世博主题的含义。了解科技在推动社会经济发展中的作用。

3. 考察孙桥现代农业开发区,了解现代农业发展的方向。

4. 了解临港新城与洋山深水港的关系,了解其功能定位。

5. 参观东海大桥,了解其建设的意义。

6. 参观洋山深水港,了解其运输货物的主要种类、来源和流向,分析上海国际航运中心形成的区位条件。

思考与作业：

1. 海派文化具有哪些特点？这些特点形成的区域性原因是什么？

2. 新天地是如何把传统与现代结合起来，是如何把中国和西方融合起来的？新天地（石库门）旅游开发成功的因素有哪些？

3. 举办世博会的意义有哪些？2010 年上海世博会的成功举办，给上海带来哪些影响？

4. 分析孙桥现代农业开发区建设的区位条件。支持孙桥现代农业开发区的"中国农业与世界农业接轨、传统农业与现代农业转变的桥梁"定位的主要条件有哪些？

5. 简述孙桥现代农业开发区产业的布局及第一、第二、第三产业是如何协调发展的。以孙桥现代农业开发区为例，简述现代农业的发展方向。

6. 综合上海临港新城、东海大桥以及洋山深水港的考察，并查阅文献资料，讨论三者的功能与关系。

7. 从港口建设的区位因素角度分析洋山深水港建设的有利条件以及其建设对上海乃至长江三角洲地区的影响。

8. 模拟洋山深水港的物流状况，并说出依据。小组讨论其正确性。查阅资料进行实际验证。

三、宝山—崇明岛

本线综合了自然、工业、交通、通信等地理因素。通过上海铁路博物馆了解中国铁路建设的历史与现状；通过宝钢工业旅游示范点了解钢铁工业及其区位分析方法；通过湿地和地质公园了解河口地貌特征及其成因；通过国际海缆登陆点了解通信是地理要素之一；通过上海长江隧桥了解交通建设的意义以及国家高速公路网的规划建设情况。

实习线路：

上海铁路博物馆—宝钢工业旅游示范点—长江汽渡—西滩湿地—崇明岛国家地质公园（地质科学景观区）—东滩湿地—国际海缆登陆点—上海长江隧桥

实习内容：

1. 参观上海铁路博物馆，了解中国高铁建设规划和现有成就。

2. 参观宝钢工业旅游示范点，了解钢铁工业的生产流程，对比传统的钢铁工业与现代化程度极高的钢铁工业生产因素的差异，分析宝钢布局的区位条件。

3. 在长江汽渡观览长江下游河口景观，进一步了解分析河流水文特征的方法，了解长江的水文特征；思考不同交通方式对区域发展的影响差异。

4. 考察西滩湿地、东滩湿地景观，了解湿地生物多样性的特征，了解东滩湿地候鸟栖居的原因。对比东滩湿地与西滩湿地成因的区别。

1. 上海铁路博物馆　2. 宝钢工业旅游示范点　3. 长江汽渡　4. 西滩湿地
5. 崇明岛国家地质公园　6. 东滩湿地　7. 国际海缆登陆点　8. 上海长江隧桥
图 6-3　宝山—崇明岛主要实习点

5. 在崇明岛国家地质公园(全岛)考察中,了解河流沉积地貌的形成和特征。

6. 参观国际海缆登陆点,了解通信对社会发展的作用,了解中国国际通信建设和发展的状况。

7. 乘车经过崇明岛与上海市区间的沪陕高速(G40)长江隧桥段,了解桥隧建设成就及其对崇明岛等区域的意义,了解国家高速路网的规划建设情况。

思考与作业:

1. 举例说明铁路建设在新中国经济发展中的作用。多角度分析高铁建设的作用和意义。

2. 分析宝钢选址建设的区位因素。谈谈从宝钢的工业旅游中所取得的收获。

3. 结合崇明岛的考察,说明河口沙岛的形成原因及过程。

4. 通过对东滩、西滩湿地的考察,谈谈自己对湿地开发的思考。

5. 结合崇明岛国家地质公园的建设及其开发利用对环境的影响,以及长江隧桥建成给崇明岛带来的环境影响,谈谈如何保护崇明岛的环境,实现人与自然的和谐发展。

6. 分析长江水文特征及其带来的影响。

第三节　背景资料与实习指导

一、传统与现代的上海

　　今日的上海,是一座极具现代化而又不失中国传统特色的海派文化都市。繁华的大上海处处显现着她的独特魅力,令人着迷——外滩老式的西洋建筑与浦东现代的摩天大厦交相辉映;徐家汇大教堂圣诗声声,玉佛寺香烟袅袅;过街楼下的麻将老人,弄堂里的足球少年;群众剧场的沪剧、滑稽戏,大剧院的交响乐、芭蕾舞;老饭店的本帮佳肴,杏花楼的广式粤茶,云南路的各地小吃,红房子的法国大菜,小绍兴的三黄鸡,美国的肯德基;上海老街的茶馆,衡山路的酒吧,中西合璧,新欢旧爱,各有各的精彩。我们从外滩和 CBD 出发,寻找传统与现代的上海。

　　1. 外滩

　　外滩,又名中山东一路,东起中山一路,北起外白渡桥,南至金陵东路,全长约 1.5 km,是上海的一道著名的风景线。她东临黄浦江,西面为造型严谨,风格迥异的"万国建筑博览群",矗立着哥特式、罗马式、巴洛克式、中西合璧式等 52 幢风格各异的大楼。

　　黄浦江是流经上海市区最大的河流,外滩就位于黄浦江畔。在上海的地名习惯用词中,一般把河流的上游叫做"里",河流的下游叫做"外",外黄浦的滩地叫作"外黄浦滩",简称"外滩",这便是其名称的由来。

　　1840 年以后,上海作为五个通商口岸之一,开始对外开放。1845 年,英国殖民主义者抢占外滩,建立了英租界。1849 年,法国殖民者也抢占外滩建立了法租界。自此到 20 世纪 40 年代初,外滩一直被英租界和法租界占据,并分别被叫作"英租界外滩"和"法兰西外滩"。公共租界的工部局和法租界的公董局分别为它们的最高市政组织和领导机构。租界俨然是一个主权区,西方列强以他们的方式经营、管理。建设租界,外滩就成了租界最早建设和最繁华之地。早期的外滩是一个对外贸易的中心,这里洋行林立,贸易繁荣。从 19 世纪后期开始,许多外资和华资银行在外滩建立,这里成了上海的"金融街",又有"东方华尔街"之称,外滩成了鼓励财政投资的场所。由于其独特的地理位置及近百年来在经济活动领域对上海乃至中国的影响,上海外滩具有十分丰富的文化内涵。

　　如今,外滩再一次扩建,其江滩、长堤以及绿化带乃至美轮美奂的建筑群所构成的街景,是最具有上海特征的城市景观之一(图 6-4)。

图6-4 外滩夜景 图6-5 观光隧道

2. 观光隧道

外滩观光隧道连接黄浦江两岸,位于浦西南京东路外滩与浦东陆家嘴东方明珠之间,圆形隧道内径6.67 m,全长646.70 m,于2000年底竣工,采用国际先进的连续式轨道自动车厢运输系统,整个过江时间为2.5~5分钟,每小时最大输送量为5 000人次,是我国第一条越江行人隧道。

外滩观光隧道是融交通与旅游功能为一体的又一标志性景观工程,它利用隧道空间,运用现代高科技手段,在隧道内演示人物、历史、文化、科技、风光等各种主题的图景,隧道内的景观照明系统配合图景展示,运用动态变幻的各种光源营造出别具风格的效果,使过江过程带有知识性、趣味性、娱乐性和刺激性,给游客留下美好的记忆。

3. 上海CBD

◆陆家嘴金融贸易区

陆家嘴金融贸易区是于1990年党中央、国务院宣布开发开放浦东后在上海浦东设立的中国唯一以"金融贸易"命名的国家级开发区。贸易区位于上海浦东,与浦西外滩一江之隔,为上海的母亲河——黄浦江和上海城市内环线所环绕,占地28 km²,其中规划开发地区为6.8 km²,目前已有约100多座大厦落成。很多以人民币业务经营的外资金融机构在陆家嘴金融贸易区开设办事处,因此陆家嘴是不少外资银行的总部所在地,其中经营人民币业务的包括汇丰、花旗银行、渣打银行等。

国家为保证金融贸易区开发建设达到世界先进水平,聘请了世界著名规划设计专家与上海规划专家合作设计了总体规划、交通规划和城市规划。其中经上海市政府批准的陆家嘴金融中心区的规划方案集中了中、英、法、日、意等国规划大师的智慧,体现了当代规划设计的先进水平。根据规划,按功能布局,区内划分为若干重点开发小区、金融中心区、竹园商贸区、行政文化中心、龙阳居住区等。合理的功能布局,既突出了金融贸易的功能开发重点,又充分考虑了建设现代化都市的需要。

　　陆家嘴地区已成为上海国际金融发展的品牌,以高 468 m 的东方明珠电视塔和 88 层的金茂大厦为代表的高楼群已成为上海现代化城区的新景观。而上海证券交易所及上海证券大厦亦建于陆家嘴,交易所设有 3 216 个交易席位,是全亚洲最大的交易大厅。著名建筑物还包括上海环球金融中心、上海科技馆、上海期货交易所、上海国际会议中心、正大广场、悦大酒店、上海第一八佰伴、新上海商业城等。酒店有金茂君悦大酒店、浦东香格里拉大酒店、新亚汤臣大酒店等。

　　有近百家中外金融机构落户区内,近 300 家有影响的国内外大集团、大企业,如西门子、斯米克、阿尔卡特、汤臣、宝钢等进驻陆家嘴。2.5 km 长的滨江大道、10 万 m^2 的陆家嘴中心绿地、5 km 长的景观道路世纪大道、连接浦西浦东的外滩观光隧道和现代化的大楼群形成了都市旅游的独特景观。

　　◆ CBD 与 E-CBD

　　陆家嘴金融贸易区是上海城市的 CBD(Central Business District)。CBD 即商务中心区,又称中央商务区,它最早是由美国社会学家伯吉斯(E. W. Burgess)在研究芝加哥城市的空间结构时提出来的。CBD 起源于 20 世纪 20 年代的美国,为“商业会聚之地”。20 世纪 50、60 年代,在发达国家,城市中心区制造业开始外迁,而同时商务办公活动却不断向城市中心区聚集,要求一些大城市在旧有的商业中心的基础上重新规划和建设具有一定规模的现代商务中心区。纽约的曼哈顿、巴黎的拉德方斯、东京的新宿、香港的中环都是国际上发展得相当成熟的商务中心区,陆家嘴金融贸易区也属其列,它们都是传统 CBD 的典型代表,而且是相应国际经济中心城市及其腹地的功能集聚中心,是其所在国家或地区经济实力和国际竞争力的象征与标志,在促进当地经济社会发展与科学技术进步中发挥了非常重要的作用,但从 20 世纪 80 年代以来,随着网络信息技术的进步及其广泛应用,CBD 受到了前所未有的巨大冲击与挑战:1997 年的亚洲金融危机,暴露出传统 CBD 对国际游资的冲击和索罗斯金融大鳄的兴风作浪缺乏有效的预警机制和防范机制,在制止国际金融风险传递方面显得力不从心;“9.11”事件又从安全角度将 CBD 海量数据的备份和异地存储提上了紧迫的议事日程。由于传统 CBD 大多形成于 20 世纪 80 年代以前,信息基础设施和智能化水平比较落后,已经越来越不能适应当今经济全球化、经济和社会信息化、金融贸易现代化的新格局。在此背景下,革新传统 CBD、建立适应信息时代特征的全新中央商务区管理模式,即 E-CBD 模式,就成为一个世界性和时代性的新课题。E-CBD(Electronic Central Business District),是知识经济和网络经济时代国际金融贸易中心区的创新模式,是在经济全球化和信息经济背景下,以电子数据交换(EDI)、电子商务(EB)、电子金融(EF)等信息技术为基础支撑,以电子货币(EM)为主要媒介,以国别人文为地缘标志,具有实体 E-CBD 和虚体 E-CBD 双重结构,面向世界的现代化金融贸易中心。E-CBD 是在传统 CBD 的基础上发展起来的,是对传统 CBD 的创新和扬弃。上海率先提出在陆家嘴创建国际一流 E-CBD 具有得天独厚的优势条件,这些优势主要体现在经济、区位条件、科学技术、社会文化和国家战略等方面。

◆东方明珠

东方明珠广播电视塔于 1991 年 7 月 30 日动工,1994 年 10 月 1 日建成,位于上海黄浦江畔、浦东陆家嘴嘴尖上。1994 年 2 月,国家主席江泽民题写了"东方明珠广播电视塔"的塔名。上海东方明珠广播电视塔以其 468 m 的绝对高度成为亚洲第二、世界第三的高塔。东方明珠塔卓然秀立于陆家嘴地区现代化建筑楼群,与隔江的外滩万国建筑博览群交相辉映,展现了国际大都市的壮观景色。其中,263 m 高的上体观光层和 350 m 处太空舱是游人 360 度鸟瞰全市景色的最佳处所。267 m 处是亚洲最高的旋转餐厅,底层的上海城市历史发展陈列馆则再现了老上海的生活场景,浓缩了上海从开埠以来的历史。东方明珠塔集广播电视发射、观光餐饮、购物娱乐、浦江游览、会务会展、历史陈列、旅行代理等服务功能于一身,成为上海标志性建筑和旅游热点之一。

◆金茂大厦

金茂大厦位于浦东新区陆家嘴金融贸易区,共 88 层,是中国第一、世界第三的摩天大厦。金茂大厦由著名建筑公司 SOM 设计,整栋大厦由塔形建筑、裙房和地下室组成,总建筑面积约 29 万 m²,选用了最先进的玻璃幕墙,基本消除了光污染,可谓是中国传统建筑风格与世界新技术的完美结合。

金茂大厦集办公楼、宾馆、餐厅、会场、观光、娱乐和购物于一体。1～2 层为宽敞明亮、气势宏伟的厅大堂;3～50 层是层高 4 m,净高 2.7 m 的大空间无柱办公区;51～52 层为机电设备层;53～87 层为世界上最高的超豪华五星级酒店——金茂君悦大酒店,88 层的观光大厅建筑面积 1 520 m²,是目前国内最高最大的观光厅。这里宽敞美观,高贵典雅,装潢设计融合了东方传统文化和现代技术。从 1 层到高 340 m 的 88 层乘坐每秒 9.1 m 的电梯仅用 45 秒便能到达。

◆上海科技馆

上海科技馆坐落在上海浦东新区行政文化中心区域,占地面积 6.8 万 m²,建筑面积 9.8 万 m²,展示面积达到 6.5 万 m²。上海科技馆建筑气势雄伟,寓意深远,是上海市标志性景观,跻身世界一流科技馆行列。

上海科技馆的常设展览综合了自然博物馆、天文馆和科技馆的基本内容。以"自然·人·科技"为主题,以寓教于乐、生动活泼的展示方法和教育活动激发公众对自然、人类和科技的好奇心和学习兴趣。目前,位于浦东的场馆内共有 11 个常设展区和 2 个特别展览。第一层中,有表现生物多样性的"生物万象"展区,有表现五大洲野生动物原生态展示的"动物世界特展",有体验各种地质变化的"地壳探秘"展区,有表现多学科基本原理和典型现象的"智慧之光"展区,有儿童体验科学乐趣的"彩虹儿童乐园"展区,和强调"好主意"是创意之源的"设计师摇篮"展区;第二层中,有突现蜘蛛奇特生活方式的"蜘蛛特展",有倡导人与自然和谐统一、同生共荣的"地球家园"展区,有表现信息技术引领社会巨大变革的"信息时代"展区和体验人工智能应用技术飞速发展的"机器人世界"展区;第三层中,有揭示人类破解物质和生命之谜的"探索之光"展区,有探索人体奥秘、传播健康理念的"人与健康"展区和展现人类实现飞天梦想足迹的"宇航天地"展区。在公共空间还有中国古代科技和探索者两个浮雕长廊,以及院士风采长廊。由 IMAX 立体巨幕、球幕、四维和太空数字四大高科技特种影院组成了国内建成最早、功能最全的上海科技馆科学影城。上海科技馆是上海市政府投资 17.55 亿元建设的重大社会教育机构,旨在提高市民的科学文化素养,促进公众理解和参与科学。

二、海派文化及其景观

近代上海,在东、西方两种异质文化的碰撞中逐渐形成自己独特的文化、生活模式,以及各种景观。"中西合璧,兼容并蓄"是海派文化的精髓。上海这种独特的城市文化,不仅在石库门居住建筑中打下了深刻的烙印,也形成了上海人文明而独特的个性特征。

1. 石库门("新天地")

上海的石库门这一住宅形式起源于 1870 年前后,最初出现于英租界,其后流传于上海老城厢内外及近郊一带,几乎遍布全市大小弄堂,成为上海民居中一种重要的类型。到 1949 年上海解放时,这类住宅多达 20 万幢以上。石库门住宅脱胎于中国传统的四合院。19 世纪后期,在上海开始出现用传统木结构加砖墙承重建造起来的住宅。由于这类民居的外门选用石料作门框,故称"石库门"。这种中西建筑艺术相融合的石库门作为建筑和文化的产物,在中国近代建筑史上留下了深深的烙印。作为近代上海人生息繁衍的空间,石库门是了解上海人的来历、特征以及理解近代中国社会变迁的钥匙。洋场风情的现代化生活,使院落式大家庭传统生活模式被打破,取而代之的是适合单身移民和小家庭居住的石库门弄堂文化。再后来,随着新式里弄和花园里弄的兴起,石库门就风光不再了。但是如今,把石库门"整旧如旧"的"新天地"已成为上海最时尚的场所。

在"新天地"项目开发之前,太平桥地区是一片拥有近一个世纪历史的石库门里弄建筑群,新天地是其中一部分。这个房地产开发项目建成于新千年伊始,一改20 世纪 90 年代以来旧城区大拆大建、破旧建新的模式,借鉴了国外经验采用保留建筑外皮,改造内部结构和功能引进新生活内容的做法。它改变石库门里弄原有的居住功能,置换为商业和娱乐功能,让这片带有上海历史和文化旧痕的社区,成为高品质的时尚、休闲文化娱乐中心,这在上海甚至全国尚属首例,为上海的旧城改造开辟出一派新天地、新风尚、新模式。

2. 上海人的个性特点

追溯上海发展的历史,从一个小渔村发展到松江府上海县,再到民国时代的上海市。上海的自我认同是在全球化的过程中确立的,上海的文化身份也是在全球化过程中确立的。这是上海一个很突出的现象,而在中国其他城市则很少,这就造成了上海人海纳百川的个性特点。在上海,你可以品尝到全国各地以及世界各地的美食,浏览到万国建筑群,你也可以看见形形色色的人,听着他们说着各自不同的方言,因此,上海人被熏陶得习以为常,各种外来文化都能很好地融入,这形成了上海人大度与包容的性格。

上海人还很精明,这源自其商业传统的熏陶。早在 20 世纪 20、30 年代,上海市场虽不成熟,但商业竞争却十分残酷。洋商与洋商之间、上海商人与洋商之间、上海商人之间,竞争都十分激烈,其竞争手段、激烈程度给人以震撼。上海,是商家必争之地,谁能立足上海,谁就意味着拥有财富。上海是铸造商界精英的大熔炉,在这熔炉里,培养出了一大批商界精英。作为中国现代商业的精英,上海商人给人们留下了深刻的印象,其商业手段之繁杂、经营思想之宽阔,令各地商人惊叹。进入 21 世纪,上海的市场经济已经步入成熟之时,南京路每天客流量达 300 万人次,600 多家商店比肩而立,各显风姿。徐家汇、淮海路大型商厦不断涌现,首尾相接,形成了独特的"圈状模式"。许多商家采取的竞争手段更加复杂多样,广告战、价格战、品牌战,硝烟弥漫,奇招百出。受长期的商业传统影响,实惠哲学成为上海人根深蒂固的观念。追求实惠的上海人总是会在各种复杂的情况下,迅速找到自己的最大利益所在。这便形成了上海人精明、实惠的个性特点。

三、长江河口区自然环境

长江河口区上自安徽大通(枯季潮区界),下至水下三角洲前缘(30~50 m 等深线),全长约 700 多 km。河口区可分成 3 个区段:大通至江阴(洪季潮流界),长约 400 km,河床演变受径流和边界条件控制,江心洲河型,为近口段;江阴至河口拦门沙滩顶,长 220 km,径流与潮流相互作用,河床分汊多变,为河口段;自河口拦门沙滩顶向外至 30~50 m 等深线处,潮流作用为主,水下三角洲发育,为口外海滨段。

上海附近的长江河口区是长江入海口段,这里有典型的河流沉积地貌,崇明岛就是泥沙沉积形成的沙岛,由于泥沙沉积,这里也有不断增长的沙滩土地资源。入海口段也形成了许多优良的生态湿地,生物资源也很丰富。

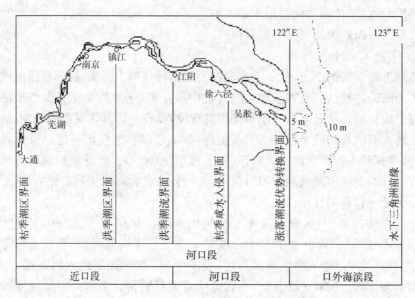

图 6-6　长江河口区范围及分段示意图

资料来源：徐双全，2008

（一）崇明岛的形成成因

崇明岛成陆已有 1 300 多年历史，现面积为 1 200 多km²，海拔 3.5～4.5 m，位于东经 121°09′30″～121°54′00″，北纬 31°27′00″～31°51′15″，地处长江口，是中国第三大岛，也是世界上最大的河口冲积岛，世界上最大的沙岛，被誉为"长江门户、东海瀛洲"。全岛地势平坦，土地肥沃，林木茂盛，物产富饶，是有名的"鱼米之乡"。崇明岛东西长 76 km，南北宽 13～18 km，形似卧蚕，东西长，南北狭。在它的旁边还有横沙、长兴两岛，东同江苏省启东隔水相邻，东南濒东海，西南与浦东新区、宝山区和江苏省太仓市隔江相望，北同江苏省海门市一水之隔。

"崇明岛"名称的来历，源于一个传说。东晋末年，孙恩农民起义失败后，起义军的几排竹筏飘浮到了靠近东海的长江口，在江边的泥沙中搁浅。这些竹筏拦住了长江带来的泥沙，逐渐形成了一个沙嘴。这片沙嘴尚没完全露出江面，随着江水海潮的涨落，时隐时现，给人一种神秘之感。人们说它既像怪物又似神仙，既"鬼鬼祟祟"又"明明显显"，于是便给它起了名字叫"祟明"。后来这片沙嘴泥沙越积越多，变得又高又大，完全露出了水面，形成一个小岛，再也不受潮涨潮落的影响了。人们见其气势壮观，已不再将其视为怪异，并产生了一种崇敬之情。于是人们便把"祟明"改称为"崇明"了。

崇明岛的形成是与长江口的演变联系在一起的，它是长江流抵入海口区时，由于比降减小、流速变缓等原因，所挟大量泥沙于此沉积而成，一面在长江口南北岸造成滨海平原,一面又在江中形成星罗棋布的河口沙洲。崇明岛是一个典型的河口沙岛,它从露出水面到最后形成大岛,经历了千余年的涨坍变化。而且,从前的崇明岛与现在的位置和形状相差甚远。现在崇明岛东、北方滩地仍在继续淤涨,其中东滩每年以约 100 m 的速度向东海推进。

(二)崇明岛国家地质公园

崇明岛国家地质公园是国土资源部 2005 年 9 月批准建立。公园范围涵盖整个崇明岛。公园雄踞于万里长江的入海口,南与嘉定、宝山隔江相望,北与江苏海门、启东一衣带水,犹如蕴含于长江巨龙口中一颗熠熠生辉的明珠(图 6-7)。

图 6-7   崇明岛国家地质公园

根据崇明地形和景点分布状况,崇明国家地质公园包括"一核多极"。"一核"为世界河流博物馆,"五极"为五个主要景观区:分别为新城三角洲文化区、西沙地质科学景观区、东滩湿地生态景观区、东滩滩涂国际候鸟景观区、东滩河口中华鲟生态景观区。

◆世界河流博物馆

是整个地质公园建设的核心工程,位于崇明新城。主要依托崇明岛,建设世界一流博物馆,主要展出世界河流独特自然生态、水利工程及文化遗迹。

◆新城三角洲文化区

是地质公园的重要景观区,位于崇明新城内东门路以东,老效港以西,鳌山路以南一直到长江边滩的区域,控制面积 300 hm²,规划面积 100 hm²。功能定位为展示三角洲文化。通过雕塑、展柜和各文化博物馆,展示长江三角洲的悠久古文化和崇明岛独特的围垦文化等。

◆西沙地质科学景区

是地质公园的光环区,位于崇明岛西端绿化镇的新建水闸以东,明珠湖以西,沿江大道以外的区域,区内建设河口地质博物馆和西沙边滩湿地观光区。在河口地质博物馆内通过各种手段展示长江三角洲独特的地质地貌,在西沙边滩湿地观光区通过栈桥展示湿地的实际的潮沟、沙波等地质地貌和生态景观。给游客一个强烈的大河口地质地貌概貌，兼顾旅游服务功能。

西沙边滩湿地总面积为 4 500 亩，是上海目前唯一具有自然潮汐现象和成片滩涂林地的自然湿地。湿地管理方为了让游客更接近大自然，在湿地里建起一条 2 km 长的木栈桥，游客们可通过栈桥徜徉于芦苇和丛林之中。在这里你可以有以下这些前所未有的体验：(1) 与野生动植物亲密接触。合欢树是如何把色彩斑斓的凤蝶招引而来的？污水是如何被处理净化成饮用水的？"清道夫"小螃蟹是怎么专吃枯枝烂叶的？湿地植物如芦苇、茭白、海草、野大豆是怎么让存放二氧化碳的小瓶子里充满氧气的？西滩一个个科普小区将让你真切地领略到大自然和科技的力量。西滩湿地不是娱乐旅游，而是科普旅游。来到西滩湿地，感受到的是真实的大自然。在这片 300 hm² 的湿地里，藏着 200 多种鸟类和 70 多种鱼类。由于其地处海洋、河流与陆地的交汇区域，生物种类丰富，生态系统演替快速，是世界上独一无二的河口湿地。(2) 了解"自然肾肺"蕴藏的巨大效益。湿地不是建筑会折旧，相反，它的价值产出应该越来越高。湿地不仅是"自然之肾"，而且是"自然之肺"。使用化肥的农田水属不易集中处理的面源水，而湿地起了净化水的作用，西滩湿地独有的有林湿地更能够净化空气，犹如人体的肾肺。

邻近西滩湿地的明珠湖是目前岛上最大的天然内陆湖，也是崇明县计划开发的西部水上游乐度假区和西部生态农业观光旅游区的主要区域。

◆东滩湿地生态景观区

是地质公园的重要景观区，位于崇明东滩 1992 大堤与 1998 大堤之间和东滩大道以北的区域，控制范围 200 hm²，规划范围 150 hm²。功能定位为主要展示封闭性的潮滩湿地各种地貌生态遗迹，开展各种休闲娱乐活动。让游客感受优美的湿地生态环境，享受优美环境下的美好生活。

◆东滩国际候鸟生态景观区

是地质公园的核心生态景观区，位于崇明东滩 1998 大堤之外，控制范围 2000 hm²，规划范围 600 hm²。同时也是地质公园生态敏感区，为国际候鸟观赏区和保护区。区内不进行任何重大建设。

崇明东滩是长江口地区唯一一块最大的、仍基本保持原始自然状态的滩涂湿地，在 1996 年《湿地公约》第六届缔约国大会上，被纳入东亚澳大利亚涉禽保护网络，在《中国生物多样性行动计划》中被确认已达到国际重要湿地标准。东滩鸟类自然保护区作为典型的湿地生态系统类型保护区，于 1998 年由上海市政府批准建立，2005 年 8 月经国务院批准列为国家级自然保护区。

由于崇明东滩位于长江入海口，处于我国候鸟南北迁徙的东线中部，地理位置十分重要，是国际著名的亚太地区候鸟迁徙路线上重要的"驿站"之一。崇明东滩的水鸟和湿地是东亚——澳大利亚涉禽保护区网络成员。滩涂上的芦苇带、镰草带、光滩带分界明显,潮沟水系发达,加之上海地区气候温和、阳光充足、雨量充沛,植被和底栖动物生长良好,因此每年都会吸引大量的鸟类迁徙停留和越冬,形成了上海地区最大的鸟类栖息地。崇明东滩有记录的鸟类就达 312 种。其中在生态上完全赖以湿地栖息的水鸟有 138 种。水鸟与非水鸟几乎各占一半。每年迁徙季节,这里的水鸟数量可达百万只以上,其中国家一级保护动物就有 4 种,国家二级保护动物 43 种。除珍稀的白头鹤外还有白枕鹤、灰鹤、白鹤、黑鹤、白琵鹭、黑脸琵鹭、小天鹅、鸳鸯、小杓鹬等。每年的春季都会有大量的旅鸟经崇明岛东滩飞往北方各地。旅鸟会在此停留、觅食一段时间,待养精蓄锐后,才重新踏上旅程。其中又以鹤、鹬类占主要群体。一群群的黑翅长脚鹬、鹤鹬、小青脚鹬、斑尾塍鹬、黑尾塍鹬、林鹬、泽鹬、中杓鹬、小杓鹬、翻石鹬、灰斑鸻、铁嘴沙鸻、蒙古沙鸻、环颈鸻、凤头麦鸡等在滩涂上觅食、休息。群体之大、种类之多让人惊叹。当它们成群起飞时可看到遮天蔽日的壮丽景色。

◆东滩河口中华鲟生态景观区

是湿地地质公园的主要景区,位于东滩南侧赢东村南分场,控制范围 70 hm²,规划范围 10 hm²。为河口珍稀鱼类观赏保育区。

四、现代工农业发展

多年来的实践证明,经济越发展,城镇化、工业化水平越高,越要加快转变农业发展方式,强化农业的基础地位;工农业两手抓是实现上海城乡经济社会一体化发展的必然要求。因此,作为一个国际化大都市,上海也同样重视现代工农业的发展。宝钢工业旅游示范点与金桥现代农业开发区是上海工农业的亮点,也是上海全方位发展的典型。

(一) 宝钢工业旅游示范点

宝钢位于上海市东北部,占地 25 km²,面积与澳门相仿,毗临气势壮阔的万里长江,与著名的吴淞口炮台举目相望。

宝钢是我国现代化程度最高、工艺技术最先进、规模最大的钢铁精品基地,为国内创新能力最强的钢铁工业新技术、新工艺、新材料研发基地。其年生产能力超过 2 000 万 t。宝钢先后投资 40 多亿元用于环保治理和绿色生态系统建设,着力营造一个天蓝、地绿、水清的生产与生活环境,其绿化覆盖率为 41.78%,人均绿化 500 余 m²。作为一个全国绿化先进单位,宝钢在维持碳氧平衡、吸滞粉尘、涵养水土方面创造了巨大效益。大批的野生鸟类以及珍稀鸟类在草坪或林子里"闲庭信步",人工饲养的梅花鹿、孔雀在这块土地上健康地生长和繁衍后代,人与动物、动物与环境之间显得和谐自然。

宝钢厂区内网格状道路四通八达,现代气息浓郁的雕塑随处可见,伸入长江1 600 m 的原料码头可停泊十余艘巨轮,这里每天要"吞进"三万多吨原料。高耸入云的世界级高炉钢水奔流,蔚为壮观,先进的热轧厂、冷轧厂、无缝钢管厂、5 m 宽厚板厂、汽车板厂、硅钢板厂令人目不暇接,一块块红彤彤的巨型钢锭在瞬间铸成了一卷卷铮亮的,甚至不足 1 mm 的镀锌、镀锡或彩色钢卷,着实令人叹为观止。

上海宝钢工业旅游参观景点流程为:原料码头—古银杏树狮子林—高炉—2050 或1580 热轧车间—金手指雕塑广场—宝钢历史陈列馆。之所以选择这六个景点是因为:

(1)气势磅礴的原料码头是宝钢连接外界的纽带,而取水长江口这个大胆的创举,是中国工程技术人员的智慧结晶。它既满足了生产需要,更为我国沿海河口地区工业用水开辟了新的源泉,在理论和实践上都有突破性的意义。(2)从古银杏树狮子林可以看到一座现代化的雄伟钢城,狮子林中的 13 棵银杏在抗日战争中被日寇毁掉 3 棵,余下 10 棵 240 多年历史的银杏为国家二级文物,她们依然苍劲傲然,见证着宝钢的发展,同时显示了宝钢非常重视保护古树名木和历史遗迹。(3)四座巍峨的高炉是宝钢标志性的建筑,这里是欢快的铁水的起点,它们如生命的涌泉奔向炼钢转炉,开始钢铁冶炼的辉煌篇章。(4)在热轧厂里能亲眼看见约10 cm 厚的火红钢板经过四道粗轧,七道精轧后可以轧到最薄时约在 1.2 mm 厚的带钢,很神奇,很壮观,场面震撼人心。(5)彰显一流的金手指雕塑是为纪念三期工程竣工而建,三级台阶和高翘的大拇指代表了宝钢的"三高一流":高质量、高速度、高效益、创 21 世纪世界一流企业。其余四个手指同样蕴含着这样的"一流":一流的设计单位、设备制造单位、施工单位和生产单位。(6)宝钢历史陈列馆分三个展区展示宝钢不同时期的历史,室外通过反映宝钢重大历史事件的浮雕、宝钢进入世界 500 强的雕塑和宝钢发展重大时间节点的地雕及宝钢生产过程中所使用的原料、使用过的已报废的设备部件等,艺术地展现宝钢的历史和形象。

(二)孙桥现代农业开发区

孙桥现代农业园区成立于 1994 年 9 月,规划面积 12.03 km²。现已成为上海的一个集现代农业开发、科研、生产和青少年科普教育以及观光旅游于一体的农业旅游新景观,是全国第一个综合性的现代农业开发区,已先后被批准为首批 21 个国家农业科技园区之一、国家引进国外智力成果示范推广基地、农业产业化国家重点龙头企业、国家级绿色蔬菜温室栽培标准化示范区、上海市现代农业园区重点建设单位,并已获 ISO 14001 环境管理体系国内、国际双证书,"孙桥"品牌也被评为上海市著名商标。上海孙桥现代农业园区是继浦东新区陆家嘴贸易区、外高桥保税区、金桥出口加工区、张江高科技园区后成立的第五个功能开发区,是国内第一个现代农业开发区,也是 12 个市级现代农业园区的领头羊。开发区的建立旨在加速浦东一流农业建设和城乡一体化进程,成为推动上海市郊乃至长江流域现代农业发展的示范样板。"国外先进农业与中国农业接轨、传统农业向现代农业转变"的前瞻性发展理念,使上海孙桥现代农业园区走在国内同行业的前列。

孙桥现代农业开发区重点发展产业为:

第一产业:(1) 蔬菜、花卉、名特水产种子种苗工程;(2) 无公害蔬菜和名贵花卉设施化栽培;(3) 名特优新畜禽、水产养殖;(4) 与农业相关的生物技术工程。

第二产业:(1) 农产品保鲜、贮藏和精深加工;(2) 国产化智能温室的设计、安装和零部件加工;(3) 生物农药、生物饲料、生物肥料等支农产品的研制开发和加工。

第三产业:(1) 开拓农产品国内外销售市场;(2) 拓展现代农业科技培训和科普教育功能;(3) 建立面向社会的现代农业服务体系;(4) 拓展现代农业旅游观光休闲功能。

五、现代交通发展

(一) 国家高速公路网

高速公路的建设可以反映一个国家和地区的交通发达程度和经济发展的整体水平。我国高速公路建设速度迅速,线路及通车里程不断增加,由于此前线路繁多,编号复杂,导致识别上的混乱,2010 年 7 月,交通部对国家高速公路网进行了重新命名和调整编号工作。重新命名和调整编号之后,经过上海的国家高速公路有 G2(京沪高速)、G42(沪蓉高速)、G15(沈海高速)、G1501(上海绕城高速)、G40(沪陕高速)、G60(沪昆高速)、G50(沪渝高速)等多条。

中国国家高速公路网采用放射线与纵横网格相结合的布局方案,由 7 条首都放射线、9 条南北纵线和 18 条东西横线组成,简称为"7918"网,总规模约 8.5 万km,其中主线 6.8 万 km,地区环线、联络线等其他路线约 1.7 万 km。

1. 国家高速公路网的命名及编号

(1) 国家高速公路网命名

① 国家高速公路网路线的命名遵循公路命名的一般规则。

② 国家高速公路网路线名称按照路线起、讫点的顺序,在起讫点地名中间加连接符"—"组成,全称为"××—××高速公路"。路线简称采用起讫点地名的首位汉字表示,也可以采用起讫点所在省(市)的简称表示,格式为"××高速"。

③ 国家高速公路网路线名称及简称不可重复。如出现重复时,采用以行政区划名称的第二或第三位汉字替换等方式加以区别。

④ 国家高速公路网的地区环线名称,全称为"××地区环线高速公路",简称

为"××环线高速"。如"杭州湾地区环线高速公路",简称为"杭州湾环线高速"。

⑤ 国家高速公路网的城市绕城环线名称以城市名称命名,全称为"××市绕城高速公路",简称为"××绕城高速"。如"杭州市绕城高速公路",简称"杭州绕城高速"。

⑥ 当两条以上路段起讫点相同时,则按照由东向西或由北向南的顺序,依次命名为"××—××高速公路东(中、西)线"或"××—××高速公路北(中、南)线"。简称为"××高速东(中、西)线"或"××高速北(中、南)线"。

⑦ 路线地名应采用规定的汉字或罗马字母拼写表示。路线起讫点地名的表示,取其所在地的主要行政区划的单一名称,一般为县级(含)以上行政区划名称。

⑧ 北南纵向路线以路线北端为起点,以路线南端为终点;东西横向路线以路线东端为起点,以路线西端为终点。放射线的起点为北京。

(2) 国家高速公路网编号

① 编号结构

中国国家高速公路网编号由字母标识符和阿拉伯数字编号组成。

② 字母标识符

中国国家高速公路是国道网的重要组成部分,路线字母标识符采用汉语拼音"G"表示;中国国家高速公路网主线的编号,由中国国家高速公路标识符"G"加 1 位或 2 位数字顺序号组成,编号结构为"G♯"或"G♯♯"。

③ 数字及数字与字母编号

a. 首都放射线的编号为 1 位数,以北京市为起点,放射线的止点为终点,以 1 号高速公路为起始,按路线的顺时针方向排列编号,编号区间为 G1～G9。

b. 纵向路线以北端为起点,南端为终点,按路线的纵向由东向西顺序编排,路线编号取奇数,编号区间为 G11～G89。

c. 横向路线以东端为起点,西段为终点,按路线的横向由北向南顺序编排,路线编号取偶数,编号区间为 G10～G90。

d. 并行路线的编号采用主线编号后加英文字母"E"、"W"、"S"、"N"组合表示,分别指示该并行路线在主线的东、西、南、北方位。

e. 纳入中国国家高速公路网的地区环线(如珠江三角洲环线),按照由北往南的顺序依次采用 G91～G99 编号;其中台湾环线编号为 G99,取意九九归一。

f. 中国国家高速公路网一般联络线的编号,由国家高速公路标识符"G"+"主线编号"+ 数字"1"+"一般联络线顺序号"组成,编号为 4 位数。

g. 城市绕城环线的编号为 4 位数,由"G"+"主线编号"+ 数字"0"+ 城市绕城环线顺序号组成。主线编号为该环线所连接的纵线和横线编号最小者,如该主线所带城市绕城环线编号空间已经全部使用,则选用主线编号次小者,依此类推。如该环线仅有放射连接,则在 1 位数主线编号前以数字"0"补位。

④ 国家高速公路网出口编号

a. 国家高速公路出口编号一般为阿拉伯数字,其数值等于该出口所在互通立交中心里程桩号的整数值;桩号值超过千位时,仅保留后三位的数值。如果出口处桩号为 K15+700,则该出口编号为 15;如果某出口处桩号为 K2036+700,则该出口编号为 36。

b. 同一枢纽式互通立交在同一主线方向有多个出口时,该枢纽式互通立交所有主线出口统一编号,采用出口编号后加英文字母组合表示。出口编号按照桩号递增方向逆时针排列,英文字母按照"A"、"B"、"C"、"D"……序列排序。如某枢纽式互通桩号为 K15+700,在主线 K15+200、K16+200 和反方向 K16+200、K15+200 处有 4 个出口,则该出口编号为 15A、15B 和 15C、15D。

2. 国家高速公路网线路

(1) 首都放射线

G1,京哈高速:北京—哈尔滨

G2,京沪高速:北京—上海

G3,京台高速:北京—台北

G4,京港澳高速:北京—港澳

　　并行线:G4W,广澳高速:广州—澳门

G5,京昆高速:北京—昆明

G6,京藏高速:北京—拉萨

G7,京新高速:北京—乌鲁木齐

(2) 南北纵线

G11,鹤大高速:鹤岗—大连

联络线一:G1111,鹤哈高速:鹤岗—哈尔滨

联络线二:G1112,集双高速:集安—双辽

联络线三:G1113,丹阜高速:丹东—阜新

G15,沈海高速:沈阳—海口

并行线:G15W,常台高速:常熟—台州

联络线一:G1511,日兰高速:日照—兰考

联络线二:G1512,甬金高速:宁波—金华

联络线三:G1513,温丽高速:温州—丽水

联络线四:G1514,宁上高速:宁德—上饶

G25,长深高速:长春—深圳

联络线一:G2511,新鲁高速:新民—鲁北

联络线二:G2512,阜锦高速:阜新—锦州

联络线三:G2513,淮徐高速:淮安—徐州

G35,济广高速:济南—广州

G45,大广高速：大庆—广州

联络线一：G4511,龙河高速：龙南—河源

G55,二广高速：二连浩特—广州

联络线一：G5511,集阿高速：集宁—阿荣旗

联络线二：G5512,晋新高速：晋城—新乡

联络线三：G5513,长张高速：长沙—张家界

G65,包茂高速：包头—茂名

G75,兰海高速：兰州—海口

联络线一：G7511,钦东高速：钦州—东兴

G85,渝昆高速：重庆—昆明

联络线一：G8511,昆磨高速：昆明—磨憨

（3）东西横线

G10,绥满高速：绥芬河—满洲里

联络线一：G1011,哈同高速：哈尔滨—同江

G12,珲乌高速：珲春—乌兰浩特

联络线一：G1211,吉黑高速：吉林—黑河

联络线二：G1212,沈吉高速：沈阳—吉林

G16,丹锡高速：丹东—锡林浩特

G18,荣乌高速：荣成—乌海

联络线一：G1811,黄石高速：黄骅—石家庄

G20,青银高速：青岛—银川

联络线一：G2011,青新高速：青岛—新河

联络线二：G2012,定武高速：定边—武威

G22,青兰高速：青岛—兰州

G30,连霍高速：连云港—霍尔果斯

联络线一：G3011,柳格高速：柳园—格尔木

联络线二：G3012/G3013,吐和高速：吐鲁番—和田/伊尔克什坦

联络线三：G3014,奎阿高速：奎屯—阿勒泰

联络线四：G3015,奎塔高速：奎屯—塔城

联络线五：G3016,清伊高速：清水河—伊宁

G36,宁洛高速：南京—洛阳

G40,沪陕高速：上海—西安

联络线一：G4011,扬溧高速：扬州—溧阳

G42,沪蓉高速：上海—成都

联络线一：G4211,宁芜高速：南京—芜湖

联络线二：G4212,合安高速：合肥—安庆

G50,沪渝高速：上海—重庆

联络线一：G5011,芜合高速：芜湖—合肥

G56,杭瑞高速：杭州—瑞丽

联络线一：G5611,大丽高速：大理—丽江

G60,沪昆高速：上海—昆明

G70,福银高速：福州—银川

联络线一：G7011,十天高速：十堰—天水

G72,泉南高速：泉州—南宁

联络线一：G7211,南友高速：南宁—友谊关

G76,厦蓉高速：厦门—成都

G78,汕昆高速：汕头—昆明

G80,广昆高速：广州—昆明

联络线一：G8011,开河高速：开远—河口

（4）地区环线

G91,辽中环线：铁岭—铁岭

G92,杭州湾环线：上海—宁波

联络线：G9211,甬舟高速：宁波—舟山

G93,成渝环线：成都—成都

G94,珠三角环线：深圳—深圳

联络线：G9411,东莞—佛山

G98,海南环线：海口—海口

（5）城市环线

北京 G4501	成都 G4201	青岛 G1501
天津 G2501	昆明 G5601	宁波 G1501
济南 G2001	银川 G2001	厦门 G1501
上海 G1501	兰州 G3001	广州 G3501
合肥 G4001	西宁 G6001	南京 G2501
福州 G1501	拉萨 G6001	杭州 G2501
石家庄 G2001	呼和浩特 G6001	深圳 G2501
郑州 G3001	乌鲁木齐 G3001	重庆 G5001
武汉 G4201	沈阳 G1501	贵阳 G6001
长沙 G0401	长春 G2501	南宁 G7601
太原 G2001	哈尔滨 G1001	海口 G1501
西安 G3001	大连 G1101	南昌 G6001

3. 起点为上海的高速公路

以上海为起点的高速公路有：

G40，沪陕高速：上海—西安（上海—崇明—南通—扬州—南京—合肥—六安—信阳—南阳—商州—西安，1 490 km）

G42，沪蓉高速：上海—成都（上海—苏州—无锡—常州—南京—合肥—六安—麻城—武汉—孝感—荆门—宜昌—万州—垫江—南充—遂宁—成都，1 960 km）

G50，沪渝高速：上海—重庆（上海—湖州—宣城—芜湖—铜陵—安庆—黄梅—黄石—武汉—荆州—宜昌—恩施—忠县—垫江—重庆，1 900 km）

G60，沪昆高速：上海—昆明（上海—杭州—金华—衢州—上饶—鹰潭—南昌—宜春—株洲—湘潭—邵阳—怀化—麻江—贵阳—安顺—曲靖—昆明，2 370 km）

4. 上海长江隧桥

上海长江隧桥工程，位于上海东北部长江口南港、北港水域，是我国长江口一项特大型交通基础设施项目，也是 G40 上海至西安高速公路的重要组成部分。隧道起于浦东新区五好沟，经长兴岛到达崇明县的陈家镇，全长 25.6 km。工程采用"南隧北桥"方案，即以隧道形式穿越长江口南港水域，在长兴岛西南方登陆，全长8.95 km，其中穿越水域部分达 7.5 km，以桥梁形式跨越长江口北港水域，长约16.65 km。

长江隧桥的建成通车从根本上改变了崇明岛交通不便的状况，并改善上海市交通系统结构和布局，增强上海的辐射能力，更好地带动长江流域乃至全国经济发展，促进长三角经济一体化，提升上海在全国经济中的综合竞争力。

（二）铁路建设

1. 上海铁路博物馆

上海铁路博物馆建设在沪宁铁路上海站（老北站）的原址上，按 1909 年建成的具有英式古典建筑风格的上海站原样设计和建设，于 2004 年 8 月上海铁路局建局55 周年之际建成开放，现为上海市科普教育基地。

中国历史上第一条营运铁路吴淞铁路建在上海。全长 14.5 km 的吴淞铁路于 1874 年 12 月开工，1876 年 12 月全线建成投入运营。上海铁路博物馆从这段历史开始，展示从 19 世纪 60、70 年代铁路进入中国后，上海及华东铁路一百多年来所走过的历程，突出反映铁路生产力的变化、发展。馆内分 6 个部分，有 50 余个展项，近千件展品。内有珍贵的铁路老设备、老器材和历史图片，还有融知识性、趣味性为一体的可让观众参与的科普项目。上海铁路博物

馆的整体布局有比较浓重的铁路往事般的历史氛围：室外的广场展区营造了
一个早期铁路火车站的场景,笨重的蒸汽机车和木结构的月台雨棚显得饱经
岁月沧桑(图 6-8)。

图 6-8　上海铁路博物馆

2. 高速铁路建设

高速铁路指通过改造原有线路(直线化、轨距标准化),使营运速率达到每小时
200 km 以上,或者专门修建新的"高速新线",使营运速率达到每小时 250 km 以上
的铁路系统。高速铁路除了在列车营运时达到一定速度的标准外,车辆、路轨、操
作都需要配合提升。广义的高速铁路包含使用磁悬浮技术的高速轨道运输系统。
完全用于客运的高速铁路也称为客运
专线。

改革开放以来,我国铁路取得了长
足进步,为经济建设作出了重要贡献。
但与国民经济持续快速发展和全社会
日益增长的运输需求相比,铁路发展仍
然相对滞后,到 2002 年底,我国铁路营
业里程仅为 7.2 万 km,运输能力严重不
足,"一票难求、一车难求"的现象十分
突出,铁路成为制约经济社会发展的

图 6-9　上海虹桥火车站

"瓶颈"。因此,我国以"四纵四横"为重点,构建快速客运网的主要骨架,形成快
速、便捷、大能力的铁路客运通道,逐步实现客货分线运输。上海作为我国华东
重要的铁路枢纽,拥有沪宁高速铁路、京沪高速铁路、沪杭高速铁路等客运专线
(表 6-1),上海虹桥火车站将高速铁路和机场紧密结合,打造全国领先的综合
交通枢纽(图 6-9)。

表 6-1 我国高速铁路建设情况

工程名称	铁道部客运里程表名称	开通时间	线路等级(km/h)	跨越省份	途经的主要城市
广深铁路	广九线	1998年8月	200	广东	广州、东莞、深圳
秦沈客运专线	京哈线	2003年10月	250	河北、辽宁	沈阳、辽中、台安、盘锦、锦州、葫芦岛、绥中、山海关
合宁铁路	宁蓉线合宁段	2008年4月	250 有货运	江苏、安徽	合肥、滁州(全椒)、南京
京津城际铁路	京津高速线	2008年8月	350	北京、河北、天津	北京、廊坊、天津
胶济客运专线	胶济客专	2008年8月	250	山东	济南、淄博、潍坊、青州市、青岛
合武铁路	宁蓉线合武段	2009年4月	250	安徽、湖北	合肥、六安、金寨、麻城、红安、武汉
石太客运专线	石太客专获太段	2009年4月	250	河北、山西	石家庄、阳泉、太原
甬台温福铁路	沪深线甬厦段	2009年10月	250有货运	浙江、福建	宁波、台州、温州、宁德、福州
武广客运专线	京广高速线武广段	2009年12月	350	湖北、湖南、广东	武汉、赤壁、咸宁、岳阳、长沙、湘潭、株洲、衡阳、韶关、清远、广州
郑西客运专线	徐兰高速线郑西段	2010年2月	350	河南、山西	郑州、洛阳、三门峡、渭南、西安
福厦铁路	沪深线甬厦段	2010年4月	250	福建	福州、莆田、泉州、厦门
成灌快速铁路	成灌线	2010年5月	250	四川	成都、都江堰
沪宁城际铁路	沪宁高速线	2010年7月	350	江苏	上海、苏州、无锡、常州、镇江、南京
昌九城际铁路	昌九城际线	2010年9月	250	江西	南昌、九江
沪杭城际铁路	沪昆高速线沪杭段	2010年10月	350	上海、浙江	上海、嘉兴、杭州
海南东环铁路	海南东环线	2010年12月	250	海南	海口、文昌、博鳌、万宁、琼海、陵水、三亚
广珠城际铁路	广珠城际线江门线	2011年1月	250	广东	广州、佛山、中山、江门、珠海
长吉城际铁路	长吉城际线	2011年1月	250	吉林	长春、吉林
京沪高速铁路	京沪高速线	2011年6月	350	北京、天津、河北、山东、江苏、安徽、上海	北京、廊坊、天津、沧州、德州、济南、泰山、曲阜、枣庄、徐州、宿州、蚌埠、滁州、南京、镇江、常州、无锡、苏州、上海
广深高速铁路	广深高速线	2012年1月	350	广东	广州、虎门、深圳
汉宜铁路	宁蓉线汉宜段	2012年7月	250	湖北	武汉、潜江、天门、仙桃、荆州、宜昌

续　表

工程名称	铁道部客运里程表名称	开通时间	线路等级（km/h）	跨越省份	途经的主要城市
龙厦铁路	龙厦线	2012 年 7 月	250	福建	龙岩、漳州、厦门
京石客运专线	—	在建	350	北京、河北	北京、保定、石家庄
石武客运专线	—	在建	350	河北、河南、湖北	石家庄、邢台、邯郸、安阳、鹤壁、新乡、郑州、许昌、漯河、驻马店、信阳、孝感、武汉
厦深铁路	—	在建	250	福建、广东	厦门、漳州、潮州、揭阳、汕头、汕尾、惠州、深圳
津秦客运专线	—	在建	350	天津、河北	天津、唐山、秦皇岛
哈大客运专线	—	在建	350	黑龙江、吉林、辽宁	哈尔滨、长春、四平、铁岭、沈阳、辽阳、鞍山、营口、大连
合蚌客运专线	—	在建	350	安徽	合肥、淮南、蚌埠
合福客运专线	—	在建	250	安徽、江西、福建	合肥、铜陵、宣城、黄山、景德镇、上饶、武夷山、福州
宁安城际铁路	—	在建	未定	江苏、安徽	南京、马鞍山、芜湖、铜陵、池州、安庆
宁杭客运专线	—	在建	350	江苏、浙江	南京、镇江、常州、无锡、湖州、嘉兴、杭州
杭甬客运专线	—	在建	350	浙江	杭州、绍兴、宁波

注：根据相关资料整理

3. 磁悬浮列车

上海磁悬浮列车是世界上第一个投入商业运行的高速磁悬浮列车,设计最高运行速度为 430 km/h,仅次于飞机的飞行时速。上海磁悬浮列车实际时速约 380 km/h,现运行最高速度约为 300 km/h,转弯半径达 8 000 m,眼睛观察几乎是一条直线,最小的半径也达 1 300 m。轨道全线两边 50 m 范围内装有目前国际上最先进的隔离装置。磁悬浮列车的车窗减速玻璃使乘客可以更好地观赏窗外的风景,减速玻璃在与车体接触的边缘处有弧度变形,正因为这个弧度可以使车外景物在透过弧度时发生变形,从而改变车内乘客的视觉,产生减速的效果。磁悬浮也是高速铁路的一种类型,是中国高铁发展路途中的尝试,是铁路发展的一段风景(图 6-10)。

图 6-10　上海磁悬浮列车

（三）港口建设

港口和城市有着十分密切的关系。自有人类以来,人们就利用天然河流,创造出一代又一代的人类文明。世界发展到今天的时代,港口如何依托城市现有的经济、技术条件,达到自我完善、自我发展,而城市经济又怎样利用港口门户走向世界,港为城用,城以港兴,应该是我们在世界经济新的挑战面前所要研究的主要课题。

上海港位于我国海岸线与长江"黄金水道"交汇区域,包括内河港和海港两大港区。河港居黄浦江之畔和长江入海口南岸,海港主要指洋山深水港区和洋山保税港区,以及后方辅助配套的芦潮港港区。上海港毗邻全球东西向国际航道主干线,以广袤富饶的长江三角洲和长江流域为主要经济腹地,地理位置得天独厚,集疏运网络四通八达,2010 年,上海港货物、集装箱吞吐量均位居世界第一。以下重点介绍洋山深水港、洋山保税港以及连接市区和港口的东海大桥。

1. 洋山深水港

洋山深水港西北距上海市浦东新区芦潮港约 32 km,南至宁波北仑港约 90 km,向东经黄泽洋水道直通外海,距国际航线仅 45 海里,是距上海最近的深水良港。洋山港港区规划总面积超过 25 km²,包括东、西、南、北四个港区,按一次规划、分期实施的原则,自 2002 年至 2020 年分三期实施,工程总投资超过 700 亿元,其中 2/3 为填海工程投资。到 2020 年,洋山港布置集装箱深水泊位 50 多个,设计年吞吐能力1 500 万标准箱(TEU)以上,可使上海港的吞吐能力增加一倍。通过东海大桥与上海交通运输网络连接,充分发挥上海港经济腹地广阔、箱源充足的优势。

2. 洋山保税港

洋山保税港区集目前国内保税区、出口加工区、保税物流园区三方面的政策优势于一体。主要税收政策为:国外货物入港区保税;货物出港区进入国内销售按货物进口的有关规定办理报关手续,并按货物实际状态征税;国内货物入港区视同出口,实行退税;港区内企业之间的货物交易不征增值税和消费税等(图 6-11)。

洋山深水港区与洋山保税港区两者互为依托、相辅相成,既大大提升了航运基础设施的能级,又扭转了我国与周边国家港口竞争的政策劣势,对显著增强上海国际航运中心的集聚辐射和国际中转功能,具有非常重大的促进作用。

3. 东海大桥

东海大桥起始于上海浦东新区芦潮港,北与沪芦高速公路相连,南跨杭州湾北部海域,直达浙江嵊泗县小洋山岛。全长 32.5 km 的东海大桥是上海国际航运中心深水港工程的一个组成部分(图 6-12)。

东海大桥是上海国际航运中心洋山深水港区的重要配套工程,为洋山深水港提供了唯一的陆上通道,为洋山深水港区集装箱陆路集疏运和供水、供电、通讯等需求提供服务,并兼顾社会交通运输功能。东海大桥位于杭州湾口无遮蔽海域,连接远离陆域逾 30 多 km 的外海孤岛,地处海洋环境,是我国目前最长、也是第一座真正意义上的跨海大桥。上海东海大桥的建成,体现了当代中国的桥梁建设水平,为我国外海大桥建设积累了经验,谱写了特大型跨海桥梁建设的新篇章。

图 6 - 11　洋山保税港　　　　　　　　图 6 - 12　东海大桥

（四）航空发展

上海浦东国际机场位于上海浦东长江入海口南岸的滨海地带,距虹桥机场约 52 km,是中国(包括港、澳、台)三大国际机场之一,与北京首都国际机场、香港国际机场并称中国三大国际航空港。

目前,浦东机场日均起降航班达 800 架次左右,航班量已占到整个上海机场的六成左右。通航浦东机场的中外航空公司已达 60 家左右,航线覆盖 90 多个国际城市、60 多个国内城市。2010 年,浦东机场旅客吞吐量达到 4 057 万人次,比上年猛增 27.1%,稳居全国第三大航空港,货邮吞吐量更是达到 323 万吨,稳居全国第一,比上年增长 26.9%。

浦东国际机场的建成通航与周边地区配套发展规划的制订,标志着上海航空业已从飞机场建造阶段跃升至国际空港的开发阶段,也为上海建成国际中心城市奠定了可靠基础。浦东国际机场正处于城市发展东西轴与上海市滨海开发带的交叉点上,这使其在区域规划和物流交通规划中处于非常重要的地位。以浦东国际机场为核心的国际空港的建设不仅大大改善了上海的航空运输状况,同时也将改善这一地区的交通条件。考虑到有轨交通和高速公路的环绕汇集,这一地区能在短期内跃升为城市发展的中心地区之一,成为上海城市新一轮发展的一大亮点。

六、浦东开发与经济转型

1990 年后,国家实施"开发浦东"战略,从此浦东成为上海经济发展的引擎,亦被誉为中国三个增长极之一,上海经济面貌日新月异。浦东开发是上海经济发展的里程碑。在新的上海发展战略中,上海实施产业结构升级和经济转型,进一步提升传统产业,重点建设和发展高新技术产业,打造世界级经济中心、金融中心、贸易中心以及航运中心。上海经济转型战略目标是尽快形成以服务经济为主导的产业结构。

(一) 浦东新区建设成就

开发浦东是几代人的凤愿。早在 1918 年,中国民主革命的先行者孙中山在他的《建国方略》中就明确提出在上海以浦东为基地建设世界东方大港的构想。1949年上海解放后,陈毅市长也曾经有过开发浦东的设想。后来的历届上海市领导也都曾经一再将浦东开发提到议事日程上来。

1990 年 4 月 18 日,党中央、国务院宣布浦东开发开放。在经济全球化的时代背景下,中国以更加主动的姿态融入了经济全球化的大潮中。随着中国的对外开放,中国政府不失时机地作出了开发开放上海浦东的战略决策,提出了"开发浦东,振兴上海,服务全国,面向世界"的方针。它标志着浦东开发开放从 20 世纪 80 年代的上海地方战略构想上升为 20 世纪 90 年代的国家重大发展战略,标志着中国改革开放进入一个新的阶段,也同时表明了中国政府继续毫不动摇地推进对外开放和扩大对外开放的坚定立场。

浦东是上海重要的交通枢纽。在 100 km 的江海岸线上布局了洋山深水港、浦东国际机场和外高桥港区等重大功能性枢纽,先进的国际物流港口,航空运输、铁路轨道运输、城际高速路共同建构水、陆、空三位一体的交通体系,使浦东距世界仅"一步之遥"。浦江大桥、海底隧道、磁悬浮列车、地铁线路织成密集的交通网络,将浦东与全国、与世界更紧密地融合为一体。伴随着浦东经济的高速增长,新浦东的生态环境建设得到极大改善,先后获得"国家园林城区"、"国家卫生城区"、"国家环保模范城区"和"中国人居环境范例奖"。浦东坚持经济、社会与环境协调发展,努力建设成为经济发达、生活富裕、环境良好的生态城区。浦东正日益成长为一个中外文化交流的舞台,一个彰显海派文化的大市场,一个具有文化发展潜力和前景的新城区。20 多年来,浦东先后兴建了一批有相当知名度的文化设施和旅游景点,东方明珠电视塔、上海科技馆、上海国际会议中心、海洋水族馆、东方艺术中心、临港滴水湖等正成为丰富上海市民文化生活的重要平台,改善了浦东综合发展环境和生活环境,提高了浦东的城市文明程度。

2010 年,有着 150 多年历史的经济文化与科技领域的世界博览会在上海举办,浦东是世博会主场馆的所在地。这一全球盛会是浦东服务长三角、服务全国并向世界展示改革开放成果的重要契机,也给浦东带来千载难逢的发展机遇,并且必将对浦东经济社会发展产生极大的推动作用。世博会使浦东的开发开放又一次站在世界的平台上。

以南汇区划入浦东新区为标志，浦东开发开放进入二次创业新阶段。浦东开发开放二次创业，处处凸显浦东新的使命、新的作为、新的突破、新的跨越。浦东发展建设的目标是：成为上海国际金融中心和国际航运中心核心功能区的战略定位，在强化国际金融中心、国际航运中心的环境优势、创新优势和枢纽功能、服务功能方面建设成为科学发展的先行区、"四个中心"的核心区、综合改革的试验区、开放和谐的生态区。到 2020 年浦东开发开放 30 周年之际，在优化结构、提升功能、提高效益、降低能耗、保护环境的基础上，地区生产总值占全市比重超过三分之一，使浦东努力成为联系国内外经济的重要枢纽。

1991 年，邓小平同志在亲临浦东视察时，强调了浦东开发的区域功能："开发浦东，这个影响就大了，不只是浦东的问题，是关系上海发展的问题，是利用上海这个基地发展长江三角洲和长江流域的问题。"邓小平同志又指出了浦东开发所应具有的国际化功能："浦东面对的是太平洋，是欧美，是全世界。"20 年来，浦东产业的发展正是按照小平同志的总体要求从区域经济和全球经济的角度进行功能定位，吸引了一大批国际企业进入浦东，浦东成为国内外企业竞技的国际经济舞台，开发成效显著。

(二)"十二五"期间上海经济转型升级的思路

自从 2008 年全球爆发金融危机以来，产能过剩，商品出口一蹶不振，迫使中国经济走向更加依赖刺激内需、鼓励创新的战略调整之路。全国经济高速发展的势头慢下来，上海经济发展的速度已经落后于全国的平均水平，今后这可能会成为常态。上海要建设国际化的金融、贸易、商业、文化中心，并不完全具备舍我其谁的领先优势。中国经济长达 30 多年的高速发展，不仅在改变中国，也在深刻影响世界。2008 年开始的百年一遇的全球金融经济危机，预示着人类一个时代的结束，对中国与上海来讲，危机确实孕育着更大进步与更大超越的机会，关键是在战略战术上的顺应与把握，转型升级则成为迫在眉睫的任务。"十二五"是经济转型升级的关键时期。《上海市国民经济和社会发展第十二个五年规划纲要》中提出的经济转型升级的思路如下：

"十二五"期间，要高举中国特色社会主义伟大旗帜，以邓小平理论和"三个代表"重要思想为指导，深入贯彻落实科学发展观，积极适应国内外形势新变化，顺应人民群众过上更好生活的新期待，按照中央以科学发展为主题、以加快转变经济发展方式为主线的要求，紧紧围绕建设"四个中心"和社会主义现代化国际大都市的总体目标，坚持科学发展、推进"四个率先"，以深化改革扩大开放为强大动力，以保障和改善民生为根本目的，充分发挥浦东新区先行先试的带动作用和上海世博会的后续效应，创新驱动、转型发展，努力争当推动科学发展、促进社会和谐的排头兵。

　　坚持科学发展，率先转变经济发展方式、率先提高自主创新能力、率先推进改革开放、率先构建社会主义和谐社会，是中央对上海的明确要求和殷切期望，也是上海义不容辞的责任和义务。继续保持上海发展良好势头，解决前进中面临的问题和困难，必须始终坚持解放思想、实事求是、与时俱进，坚持发展这个硬道理，坚持以人为本、全面协调可持续发展，把"四个率先"作为上海贯彻落实科学发展观的战略举措，力争在经济建设、政治建设、文化建设和社会建设等各方面走在全国前列。

　　创新驱动、转型发展，是上海在更高起点上推动科学发展的必由之路。要把创新贯穿于上海经济社会发展各个环节和全过程，着力推进制度创新、科技创新、管理创新和文化创新，坚持人力资源优先开发和教育优先发展，充分发挥科技第一生产力和人才第一资源的作用，切实增强自主创新能力，使科技进步和创新成为上海转型发展的重要支撑，使城市转型发展真正建立在人力资源优势充分发挥、创新创业活力竞相迸发的基础上。要切实摆脱习惯思维束缚，更新发展理念，实现体制机制、领导方式和工作方法的重大转变，坚定不移调结构、促转型，更加注重发展质量和效益，着力提高发展的全面性、协调性和可持续性。

主要参考文献

陈冠任.2002.上海商人性格特征.科学投资,12：25-27

成应翠.2008.聚焦上海.武汉：武汉大学出版社.

高宗祺,昌敦虎,叶文虎.2009.港口城市发展战略初步研究——兼评"港兴城兴，港衰城衰"的发展思想.中国人口·资源与环境,2：127-130

乐澄彦.2010.海宝 & 三毛话上海.上海：上海三联书店.

栾晓峰,谢一民,杜德昌等.2002.上海崇明东滩鸟类自然保护区生态环境及有效管理评价.上海师范大学学报（自然科学版）,3：73-79

潘中法,蒋炳辉,李中华.2010.上海的游.上海：上海交通大学出版社.

陶菊民.2008.上海国际金融发展的品牌——陆家嘴金融贸易区.上海商业,8：78-79

徐双全.2008.长江河口河海分界的探讨.中国水利,16：37-40

张斌.2009.上海崇明东滩上的水鸟们.旅游,3：43-45

张仁开,徐全勇.2007.从 CBD 到 E-CBD：上海陆家嘴金融贸易区的创新发展取向.中国建设信息,14：45-50

赵媛.2010.南京地区地理综合实习指导纲要.北京：科学出版社.

宗纳.2003."新经济人"的经商特色.决策与信息,4：44-48